Entwicklung eines Vollmaterialschaftfräsers aus einem Gesteinsverbundwerkstoff

Von der Fakultät für Ingenieurwissenschaften

der Universität Bayreuth

zur Erlangung der Würde eines

Doktor-Ingenieur (Dr.-Ing.)

genehmigte Dissertat

von

Julian Schmidt, M.Sc.

aus

Kulmbach

Erstgutachter:	Prof. Dr.-Ing. Frank Döpper
Zweitgutachter:	Prof. Dr.-Ing. Stephan Tremmel
Tag der mündlichen Prüfung:	14.11.2025

Lehrstuhl Umweltgerechte Produktionstechnik

Universität Bayreuth

2025

PRODUKTION.BESSER.MACHEN.

Julian Schmidt

Entwicklung eines Vollmaterialschaftfräsers aus einem Gesteinsverbundwerkstoff

Herausgeber:
Prof. Dr.-Ing. Frank Döpper

Band 15

UNIVERSITÄT
BAYREUTH

Bibliografische Information der Deutschen Nationalbibliothek
Die Deutsche Nationalbibliothek verzeichnet diese Publikation in der Deutschen Nationalbibliografie; detaillierte bibliografische Daten sind im Internet über https://portal.dnb.de abrufbar.

Julian Schmidt:

Entwicklung eines Vollmaterialschaftfräsers aus einem Gesteinsverbundwerkstoff

1. Auflage, 2026

Gedruckt auf holz- und säurefreiem Papier, 100% chlorfrei gebleicht.

Wissenschaftsverlag des Instituts für Industriekommunikation und Fachmedien
an der RWTH Aachen
Steinbachstr. 25, 52074 Aachen, Deutschland
Internet: www.apprimus-verlag.de, E-Mail: info@apprimus-verlag.de

Druck: CPI Druckdienstleistungen GmbH
Ferdinand-Jühlke-Straße 7 | 99095 Erfurt | Deutschland

ISBN 978-3-98555-325-9

Vorwort

Diese Arbeit entstand während meiner Tätigkeit als wissenschaftlicher Mitarbeiter sowie als Akademischer Rat auf Zeit und Gruppenleiter der Arbeitsgruppe „Spanende Fertigung" am Lehrstuhl Umweltgerechte Produktionstechnik der Universität Bayreuth.

Wesentliche Erkenntnisse der Arbeit wurden im Rahmen des Forschungsprojekts „LithoMill – Entwicklung eines Schaftfräsers aus einem Verbundwerkstoff auf Gesteinsmehlbasis" gewonnen. Das Projekt wurde im Zentralen Innovationsprogramm Mittelstand (ZIM) vom Bundesministerium für Wirtschaft und Energie (BMWi) gefördert.

Mein Dank gilt an erster Stelle meinem Doktorvater Herrn Prof. Dr.-Ing. Frank Döpper, der mir die Möglichkeit zur Promotion eröffnete, mir große akademische Freiheit in der Wahl und Gestaltung meines Forschungsgebiets einräumte und mich mit konstruktiven Diskussionen sowie wertvoller fachlicher und persönlicher Unterstützung begleitet und gefördert hat. Weiterhin danke ich Herrn Prof. Dr.-Ing. Stephan Tremmel für die Übernahme des Zweitgutachtens sowie Herrn Prof. Dr.-Ing. Christoph Helbig für die Rolle des weiteren Prüfers.

Für die kollegiale Begleitung und die fachlichen Diskussionen, die zum Entstehen dieser Arbeit beigetragen haben, möchte ich ganz besonders drei Kollegen danken. Dr.-Ing. Benjamin Thorenz begleitete meinen Weg am Lehrstuhl Umweltgerechte Produktionstechnik von den ersten Schritten als wissenschaftliche Hilfskraft bis zum erfolgreichen Abschluss der Promotion und war dabei stets ein verlässlicher fachlicher wie persönlicher Ansprechpartner. Johannes Rauch prägte mit seinem Engagement und seiner fachlichen Expertise im Forschungsprojekt LithoMill maßgeblich die Umsetzung vieler betrachteter Forschungsansätze. Dr.-Ing. Florian Schreiner unterstützte mich sowohl in den Forschungsarbeiten als auch in der Ausarbeitung dieser Dissertation stets als kompetenter Ansprechpartner und guter Freund.

Weiterhin gilt mein Dank auch allen weiteren Kollegen sowie den Projektpartnern sowohl an der Universität Bayreuth als auch aus der Industrie, die auf unterschiedliche Weise zur vorliegenden Arbeit beigetragen haben. Stellvertretend seien hierbei Dr.-Ing. Jan Koller, Kai Wiesemann, Dr.-Ing. Andreas Rosin und Dr.-Ing. Hans-Henrik Westermann genannt.

Mein innigster Dank gilt jedoch meiner Familie. Zunächst meinen Eltern, die mir meinen Ausbildungsweg bis zur Promotion ermöglicht und mich auf diesem jederzeit unterstützt haben. Ebenso danke ich meiner Frau Nadine, die mir während meiner Zeit am Lehrstuhl und den damit verbundenen Höhen und Tiefen stets motivierend und unterstützend zur Seite stand. Abschließend möchte ich meinem Sohn Bastian danken, der mir täglich neue Energie, Freude und Motivation schenkt und damit zwar indirekt, aber dennoch spürbar zum Gelingen dieser Arbeit beigetragen hat.

Bayreuth, im November 2025 | Julian Schmidt

Inhaltsverzeichnis

1 Ausgangssituation

1.1 Hintergrund und Problemstellung

Der bewusste und verantwortungsvolle Umgang mit Ressourcen sowie die Verfügbarkeit strategischer Rohstoffe zählen zu den bedeutendsten Herausforderungen einer modernen Industriegesellschaft. Wachsende Nachfrage, geopolitische Spannungen und ambitionierte Klimaziele rücken den Aspekt der Nachhaltigkeit für viele produzierende Unternehmen in den Fokus. [BMW20, S. 8 f., MES21, S. 11 f.] Spanenden Fertigungsprozessen kommt hierbei eine entscheidende Rolle zu, da sie sowohl einen energie- und ressourcenintensiven Charakter aufweisen [PAN22, S. 618] als auch in nahezu jedem produzierenden Unternehmen gebraucht werden. Diese Relevanz spiegelt sich auch in der wirtschaftlichen Bedeutung der Werkzeugmaschinenindustrie wider. Im Jahr 2023 wurden in Deutschland spanende Werkzeugmaschinen im Gesamtwert von 8,33 Mrd. € produziert[1]. Mit 3,41 Mrd. € entfällt dabei ein erheblicher Anteil von 40,9 % auf Bearbeitungszentren und Fräsmaschinen [VDW24, S. 22].

Die eingesetzten Werkzeuge sind für die industrielle Zerspanung dabei von zentraler Bedeutung. Ihre Leistung beeinflusst direkt die Qualität und die Kosten der hergestellten Bauteile und wirkt sich somit auf die wirtschaftliche und ökologische Nachhaltigkeit der Zerspanprozesse aus. Hierzu kommen überwiegend Werkzeuge aus Hartmetall zum Einsatz [SCH25, S. 681, WES17, S. 19]. Sie verbinden hohe Verschleißfestigkeit mit thermischer Belastbarkeit und erfüllen damit die anspruchsvollen technischen Anforderungen moderner Zerspanprozesse – insbesondere bei der Bearbeitung metallischer Werkstoffe [KÜH22, S. 260]. Trotz ihrer hohen technischen Leistungsfähigkeit ist der Einsatz von Hartmetallen mit einer Reihe von Problemen verbunden, die vorrangig auf dessen Grundbestandteile Wolfram (W) und Kobalt (Co) zurückzuführen sind. Beide werden von der Europäischen Union (EU) als kritische Rohstoffe eingestuft [EUU24, S. 55]. Diese Einstufung kann an zwei Kennzahlen deutlich gemacht werden. Beide Rohstoffe weisen eine hohe Länderkonzentration anhand des Herfindahl-Hirschman-Index (HHI) auf, d. h. die weltweite Rohstoffförderung ist auf wenige Länder verteilt. So liegt der Anteil von China an der weltweiten Wolframförderung bei ca. 85 % [BAR23, S. 74], der Anteil der Demokratischen Republik Kongo an der weltweiten Kobaltförderung bei ca. 69 % [BAR23, S. 58]. Weiterhin bewertet das gewichtete Länderrisiko (GLR) anteilig u. a. die politische Stabilität, Korruption sowie Meinungs-, Presse- und Wahlfreiheit der Länder, in welchen die betrachteten Rohstoffe konzentriert sind [BAR23, S. 12 f.]. Die nachfolgende Abbildung 1 zeigt auf, dass Wolfram und Kobalt auf Basis von HHI und GLR jeweils den höchsten Risikogruppen zuzuordnen sind.

[1] Die hohe Exportquote von 69,7 % spiegelt die hohe Relevanz der Industrie auch außerhalb von Deutschland wieder [VDW24, S. 13].

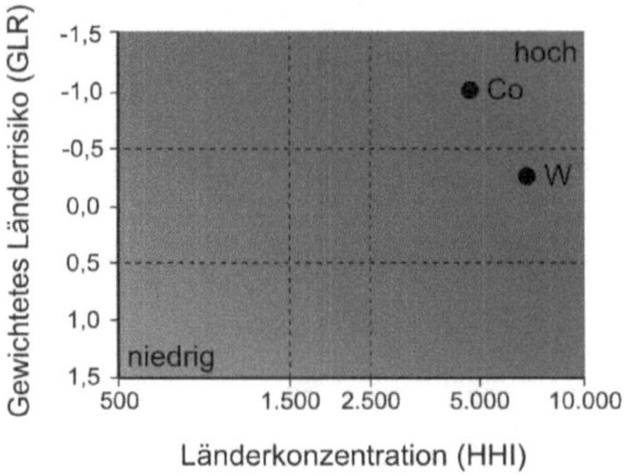

Abbildung 1 Länderrisiko und Länderkonzentration von Wolfram und Kobalt, in Anlehnung an [BAR23, S. 18]

Die grundsätzlich hohen Rohstoffpreise gehen mit einer starken Volatilität der Märkte einher, welche u. a. durch die hohe Länderkonzentration bedingt ist. So bewegten sich die jährlichen Durchschnittspreise für Kobalt seit dem Jahr 2000 in einer Bandbreite von etwa 15.000 USD bis 86.000 USD pro Tonne. Auffällig ist dabei, dass der Kobaltpreis in den Jahren 2000 und 2024 weitgehend vergleichbar war. Auch der Wolframpreis unterlag nach einem starken Anstieg zwischen 2003 und 2006 erheblichen Schwankungen und variierte seither zwischen 148 USD und 358 USD pro Tonne Wolframkonzentrat. Die nachfolgende Abbildung 2 stellt diese Entwicklung grafisch dar.

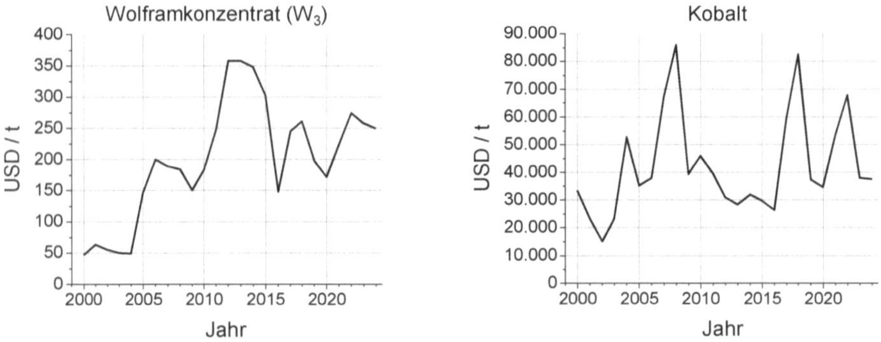

Abbildung 2 Preisentwicklung von Wolframkonzentrat und Kobalt seit dem Jahr 2000, eigene Darstellung in Anlehnung an [USG25, S. 62 f., S. 190 f.]

Neben den geostrategischen und ökonomischen Aspekten ist die Herstellung von Hartmetall auch mit hohen Umweltauswirkungen verbunden. Dies ist insbesondere durch den hohen Energieaufwand für die dafür nötigen hydro- und pulvermetallurgischen Prozesse bedingt [FUR20, S. 1134 f.]. Darüber sind insbesondere beim Abbau von Kobalt auch soziale Aspekte wie Arbeitssicherheit und Kinderarbeit als kritisch zu bewerten [SCH21a, S. 15–17].

Als Substitut für Hartmetalle in der spanenden Fertigung kommen natürliche Gesteine in Betracht. Grundsätzliche Werkstoffeigenschaften wie eine hohe Härte, eine im Vergleich zu metallischen Werkstoffen geringe Dichte [PRE17, S. 71] und chemische Beständigkeit machen Gesteine zum Einsatz als Werk- bzw. Schneidstoff für die Werkzeugherstellung interessant. Darüber hinaus sind Gesteinsvorkommen global vorhanden und verfügbar. Damit stellen sie keine kritischen Rohstoffe dar und sind zudem kostengünstig zu beziehen. Ebenso entfallen beim Einsatz von Natursteinen im Vergleich zum Hartmetall die energieintensiven Prozesse der Hydro-, Pyro- und Pulvermetallurgie, womit diese aus energetischer Sicht auch zu einer ökologisch vorteilhaften Alternative werden. Obwohl Gestein bereits in der Frühzeit des Menschen als Schneidstoff Verwendung fand, zeigen erste wissenschaftliche Untersuchungen, dass Natursteine auch für den Einsatz in modernen Zerspanprozessen grundsätzlich geeignet sein können [DEN22].

1.2 Zielsetzung

Um den in Abschnitt 1.1 beschriebenen geopolitischen, ökonomischen und ökologischen Herausforderungen in Bezug auf den Einsatz von Hartmetall zu begegnen, setzt sich die vorliegende Arbeit zum Ziel, einen Vollmaterialschaftfräser aus einem neuartigen Gesteinsverbundwerkstoff zu entwickeln. Durch den Einsatz eines Verbundwerkstoffs auf Gesteinsmehlbasis, wird die Problematik der inhomogenen und richtungsabhängigen Werkstoffeigenschaften von Natursteinen umgangen, welche sowohl die Herstellung als auch den Einsatz daraus bestehender Werkzeuge erschwert. Als Anwendungsfall wird die spanende Bearbeitung von Kunststoffbauteilen und -halbzeugen gewählt. Aufgrund der im Vergleich zu metallischen Werkstoffen geringeren mechanischen Anforderungen an das eingesetzte Werkzeug, stellt dies ein geeignetes Einsatzfeld zur Erprobung des neu zu entwickelnden Vollmaterialschaftfräsers aus Gesteinsverbundwerkstoff dar.

Die vorliegende Arbeit identifiziert dabei zunächst geeignete Referenzen in Form von Fräswerkzeugen, Fräsbauteilen und Prozessführungen. Darauf aufbauend setzt die vorliegende Arbeit zwei Schwerpunkte. Zunächst ist dies die Entwicklung einer geeigneten Werkzeuggeometrie, welche speziell an die Eigenschaften des als Werkzeuggrund- und Schneidstoff eingesetzten Gesteinsverbundwerkstoff angepasst wird. Darauf aufbauend erfolgt die experimentelle Erprobung des zu entwickelnden Vollmaterialschaftfräsers aus Gesteinsverbundwerkstoff. Hierbei sollen unterschiedliche Zielgrößen für verschiedene Bearbeitungsoperationen systematisch untersucht werden, um dessen technische Leistungsfähigkeit bestimmen zu können. Abschließend wird eine ökologische Bewertung durchgeführt, um die Umweltauswirkungen des Lebenszyklus des zu entwickelnden Vollmaterialschaftfräsers aus Gesteinsverbundwerkstoff zu quantifizieren.

Ziel ist es, die grundlegende Eignung des Vollmaterialschaftfräsers aus Gesteinsverbundwerkstoff für die spanende Bearbeitung von Kunststoffbauteilen und -halbzeugen nachzuweisen.

Dabei sollen Bearbeitungsoperationen identifiziert werden, bei welchen der Vollmaterialschaftfräser aus Gesteinsverbundwerkstoff vergleichbare Ergebnisse und einzelne funktionelle Vorteile im Vergleich zu konventionellen Hartmetallfräswerkzeugen bieten kann. Die im Rahmen dieser Arbeit angewendeten Vorgehensweisen und gewonnenen Erkenntnisse sollen als Grundlage für weitere Forschungsarbeiten im Themengebiet der Werkstoffsubstitution bei Zerspanwerkzeugen durch unkritische und nachhaltige Materialien dienen.

1.3 Vorgehensweise

Der Aufbau der vorliegenden Arbeit gliedert sich in acht, aufeinander aufbauende Kapitel. Deren technische und methodische Inputs sowie die Ergebnisse werden in Abbildung 3 zusammengefasst.

In Kapitel 2 wird der Stand der Erkenntnisse zu den Themenfeldern beschrieben, welche für den weiteren Verlauf der Arbeit von Bedeutung sind. Dies sind zunächst die Grundlagen zur Zerspanung mit geometrisch bestimmter Schneide. Zu diesen zählen die Beschreibung von Bauformen und Geometrieelementen von Schaftfräsern, Vorschub- und Eingriffsgrößen, die Berechnung von Schnittkräften sowie die Betrachtung des dynamischen Werkzeugverhaltens und Ansätze, dieses zu optimieren. Weiterhin werden die Werkstoffeigenschaften gängiger Schneidstoffe beschrieben und auf die Grundlagen von Gesteinswerkstoffen eingegangen. Abschließend werden existierende Ansätze zur Substitution von Werkstoffen im Werkzeugmaschinenbau beleuchtet und die vorliegende Arbeit von diesen abgegrenzt.

Kapitel 3 und 4 dienen der Referenzbildung und Analyse der Einsatzbedingungen von Fräswerkzeugen und Prozessen zur Zerspanung von Kunststoffbauteilen und -Halbzeugen. Basis hierzu bildet eine Markstudie, im Rahmen derer Hersteller- und Anwenderunternehmen befragt wurden, die in der betreffenden Branche tätig sind. Weiterhin wird anhand realer Fräsbauteile aus der industriellen Praxis eine Referenzbearbeitungsaufgabe als Vergleichsgrundlage für die experimentellen Untersuchungen im Rahmen der vorliegenden Arbeit definiert. Dies erfolgt anhand des Featureansatzes nach der Norm ISO 14649-10 [ISO04a], wobei die Bearbeitungsoperationen zur Herstellung von geometrischen Elementen analysiert werden.

Kapitel 5 beschreibt die simulative Entwicklung von Werkzeuggeometrien, die an die Eigenschaften des eingesetzten Gesteinsverbundwerkstoffs angepasst sind. Dies erfolgt unter Einsatz der Finite-Elemente-Methode (FEM). Hierzu ist zunächst das benötigte Simulationsmodell aufzubauen. Ein Fokus liegt dabei auf der Charakterisierung des Gesteinsverbundwerkstoffs hinsichtlich der für die Simulation benötigten Werkstoffkennwerte. Die Durchführung der Finite-Elemente-Simulation (FE-Simulation) erfolgt anhand einer statistischen Versuchsplanung, mit welcher die Einflüsse einzelner Elemente der Werkzeuggeometrie bestimmt und diese somit optimal ausgelegt werden sollen.

Die Prozesse zur anschließenden Herstellung von Demonstratorwerkzeugen der zuvor drei definierten Gesteinsfräsergeometrien werden in Kapitel 6 beschrieben. Diese beinhalten die virtuelle Werkzeugerstellung im Rahmen einer Schleifsimulation, die Herstellung der benötigten Rohlinge aus dem Gesteinsverbundwerkstoff und die schleiftechnologische Herstellung der Werkzeuggeometrie.

Kapitel 7 umfasst die experimentelle Erprobung der Demonstratorwerkzeuge und Gegenüberstellung zu konventionellen Hartmetallfräswerkzeugen. Im Laborumfeld erfolgt diese anhand der entwickelten Referenzbearbeitungsaufgabe, gestuften Versuchsplatten, einfachen Abzeiloperationen sowie einer experimentellen Modalanalyse. Letztere dient der Quantifizierung des dynamischen Werkzeugverhaltens. Für die weiteren Untersuchungen werden die Zielgrößen Werkzeugverschleißerscheinung, erzeugte Oberflächenrauheit und entstehende Prozesskräfte betrachtet. Für das Demonstratorwerkzeug, welches die besten Versuchsergebnisse erzielt, erfolgt darüber hinaus eine Erprobung im industriellen Einsatzumfeld. Neben der spanenden Bearbeitung von Kunststoffbauteilen und -halbzeugen soll hierbei auch spanende Bearbeitung von Aluminiumbauteilen und -halbzeugen betrachtet werden, um das Potential des Vollmaterialschaftfräsers aus Gesteinsverbundwerkstoff für weitere Anwendungsfelder zu untersuchen.

Die Umweltauswirkungen des Vollmaterialschaftfräsers aus Gesteinsverbundwerkstoff werden im Rahmen von Kapitel 8 untersucht. Hierzu wird eine vergleichende Ökobilanzstudie nach den Normen DIN EN ISO 14040 [DIN21a] und DIN EN ISO 14044 [DIN21b] durchgeführt. Das Vorgehen orientiert sich dabei an den vier Phasen zur Durchführung einer Ökobilanz: der Definition der Zielsetzung und des Untersuchungsrahmens, dem Zusammentragen der benötigten In- und Outputdaten in der Sachbilanz, dem Abschätzen der Umweltauswirkungen im Rahmen der Wirkbilanz sowie der Interpretation der Ergebnisse.

Kapitel 9 schließt die vorliegende Arbeit mit einer Zusammenfassung und dem Aufzeigen von weiterführendem Forschungsbedarf ab.

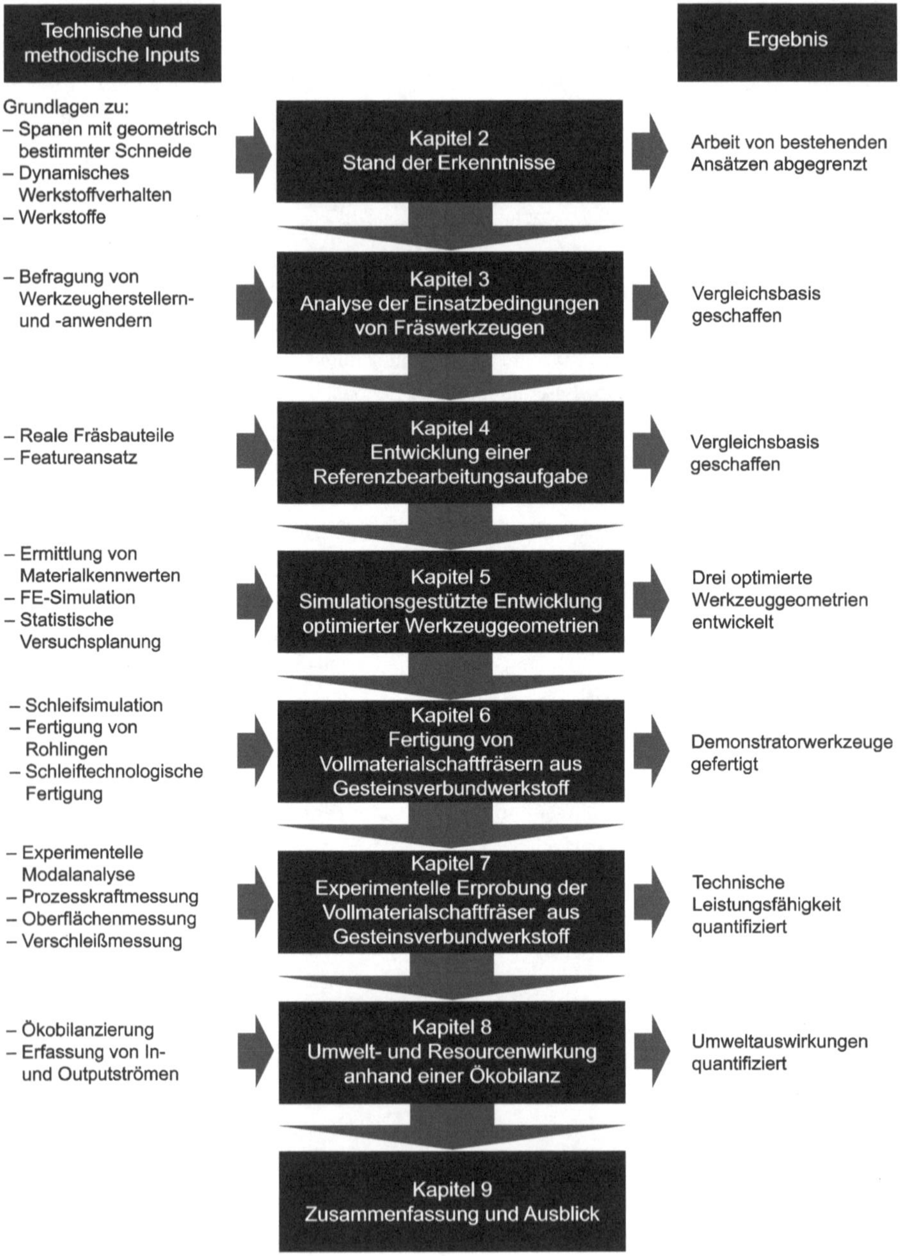

Abbildung 3 Vorgehensweise im Rahmen der vorliegenden Arbeit

2 Stand der Erkenntnisse

2.1 Spanen mit geometrisch bestimmter Schneide

Verfahren der spanenden Fertigung werden nach der Norm DIN 8580, in welcher die Einteilung von Fertigungsverfahren beschrieben wird, der dritten Hauptgruppe, dem *Trennen*, zugeordnet. Innerhalb dieser wird zwischen Verfahren zum *Spanen mit geometrisch unbestimmter Schneide* sowie *Spanen mit geometrisch bestimmter Schneide* unterschieden. Letztere werden in der Gruppe 3.2 zusammengefasst[2], welche das in dieser Arbeit betrachtete Verfahren *Fräsen* beinhaltet [DIN20]. Weiterhin werden die Begriffe der Zerspantechnik, die Kinematik und die Geometrie am Schneidkeil der Werkzeuge in den Normen DIN 6580 und DIN 6581 beschrieben [DIN85a, DIN85b].

Grundsätzlich ist Spanen nach der Norm DIN 8589-0 als „Trennen, bei dem durch die Schneiden eines Werkzeugs von einem Werkstück Werkstoffschichten in Form von Spänen auf mechanischem Wege abgetrennt werden" definiert [DIN03a]. Die Verfahren des Spanens mit geometrisch bestimmter Schneide zeichnen sich durch die Kenntnis der Geometrie der Schneidkeile, der Schneidenzahl sowie der Lage der Schneiden zum bearbeiteten Werkstück aus [GLÜ20, S. 138]. Die in diesem Abschnitt beschriebenen technologischen und mathematischen Zusammenhänge sowie begrifflichen Konventionen zur Vermittlung eines Grundverständnissens erfolgen stets anhand eines allgemeinen, idealisierten Schneidkeils[3]. Hintergrund hierzu ist die Allgemeingültigkeit, der die meisten Grundlagen zum Spanen mit geometrisch bestimmter Schneide zu Grunde liegen, d. h. die Zusammenhänge sind auf Verfahren bzw. Werkzeuge innerhalb der Gruppe 3.2 übertragbar[4] [WES11, S. 120]. Dies schließt auch den in der vorliegenden Arbeit betrachteten Anwendungsfall Fräsen ein.

2.1.1 Fräsverfahren

Fräsen stellt ein Fertigungsverfahren mit geometrisch bestimmter Schneide dar und wird nach der Norm DIN 8589-3 wie folgt definiert:

„Fräsen ist Spanen mit kreisförmiger, einem meist mehrzahnigen Werkzeug, zugeordneter Schnittbewegung und mit senkrecht oder auch schräg zur Drehachse des Werkzeugs verlaufender Vorschubbewegung zur Erzeugung beliebiger Werkstückoberflächen." [DIN03b]

[2] Die weiteren Verfahren des Spanens mit geometrisch bestimmter Schneide in der Gruppe 3.2 sind: Drehen, Bohren, Senken, Reiben, Hobeln, Stoßen, Räumen, Sägen, Feilen, Raspeln, Bürstspanen, Schaben und Meißeln.

[3] Für einen allgemeinen, idealisierten Schneidkeil werden gerade Schneiden, scharfkantige Schneidenecken, vernachlässigbare Neigungswinkel und ein Werkzeug-Einstellwinkel der Nebenschneiden von 0° angenommen [PAU08, S. 9].

[4] Häufig wird Drehen als Lehrbeispiel angewendet und auf die Übertragbarkeit vieler Zusammenhänge auf anderen Verfahren des Spanenes mit geometrisch bestimmter Schneide verwiesen [DEG19, S. 19].

Die nachfolgende Abbildung 4 zeigt eine Übersicht der Fräsverfahren nach der Norm DIN 8589-3, welche unter anderem nach der vorliegenden Kinematik und der zu erzeugenden Werkstückform gegliedert sind.

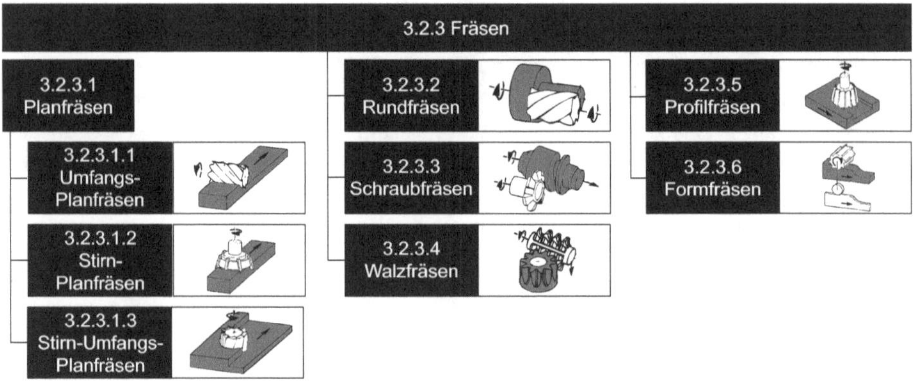

Abbildung 4 Fräsverfahren nach der Norm DIN 8589, in Anlehnung an [DIN03b]

Im Rahmen der vorliegenden Arbeit steht die Entwicklung eines Vollhartmetall-Schaftfräsers (VHM-Schaftfräser) und somit primär die Verfahren des Planfräsens im Fokus[5]. Beim Planfräsen kommen geradlinige Vorschubbewegungen zum Erzeugen ebener Flächen zum Einsatz. Während beim Stirnfräsen die Drehachse des Werkzeugs senkrecht zur Werkstückoberfläche steht und die Oberfläche durch die stirnseitigen Nebenschneiden erzeugt wird, erfolgt die Bearbeitung trotzdem überwiegend durch die umfangsseitigen Hauptschneiden [DIE20, S. 185]. Beim Umfangsfräsen ist die Werkzeugachse parallel zur Werkstückoberfläche ausgerichtet und die Bearbeitung sowie Erzeugung der Oberfläche erfolgen ausschließlich durch die Hauptschneiden - auch als Umfangsschneiden bezeichnet. Das Stirn-Umfangs-Planfräsen stellt eine Kombination beider Verfahren dar und dient der Erzeugung ebener, rechtwinklig abgesetzter Flächen. [GLÜ20, S. 171 f.]

Für das Umfangsfräsen kann weiterhin zwischen Gleich- und Gegenlauffräsen unterschieden werden. Bei Erstgenanntem sind die Drehrichtung des Werkzeugs und die Vorschubrichtung des Werkstücks gleichgerichtet. Die Schneide setzt dabei beim dicken Ende des Spans an und schneidet in Richtung des dünneren Endes, wobei das Werkstück in Richtung der Auflagefläche gedrückt wird. Gleichlauffräsen wird meist für Schlichtprozesse eingesetzt, da sich dabei bessere Oberflächen als beim Gegenlauffräsen erzeugen lassen. Bei diesem sind Drehrichtung des Werkzeugs und Vorschubrichtung des Werkstücks entgegengesetzt,

[5] Ausführliche Beschreibungen zu den weiteren für diese Arbeit nicht relevanten Fräsverfahren können der Grundlagenliteratur zu spanenden Fertigungsverfahren entnommen werden, bspw. [DEN11, S. 15–18], [GLÜ20, S. 170–173] oder [KLO18a, S. 540–566].

wodurch das Werkstück durch die Schneidbewegung aus der Einspannung „herausgezogen" wird. Somit entstehen schlechtere Oberflächen als beim Gleichlauffräsen, weshalb sich das Gegenlauffräsen für Schruppprozesse sowie die Bearbeitung von Werkstücken mit harter Oberflächenschicht eignet. [DIE20, S. 181–185] Die nachfolgende Abbildung 5 stellt die Verfahren des Umfangs- und Stirnfräsens einander gegenüber.

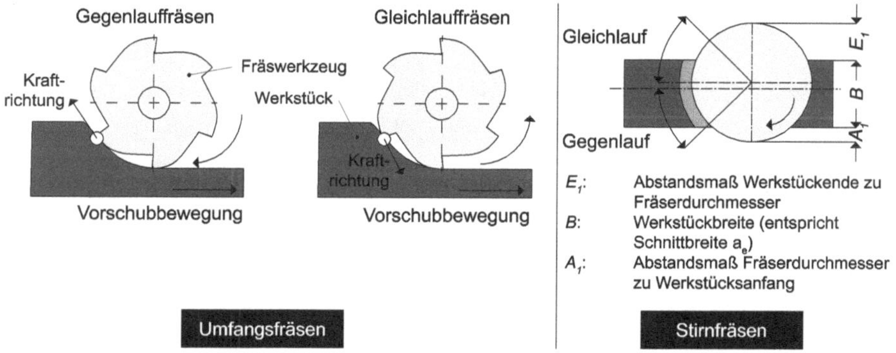

Abbildung 5 Gegenüberstellung von Umfangs- und Stirnfräsen, in Anlehnung an [DIE20, S. 182–186]

2.1.2 Fräswerkzeuge

Fräswerkzeuge werden nicht nach durchgängig einheitlichen Gesichtspunkten unterteilt [KÜH22, S. 291]. Es haben sich jedoch zahlreiche Ausführungsformen anhand von speziellen Anwendungen und herstellerspezifischen Sonderformen etabliert. Diese ergeben sich aus einer Reihe von Anforderungen, welche an die Fräswerkzeuge gestellt werden - dazu zählen [KLO18a, S. 215]:

- Mechanische Werkzeugbelastung durch die Wirkung von Zerspankräften
- Thermische Werkzeugbelastung, z. B. durch Reibungs- und Verformungswärme sowie Kühlschmierstoff
- Schnelles Wechseln und sicheres Positionieren der Werkzeugschneide
- Schnelles und einfaches Auswechseln von verschlissenen Werkzeugteilen
- Wirtschaftlichkeit der Herstellung und der Instandhaltung

Anhand der sich daraus ergebenden anwendungs- und konstruktionsbedingten Merkmale lassen sich Fräswerkzeuge in eine Vielzahl von Kategorien und Typen einteilen. [FRI22, S. 291] Im Wesentlichen können diese in die beiden Werkzeuggruppen *Massivwerkzeuge* und *Werkzeuge mit Schneidplatte* eingeteilt werden. Massivwerkzeuge kennzeichnen sich dadurch, dass deren Schneidteil[6] und der Schaft aus einem zusammenhängenden Halbzeug hergestellt werden. Der Schaft von Werkzeugen mit Schneidplatte wird meist aus einem zäheren und kostengünstigeren Werkstoff hergestellt. Für die Schneidplatte wird hingegen ein härterer, verschleißfesterer und somit auch höherpreisiger Werkstoff wie Hartmetall oder kubisch kristallines Bornitrid (CBN) verwendet. [KLO18a, S. 215] Bedingt durch die Bauart bestehen bei Werkzeugen mit Schneidplatte jedoch Einschränkungen bzgl. der maximal möglichen Zähnezahl bei vorgegebenem Durchmesser. So sind Werkzeuge mit Schneidplatte erst ab Werkzeugdurchmessern von D = 10 mm gängig. [KAM14, S. 420] Die nachfolgende Abbildung 6 stellt beispielhafte Fräswerkzeuge der beiden Werkzeuggruppen gegenüber.

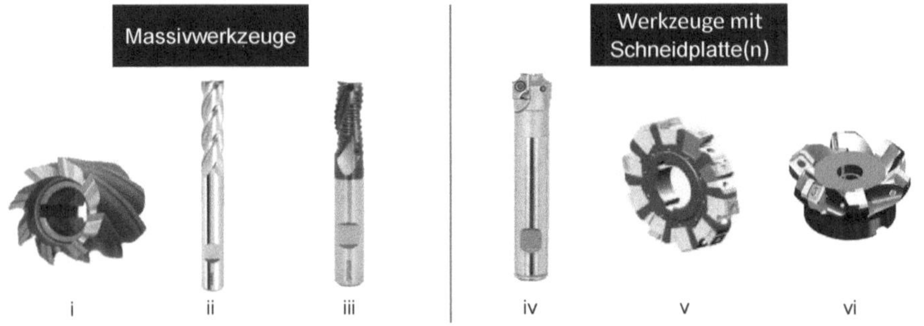

Abbildung 6 Gegenüberstellung von Fräswerkzeugen in den Ausführungsformen „Massivwerkzeuge" (rechts) und „Werkzeuge mit Schneidplatte(n)" (links), Bildbestandteile i - iv aus [HOF23, S. 373, S. 388, S. 442, S. 632], v und vi aus [MAI18, S. 234, S. 241]

Bei Fräswerkzeug (i) handelt es sich um einen Walzenfräser, welcher sowohl eine stirn- als auch eine umfangsseitige Bearbeitung ermöglicht. Die Fräswerkzeuge (ii), (iii) und (iv) stellen jeweils Schaftfräser dar. Während der Vollmaterialschaftfräser mit doppelt hinterschliffenem Seitenfreiwinkel (ii) universell einsetzbar ist, wird der Schruppfräser mit Kordelprofil (iii) zum Umfangsfräsen oder für Tauchvorgänge mit anschließender seitlicher Bearbeitung für vergleichsweise große Spanungsvolumina eingesetzt. Der wendeschneidplattenbestückte Radiusfräser (iv) wird insbesondere zur Herstellung konvexer Radien und für den Einsatz in tiefen Kavitäten verwendet. Scheibenfräser (v) werden insbesondere zum Herstellen von Nuten sowie zum Trennfräsen eingesetzt. Planfräser (vi) finden eine universelle Anwendung, sowohl in der Schrupp- als auch in der Schlichtbearbeitung.

Die in Abbildung 6 aufgeführten Fräswerkzeuge stellen lediglich eine exemplarische Gegenüberstellung dar. Für eine umfassendere Übersicht zu gängigen Fräswerkzeugen wird auf die

[6] „Der Schneidteil ist der wirksame Teil des Werkzeugs, an dem sich die Schneidkeile mit den Schneiden befinden [DIN85b, S. 2]."

Herstellerkataloge führender Werkzeughersteller verwiesen[7]. Da im weiteren Verlauf der Arbeit Massivwerkzeuge in Form von Vollmaterialschaftfräsern im Fokus stehen, werden diese im nachfolgenden Unterabschnitt 2.1.3 beschrieben.

2.1.3 Vollmaterialschaftfräser

Schaftwerkzeuge sind im Allgemeinen universell einsetzbar und werden in Form von kontinuierlichem Umfangs-Stirnfräsen verwendet, wodurch sowohl Formflächen als auch Nuten, Taschen, Schlitze und Aussparungen in unterschiedlichen Ausführungen und Dimensionen erzeugt werden können [KLO18a, S. 547]. Ist eine der Stirnschneiden über die axiale Achse in der Werkzeugmitte hinaus schneidfähig, ist der Schaftfräser eintauch-, bzw. bohrfähig. So kann axial in das bearbeitete Werkstück eingetaucht werden, wodurch geschlossene Formen wie Taschen oder Nuten hergestellt werden können. [SCH02, S. 263] Charakteristisch ist ihre lange und schlanke Form, welche sich aus den Anforderungen ergibt, tiefliegende Formelemente zu erzeugen oder mit einer großen axialen Schnitttiefe zu fräsen. Das Verhältnis der Länge l zu Durchmesser D nimmt dabei meist mindestens Werte von $l/D > 5$ an. Diese Form bedingt jedoch auch in Verbindung mit den auftretenden Vorschubkräften ein Abdrängen entgegen der Vorschubrichtung des Werkzeugs, wobei dieses elastisch verbogen wird. Diese Werkzeugabdrängung schränkt die Wahl der Bearbeitungsparameter und somit die Prozesseffizienz stark ein und kann darüber hinaus auch einen weiteren Schlichtschnitt zur Nachbearbeitung erzeugter Oberflächen bedingen, um Lage- und Konturfehler zu korrigieren. [KAM14, S. 418 f.]

Anhand der Bauform kann zwischen rechtsgedrallten, linksgedrallten und geradverzahnten sowie links- und rechtsschneidenden Vollmaterialschaftfräsern unterschieden werden. Die Form des Fräserkopfs kann dabei zylindrisch oder konisch, bei besonderen Anwendungsfällen auch als Sonderanfertigung in abweichender Form ausgeprägt sein. [KLO18a, S. 548] Der Werkzeugschaft kann zylindrisch, als Morsekegelschaft, als Steilkegelschaft oder als Hohlkegelschaft beschaffen sein [SCH02, S. 261]. Die nachfolgende Abbildung 7 zeigt beispielhafte Vollmaterialschaftfräser und verdeutlicht damit die aufgeführten Unterscheidungsmerkmale.

[7] Zu diesen zählen bspw. die Gühring KG, Ceratizit, die Hoffmann-Group, die Sandvik Group, die Paul Horn GmbH oder die Kennametal Group.

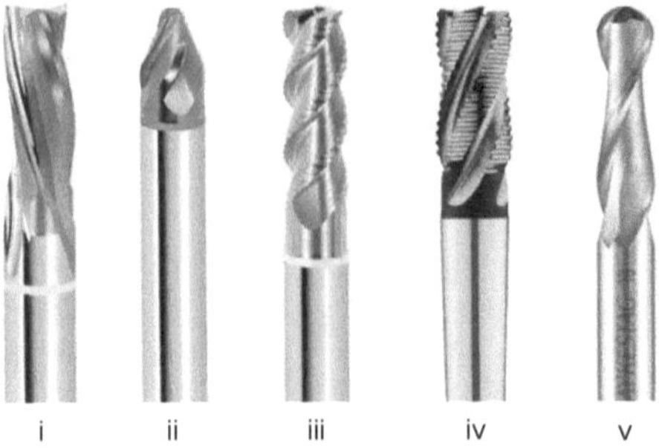

Schaftfräser	Drallrichtung	Form	Schaft
i	links	zylindrisch	zylindrisch
ii	rechts	konisch	zylindrisch
iii	rechts	zylindrisch mit Kordelverzahnung	zylindrisch
iv	rechts	zylindrisch mit Kordelverzahnung	Morsekegel
v	rechts	radial	zylindrisch

Abbildung 7 Beispielhafte Vollmaterialschaftfräser in unterschiedlichen Bauformen, Bildbestandteile i bis iii aus [HOF23, S. 474, S. 526, S. 541], iv und v aus [ADO21, S. 176, S. 229]

Bauformen, Maße, Toleranzen und Lieferbedingungen von Vollmaterialschaftfräsern werden weiterhin umfassend in einer Reihe von Normen beschrieben. So beschreiben z. B. die Normen DIN 327, DIN 844, DIN 1833, DIN 6527 und DIN 6529 verschiedene Ausführungen von Vollmaterialschaftfräsern mit Zylinderschaft [DIN89a, DIN89b, DIN90a, DIN90b, DIN02, DIN18a, DIN23a].

Die Bezugssysteme und Winkel am Schneidteil des Werkzeugs werden in der Norm DIN 6581 [DIN85b] beschrieben und im Rahmen dieser Arbeit als Schneidengeometrie bezeichnet. Während sich in der Literatur häufig lediglich auf bspw. die Stirn- oder Hauptschneide bezogen wird, soll sich die Schneidengeometrie hier auf sämtliche geometrische Form- und Gestaltungsmerkmale des gesamten Schneidteils beziehen. Abbildung 8 gibt eine Übersicht zu den relevanten Winkeln und geometrischen Formelementen der Schneidengeometrie an einem Vollmaterialschaftfräser. Die Bezeichnungen entsprechen der Norm DIN 6581 und werden von der Norm DIN 6582 ergänzt. Vereinzelte Winkel oder geometrische Formelemente können jedoch von einigen Herstellern unter abweichenden Bezeichnungen geführt werden. Weiterhin können insbesondere bei Sonderwerkzeugen herstellerspezifische geometrische Formelemente auftreten, welche nicht in den einschlägigen Normen definiert sind [WES16, S. 45].

Das markante Formmerkmal des Schneidteils eines Vollmaterialschaftfräsers stellt der helikale Verlauf der Hauptschneide am Werkzeugumfang dar. Diese wird durch den Drallwinkel λ_s[8] definiert und gibt somit auch den Verlauf der Spannuten vor. Der Drallwinkel λ_s beeinflusst den Zerspanprozess u. a. hinsichtlich der Spanbildung und -abfuhr, der Richtung des entstehenden Zerspankraftvektors und des Auftretens von Prozessschwingungen. Letztere können z. B durch groß gewählte Drallwinkel λ_s reduziert werden. Dies ermöglicht, dass sich mehrere Schneiden

[8] Der Begriff Drallwinkel wird bei Fräs- und Bohrwerkzeugen verwendet. Für spanende Werkzeuge anderer Fertigungsverfahren mit geometrisch bestimmter Schneide bezeichnet λ den Neigungswinkel [DIE20, S. 207].

gleichzeitig im Eingriff befinden, wodurch Schwankungen in den Zerspankräften vermieden werden. [KLO14a, S. 449]

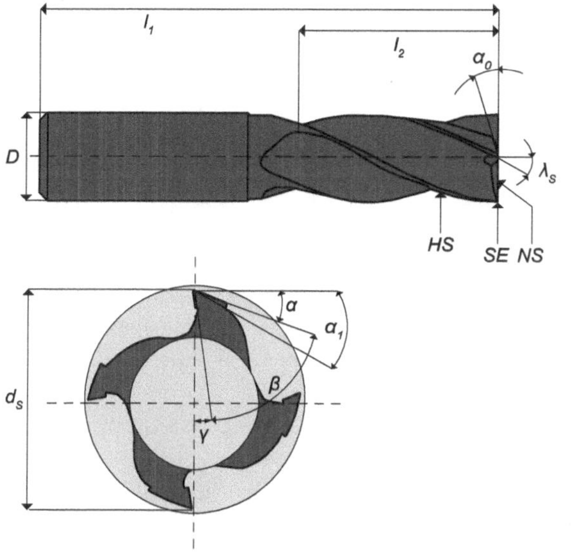

D = Werkzeugdurchmesser
d_s = Schneidendurchmesser
HS = Hauptschneide
l_1 = Werkzeuglänge
l_2 = Schneidenlänge
NS = Nebenschneide
SE = Schneidenecke
α = Primärfreiwinkel HS
α_1 = Sekundärfreiwinkel HS
α_0 = Primärfreiwinkel NS
β = Keilwinkel HS
γ = Spanwinkel HS
λ_s = Drallwinkel

Abbildung 8 Schneidengeometrie an einem Vollmaterialschaftfräser, eigene Darstellung in Anlehnung an [DIN85b] und [DIN88]

Die Haupt- und Nebenschneiden selbst setzen sich aus den Größen Freiwinkel α, Keilwinkel β und Spanwinkel γ und zusammen, welche in Summe 90° ergeben. Der Keilwinkel β bestimmt die Stabilität des Schneidkeils und sollte demnach in Abhängigkeit des zu zerspanenden Werkstoffs ausgelegt werden. Bei weichen Werkstoffen ist dieser klein, bei harten und spröden Werkstoffen groß zu wählen. Die Wahl des Spanwinkels γ beeinflusst mehrere Parameter des Zerspanprozesses. Ein großer Spanwinkel γ wirkt sich positiv auf den Spanabfluss und die erzeugte Oberflächenqualität am Werkstück aus und verursacht kleinere Schnittkräfte [KLO18a, S. 82]. Jedoch bewirkt er dadurch auch eine Schwächung des Schneidkeils und bedingt eine verschlechterte Wärmeabfuhr, was sich wiederum auf die Stabilität und Standzeit der Schneide auswirkt. Der Spanwinkel γ kann auch negative Werte annehmen, welche insbesondere bei der Bearbeitung von Werkstücken mit Durchbrüchen, Walz- oder Gusshaut zum Einsatz kommen [KLO14b, S. 76]. Ebenso beeinflusst die Größe des Freiwinkels α die Stabilität des Schneidkeils. Ein kleinerer Freiwinkel α ermöglicht einerseits einen größeren und somit stabileren Keilwinkel β. Andererseits wirkt sich dieser positiv auf die erzeugte Oberflächenqualität am Werkstück aus, sofern dieser nicht so klein gewählt wird, dass das Werkzeug auf die zu bearbeitende Fläche drückt. [DIE20, S. 9–13]

2.1.4 Kinematik, Schnitt- und Spanungsgrößen

Kinematik

Die Kinematik beschreibt die örtliche und zeitliche Bewegung eines Punktes im Raum, ohne dabei die Ursache der Bewegung zu beschreiben [GRO21, S. 3]. Bei einem Zerspanvorgang treten Relativbewegungen[9] zwischen dem Werkstück und der geometrisch bestimmten Schneide des Werkzeugs auf. Die Bewegungen können beliebig erfolgen – häufig verlaufen diese geradlinig oder kreisförmig. Die Wirk-, Schnitt- und Vorschubbewegungen sind die maßgeblichen Komponenten der spanbildenden Werkzeugbewegung. Zur Gruppe der Bewegungen, welche nicht unmittelbar an der Entstehung von Spänen beteiligt sind, zählen z. B. Zustell-, Nachstell- und Rückstellbewegungen [DEG19, S. 20]. Die Wirkbewegung stellt die Bewegung zwischen Werkstück und Werkzeugschneide dar, welche den Zerspanvorgang bewirkt. Sie stellt eine resultierende Bewegung dar, die sich aus den Komponenten Schnitt- und Vorschubbewegung zusammensetzt. Letztere setzen sich wiederum aus mehreren Komponenten zusammen. [DEG19, S. 21] Während die Schnittbewegung zum Abtrennen des Spans während einer einzelnen Umdrehung oder eines Hubs führt, sorgt die Vorschubbewegung für eine stetige Spanabnahme bei mehreren Umdrehungen bzw. Hüben [FÖR18, S. 66]. Den beschriebenen Relativbewegungen wird jeweils eine Geschwindigkeit zugeordnet. Die nachfolgende Abbildung 9 verdeutlicht diese Geschwindigkeiten und deren geometrischen Zusammenhänge grafisch.

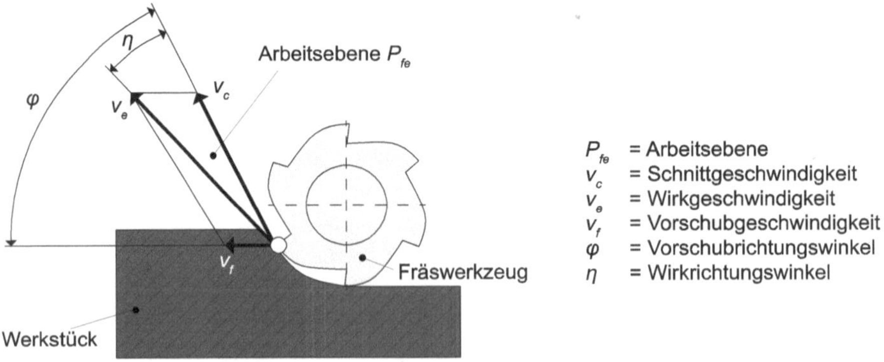

Abbildung 9 Richtungsabhängige Geschwindigkeiten und geometrische Zusammenhänge am Schneidkeil, nach [DIN85a]

---

9 Alle definierten Bewegungen beziehen sich auf den jeweils betrachteten Schneidenpunkt und gehen von einem ruhenden Werkstück aus.

Die Wirkgeschwindigkeit v_e ist die Resultierende aus Schnitt- v_c und Vorschubgeschwindigkeit v_f und stellt die momentane Geschwindigkeit der Wirkbewegung im betrachteten Schneidenpunkt dar. Sie wird nach Gleichung 2-1 berechnet [DEG19, S. 22].

$$v_e = \frac{v_c \cdot \sin\varphi}{\sin(\varphi - \eta)} = \frac{v_f + v_c \cdot \cos\varphi}{\cos(\varphi - \eta)} \tag{2-1}$$

Häufig liegt ein sehr kleines Verhältnis von Vorschubgeschwindigkeit v_f zu Schnittgeschwindigkeit v_c vor. In diesen Fällen gilt die folgende Näherung nach Gleichung 2-2 [DEG19, S. 22].

$$v_e \approx v_c \tag{2-2}$$

Der Vorschubrichtungswinkel φ wird von der Vorschubgeschwindigkeit v_f und der Schnittgeschwindigkeit v_c eingeschlossen. Für Verfahren mit geradliniger oder schraubiger Wirkbewegung (z. B. Bohren und Drehen) ist der Vorschubrichtungswinkel φ konstant ($\varphi = 90°$), während er bei Verfahren mit zykloidischer Wirkbewegung (z. B. Fräsen oder Kreissägen) variiert. Zwischen der Richtung der Vorschubgeschwindigkeit v_f und der Wirkgeschwindigkeit v_e liegt der Wirkrichtungswinkel η [DEN11, S. 5]. Diese beiden Geschwindigkeitsvektoren spannen zudem die Arbeitsebene P_{fe} auf, in welcher alle Bewegungen vollzogen werden, die an der Spanbildung beteiligt sind [GLÜ20, S. 143]. Die Schnittgeschwindigkeit v_c ist die momentane Geschwindigkeit der Schnittbewegung im betrachteten Schneidenpunkt und wird insbesondere bei der Standzeitberechnung von Werkzeugen sowie der Leistungsberechnung von Werkzeugmaschinen benötigt. Die Vorschubgeschwindigkeit v_f stellt die momentane Geschwindigkeit der Vorschubbewegung im betrachteten Schneidenpunkt dar. Sie ist insbesondere für das Fräsen eine wichtige Kenngröße, mit welcher die Leistung für Vorschubantriebe berechnet wird [DEG19, S. 23].

Schnitt- und Spanungsgrößen

Spanungsgrößen werden benötigt, um die abzutrennenden Werkstoffschichten des Werkstücks zu beschreiben. Bezogen werden diese jeweils auf den Ausgangszustand des Werkstücks. Schnittgrößen sind die zur Spanabnahme an der Werkzeugmaschine unmittelbar oder mittelbar einzustellenden Werte. Die für die Berechnung der im Nachgang definierten Spanungsgrößen relevanten Schnittgrößen sind der Vorschub f, die Schnittbreite a_e und die Schnitttiefe a_p sowie die Vorschubgeschwindigkeit v_f [GLÜ20, S. 143–145]. Der Vorschub f beschreibt den Weg des Werkzeugs je Umdrehung entlang der Vorschubrichtung und wird in der Arbeitsebene P_{fe} gemessen. Die Schnittbreite a_e beschreibt den seitlichen Eingriff des Werkzeugs und wird in der Arbeitsebene P_{fe} und senkrecht zur Vorschubrichtung angegeben. Die Schnitttiefe a_p beschreibt die Tiefe des Werkzeugeingriffes und wird senkrecht zur Arbeitsebene P_{fe} gemessen [KÜH22, S. 250 f.]. Die Vorschubgeschwindigkeit v_f hängt sowohl vom Vorschub f als auch von der Drehzahl n ab. Es gilt der Zusammenhang aus Gleichung 2-3 [GLÜ20, S. 145].

$$v_f = f \cdot n \tag{2-3}$$

Abbildung 10 stellt die geometrischen Zusammenhänge der Schnittgrößen sowie der im nachfolgenden mathematisch definierten Spanungsgrößen grafisch dar.

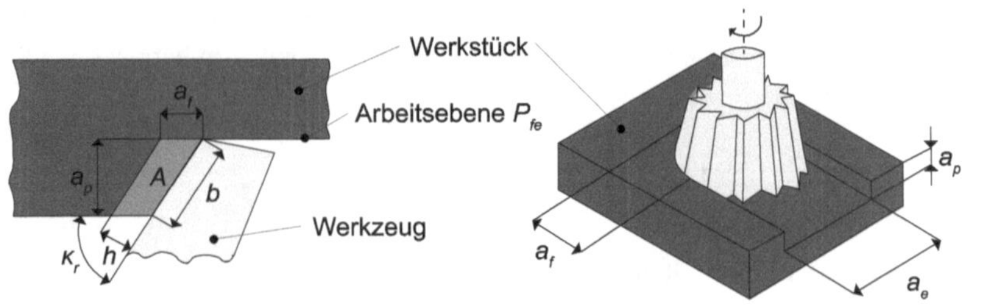

A = Spanungsquerschnitt
a_e = Schnittbreite
a_f = Vorschubeingriff
a_p = Schnitttiefe
b = Spanungsbreite
h = Spanungsdicke
κ = Werkzeugeinstellwinkel

Abbildung 10 Schnitt- und Spanungsgrößen, nach [GLÜ20, S. 145] (links) und [DIN20] (rechts)

Für die Berechnung der Spanungsgrößen wird stets von idealen, geraden Schneiden, scharfkantigen Schneidenecken, einem vernachlässigbarem Drallwinkel λ_s sowie einem Einstellwinkel der Nebenschneide κ_N von 0° ausgegangen [PAU08, S. 9].

Der Spanungsquerschnitt A stellt den Querschnitt der abzuhebenden Werkstoffschicht senkrecht zur Schnittrichtung dar [GLÜ20, S. 146], vgl. Abbildung 10, und wird nach Gleichung 2-4 berechnet [DEG19, S. 28].

$$A = a_p \cdot f = b \cdot h \tag{2-4}$$

Mit der Spanungsbreite b wird die Breite des Spanungsquerschnittes angegeben. Sie entspricht bei vereinfachter Betrachtung der Länge der aktiven Hauptschneide, senkrecht zur Schnittrichtung und in der Schnittfläche gemessen und wird nach Gleichung 2-5 berechnet [GLÜ20, S. 146].

$$b = \frac{a_p}{\sin \kappa} \tag{2-5}$$

Die Spanungsdicke h hingegen wird senkrecht zur Schnittrichtung gemessen und nach Gleichung 2-6 berechnet [DEG19, S. 29].

$$h = f \cdot \sin \kappa = \frac{A}{b} \tag{2-6}$$

Der Einstellwinkel κ beschreibt den Winkel zwischen der Vorschubrichtung und der Hauptschneide des verwendeten Werkzeugs. Stehen diese senkrecht zueinander entspricht nach Gleichung 2-5 die Spanungsbreite b der Schnitttiefe a_p sowie nach Gleichung 2-6 die Spanungsdicke h dem Vorschub f [FÖR18, S. 66 f.].

Als weitere Spanungsgröße soll das Spanungsvolumen V_S eingeführt werden, welches das vom Werkstück abzutragende Werkstoffvolumen beschreibt. Es kann dabei auf den Arbeitsgang, auf das Werkstück oder auf eine Zeiteinheit bezogen werden. Beim Bezug auf eine Zeiteinheit ergibt sich somit das Zeitspanvolumen Q. Dieses wird für Verfahren mit zeitlich veränderbarem Vorschubrichtungswinkel φ (z. B. dem Fräsen) nach der Gleichung 2-7 berechnet [DEG19, S. 31].

$$Q = a_e \cdot a_p \cdot v_f \tag{2-7}$$

Das Zeitspanvolumen ist eine bedeutende Spanungsgröße, um vergleichende Aussagen zur Leistungsfähigkeit von Werkzeugen treffen zu können [KÜH22, S. 251]. Eine Steigerung des Zeitspanvolumens durch Erhöhung einer seiner drei Faktoren dient als Grundlage, um möglichst wirtschaftliche Einsparungen zu erzielen und neue Fertigungsprozesse zu entwickeln [PAU08, S. 92 f.].

2.1.5 Zerspankräfte und Schnittleistung

Zerspankräfte

Der Scherwiderstand, der beim Zerspanen des bearbeiteten Werkstoffs überwunden werden muss sowie die Reibungskräfte, die zwischen Werkzeug und Werkstück auftreten, sind für die Entstehung von Zerspankräften verantwortlich [DIE20, S. 17]. Die Möglichkeit zur Beschreibung und Ermittlung von Zerspankräften ist u. a. für folgende Aufgaben von zentraler Bedeutung [GLÜ20, S. 154]:

- Dimensionierung der Antriebe von Werkzeugmaschinen
- Entwicklung, Gestaltung und Auslegung von Werkzeugmaschinenkomponenten, von Werkzeugen und von Spannvorrichtungen
- Bestimmung von Prozessparametern in der Arbeitsvorbereitung
- Beurteilung der Zerspanbarkeit von Werkstoffen
- Analyse von Verschleißvorgängen

Die im Zerspanprozess auftretenden Zerspankräfte werden von einer Vielzahl von Faktoren beeinflusst, was zu einer hohen Komplexität bei der Berechnung führt [JIV08, S. 1]. Zu den wichtigsten Faktoren zählen die Schneidengeometrie des Werkzeugs, der verwendete Schneidstoff, der zu bearbeitende Werkstoff, die eingestellten Schnittparameter sowie das generell verwendete Zerspanverfahren [ESS06, S. 189]. Aufgrund dieser hohen Komplexität und deren großen Bedeutung wird die Berechnung von Zerspankräften im Folgenden genauer beschrieben. Es wird sich dabei auf die in der Praxis gängig angewendeten empirische Modelle zur Berechnung von Zerspankräften bezogen. Weitere Möglichkeiten zur Ermittlung von Zerspankräften sind z. B. über analytische Modelle auf Grundlage der elementaren Plastomechanik oder unter Anwendung der Finite-Elemente-Methode [DEN11, S. 51].

Die Zerspankraft F ist aufzubringen, um den Widerstand zu überwinden, der aufgebracht wird, sobald ein Schneidkeil in einen zu bearbeitenden Werkstoff eindringt [DEN11, S. 52]. Sie kann nach den Arbeiten von MERCHANT [MER45a, MER45b] in die folgenden drei Hauptkomponenten zerlegt werden [KLO14c, S. 81 f.]:

- Schnittkraft F_c, in der Arbeitsebene und entgegen der Schnittrichtung
- Vorschubkraft F_f, in der Arbeitsebene und entgegen der Vorschubrichtung
- Passivkraft F_p, senkrecht zur Arbeitsebene und entgegen der Werkzeugschneide

Die nachfolgende Abbildung 11 stellt die geometrischen Zusammenhänge der Kraftvektoren grafisch dar.

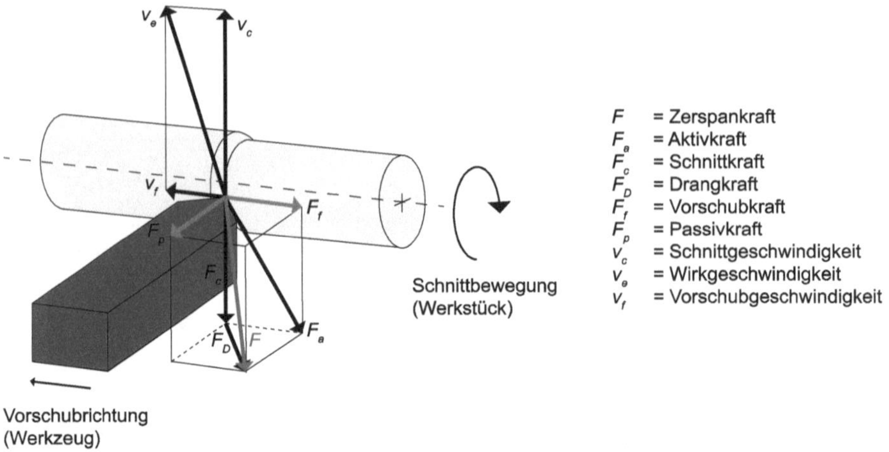

Abbildung 11 Komponenten der Zerspankraft, nach [DIN82]

Die Zerspankraft F stellt die resultierende Kraft aus ihren beiden zueinander senkrecht stehenden Komponenten, der Aktivkraft F_a und der Passivkraft F_p dar, und wird nach der Gleichung 2-8 berechnet.

$$\vec{F} = \overrightarrow{F_a} + \overrightarrow{F_p} \tag{2-8}$$

Die Aktivkraft F_a stellt selbst ebenfalls eine resultierende Kraft dar, die sich aus ihren Komponenten der Schnittkraft F_c und der Vorschubkraft F_f zusammensetzt. Sie wird nach der Gleichung 2-9 berechnet.

$$\overrightarrow{F_a} = \overrightarrow{F_c} + \overrightarrow{F_f} \tag{2-9}$$

Das genaue Verhältnis zwischen Schnittkraft F_c, Vorschubkraft F_f und Passivkraft F_p hängt vom jeweiligen Anwendungsfall ab. Die Schnittkraft F_c ist jedoch in den meisten Fällen die Komponente, welche den größten Anteil an der Zerspankraft F ausmacht [PAU08, S. 19]. Die Berechnung erfolgt nach der Gleichung 2-10.

$$F_c = k_c \cdot A \tag{2-10}$$

Die spezifische Schnittkraft k_c entspricht dabei keiner eigentlichen Kraft, sondern der erforderlichen Schnittenergie pro Spanungsvolumen [HEC10, S. 100–102]. Sie basiert auf den Arbeiten von Kienzle und Victor [KIE52, KIE57], welche die Ermittlung von Schnittkräften für das

Drehen empirisch untersuchten. Experimentelle Untersuchungen von WEILENMANN ergaben, dass die Berechnugsmethodik ebenfalls auf das Fräsen übertragbar ist [WEI57]. Inzwischen existieren eine Vielzahl von Tabellenwerken mit spezifischen Schnittkraftwerten und verfahrensspezifischen Korrekturverfahren sowie Untersuchungen zu unterschiedlichen Anwendungsfällen [SCH10, S. 11]. Diese basieren auf zahlreiche Weiterentwicklungen und auf den Untersuchungen von KIENZLE und VICTOR aufbauende Arbeiten, wie z. B. durch WEILENMANN [WEI57], KÖNIG und ESSEL [KÖN73], ZÄH [ZÄH95] sowie DENKENA und TÖNSHOFF [DEN11]. Die spezifische Schnittkraft k_c wird nach der Gleichung 2-11 berechnet.

$$k_c = k_{c1.1} \cdot f_h \cdot f_\gamma \cdot f_\lambda \cdot f_s \cdot f_v \cdot f_f \cdot f_{st} \qquad (2\text{-}11)$$

Der Grundwert $k_{c1.1}$ stellt dabei die spezifische Schnittkraft dar, die auf einen Spanungsquerschnitt A von 1 mm² wirkt. Er kann als werkstoffabhängiger Kennwert Tabellen entnommen werden. Diese werden stetig erweitert und sind heute für eine Vielzahl von Werkstoffen verfügbar. Liegen Abweichungen zu den standardmäßig definierten Prozessbedingungen vor, ist der Grundwert $k_{c1.1}$ anhand der in Gleichung 2-11 auftretenden sieben folgenden Korrekturfaktoren[10] zu korrigieren [PAU08, S. 20]. Diese sind im Einzelnen:

- der Spanungsdickenfaktor f_h
- der Spanwinkelfaktor f_γ
- der Neigungswinkelfaktor f_λ
- der Schneidstofffaktor f_s
- der Geschwindigkeitsfaktor f_v
- der Formfaktor f_f und
- der Stumpfungsfaktor f_{st}

Schnittleistung

Als weitere wichtige Größe der Zerspantechnik soll an dieser Stelle die Schnittleistung P_c beschrieben werden. Sie stellt die Leistung dar, welche direkt an der Werkzeugschneide auftritt und wird aus dem Produkt der Schnittkraft F_c und der Vorschubgeschwindigkeit v_c gebildet [DEG19, S. 113], siehe nachfolgende Gleichung 2-12.

$$P_c = F_c \cdot v_c \qquad (2\text{-}12)$$

Die Schnittleistung P_c kann analog zur Schnittkraft F_c in mehrere Komponenten zerlegt werden, vergleiche hierzu Abbildung 11. Da die in Vorschubrichtung wirkende Vorschubleistung P_f jedoch in der Regel vernachlässigbar klein ist, entspricht die resultierende Wirkleistung P_{el} in diesen Fällen der Schnittleistung P_c, welche dann als maßgebliche Größe für die Leistungsbestimmung des betrachteten Betriebsmittel herangezogen wird. [PAU08, S. 125 f.]

[10] Eine Beschreibung zur Bestimmung der Korrekturfaktoren kann dem Anhang 16.1 entnommen werden

Gleichung 2-12 gilt grundsätzlich auch bei der Betrachtung von Fräsprozessen. Es ist jedoch zu berücksichtigen, dass die Spanungsdicke h bei Verfahren mit veränderlichen Vorschubrichtungswinkeln wie dem Fräsen nicht konstant ist. Somit sind auch die Schnittkraft F_c und die Schnittleistung P_c durch die ständige Änderung des Vorschubrichtungswinkels φ während eines Fräsprozesses zeitlich veränderlich. Um diesem Umstand Rechnung zu tragen, wird zunächst die Hilfsgröße der mittleren Spanungsdicke h_m eingeführt, welche sich nach Gleichung 2-13 berechnet. [DEN11, S. 79 f.]

$$h_m = \frac{1}{\varphi_c} \int_{\varphi_E}^{\varphi_A} h_{(\varphi)} d\varphi = \frac{1}{\varphi_c} \cdot f_z \sin \kappa \cdot (\cos \varphi_E - \cos \varphi_A) \tag{2-13}$$

mit φ_c = Eingriffswinkel
f_z = Vorschub pro Zahn
κ = Einstellwinkel

Ist die mittlere Spanungsdicke h_m bekannt, kann die mittlere Schnittleistung P_{cm} nach der Gleichung 2-14 berechnet werden. Da die Mittelung nicht über die spezifische Energie, sondern über die Spanungsdicke erfolgt, handelt es sich um eine Näherung. Der damit verbundene Fehler ist jedoch äußerst gering und kann bei Bedarf numerisch quantifiziert werden. [DEN11, S. 79 f.]

$$P_{cm} = \frac{1}{\varphi_c} \cdot k_{c1.1} \cdot Q \cdot \left(\frac{h_m}{h_0}\right)^{-m_c} \tag{2-14}$$

mit Q = Zeitspanvolumen
m_c = Anstiegswert der spezifischen Schnittkraft $k_{c1.1}$
h_0 = Bezugsgröße Spanungsdicke

Wie in Gleichung 2-12 definiert, stellt die Schnittleistung P_c ein Produkt aus Geschwindigkeits- und Kraftkomponenten dar – die Summe aller Schnittkräfte entspricht dabei der Umfangskraft am Fräser [HIR16, S. 24]. Aufgrund dieses Zusammenhangs kann die mittlere Schnittleistung P_{cm} ebenfalls über das Drehmoment an der Maschinenspindel bzw. einem am Werkzeug gemessenen Torsionsmoment M_T in Verbindung mit der Winkelgeschwindigkeit ω berechnet werden., vgl. Gleichung 2-15 [DEN11, S. 81].

$$M_T = \frac{1}{\omega} \cdot P_{cm} \quad \text{bzw.} \quad P_{cm} = M_T \cdot \omega \quad \text{mit} \quad \omega = 2\pi n \tag{2-15}$$

Während sich bei spanenden Fertigungsverfahren wie Drehen und Bohren die Werkzeugschneiden permanent im Eingriff befinden, ist dies beim im Rahmen dieser Arbeit betrachteten Fräsen nicht der Fall. Durch den ständigen Ein- und Austritt der Werkzeugschneiden in bzw. aus dem bearbeiteten Werkstoff, entsteht eine schlagartige Beanspruchung dieser und wie bereits beschrieben ein variierender Spanungsquerschnitt. Neben den statischen Beanspruchungen entsteht insbesondere durch letzteren eine dynamische Beanspruchung, welche bei der Auslegung von Werkzeugmaschinen und Werkzeugen berücksichtigt werden muss. [PAU08, S. 180] Die grundlegenden Zusammenhänge des dynamischen Verhaltens von Werkzeugmaschinen und Werkzeugen werden in Abschnitt 2.2 beschrieben.

2.1.6 Formen des Werkzeugverschleißes

Während des Zerspanprozesses unterliegt ein Werkzeug einem komplexen Zusammenwirken von mechanischen, thermischen und chemischen Beanspruchungen. Diese verursachen einen Verschleiß am Werkzeug, der als „fortschreitender Materialverlust an der Oberfläche eines festen Körpers, hervorgerufen durch mechanische Ursachen, d. h. Kontakt und Relativbewegung eines festen, flüssigen oder gasförmigen Gegenkörpers [SÖH03, S. 23]", beschrieben wird.

Zu den Hauptmechanismen, welche den Verschleiß von Werkzeugen verursachen, zählen Adhäsion, Abrasion, tribochemische Reaktionen und Oberflächenzerrüttung [KLO18a, S. 84]. Diese führen in Abhängigkeit des zu bearbeitenden Werkstoffs, des verwendeten Schneidstoffs und der gewählten Prozessparameter zu verschiedenen Verschleißformen [PAU08, S. 45]. Abbildung 12 stellt die genannten Verschleißursachen sowie die im folgenden erläuterten Verschleißformen schematisch dar.

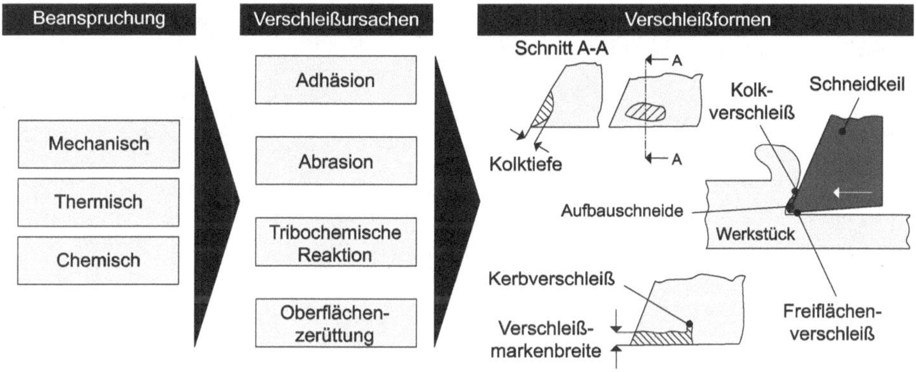

Abbildung 12 Verschleißursachen und Verschleißformen nach der Norm ISO 3685, in Anlehnung an [DEN11, S. 134, ISO93, KLO18a, S. 84]

Freiflächenverschleiß entsteht durch die auftretende Reibung an der Kante von Haupt- und Nebenschneide und wird durch senkrechte Verschleißriefen, der sog. Verschleißmarkenbreite *VB*, sichtbar [PER00, S. 48]. Die Verschleißmarkenbreite *VB*, vgl. Abbildung 12, beeinflusst im Zerspanprozess maßgeblich die erreichbare Maßgenauigkeit und Oberflächengüte des Werkstücks [SÖH03, S. 24], weshalb dem Freiflächenverschleiß als Standkriterium eine bedeutende Rolle zugewiesen wird [KÜH22, S. 254]. Beim Spanflächenverschleiß zeigt sich ein ähnliches Verschleißbild, welcher als Kolkverschleiß sichtbar wird. Treten Span- und Freiflächenverschleiß gleichzeitig auf, verstärkt dies die Kantenabrundung an der Schneidkante [PAU08, S. 49].

Kolkverschleiß entsteht durch das Zusammenwirken von Reibung und Diffusion. Kennzeichnend sind dabei muldenförmige Aushöhlungen im Schneidstoff sowie eine Veränderung des Spanwinkels γ, was zu einer veränderten Spanabflussrichtung führt. Als Vergleichsgröße dient das Kolkverhältnis K, welches den Quotienten aus Kolktiefe KT und Kolkmittenabstand KM entspricht [PAU08, S. 48], vgl. Abbildung 12.

Mechanische und thermische Wechselbelastungen, wie bspw. bei einem unterbrochenen Schnitt, führen zu unregelmäßigen und schwer prognostizierbaren Verschleißerscheinungen [AWI20, S. 157]. Hierzu zählen insbesondere Risse, welche in Form von Querrissen bei starker mechanischer Wechselbeanspruchung bzw. Kammrissen infolge starker thermischer Wechselbeanspruchung, auftreten können [KLO18a, S. 92 f.].

Um die beschriebenen Verschleißformen sowohl technisch zu quantifizieren als auch aus wirtschaftlicher Sicht zu beurteilen, werden unterschiedliche Standbegriffe verwendet. Diese werden anhand der nachfolgenden Abbildung 13 in verschiedene Kategorien unterteilt.

Abbildung 13 Kategorisierung von Standbegriffen, nach [PAU08, S. 91]

Das Standvermögen wird nach der Norm DIN 6583 als „die Fähigkeit eines Wirkpaares, das sich aus Werkzeug und Werkstück zusammensetzt, einen durch seine Randbedingungen definierten Zerspanprozess durchzustehen“ definiert [DIN81]. Beeinflusst wird dieses seitens des Werkzeugs durch dessen Schneidfähigkeit und Schneidenhaltigkeit sowie durch die Zerspanbarkeit des bearbeiteten Werkstoffs [DEG19, S. 44]. Das Standvermögen setzt sich aus den Standkriterien, den Standbedingungen und den Standgrößen zusammen.

Die Standkriterien sind festgelegte Grenzwerte für Veränderungen am Werkzeug, am Werkstück oder am Zerspanprozess selbst. Sie entsprechen dabei messtechnisch erfassbaren Größen wie der Verschleißmarkenbreite VB am Werkzeug, der Oberflächengüte am Werkstück oder den Zerspankräfte [PAU08, S. 91].

Die Standbedingungen setzen sich ebenfalls aus mehreren Komponenten zusammen und repräsentieren sämtliche Randbedingungen des Zerspanprozesses. Hierzu zählen z. B. die Werkzeuggeometrie, der verwendete Schneidstoff, die statische und dynamische Steifigkeit der Werkzeugmaschine oder die Schnitt- und Spanungsgrößen des Zerspanprozesses [DEG19, S. 44].

Standgrößen sind die Zeiten, Wege oder Mengen, welche benötigt werden, um ein bestimmtes Standkriterium unter definierten Standbedingungen zu erzielen. Hierzu zählen die Standzeit T, der Standweg L_f, die Standmenge N sowie das Standvolumen V_T [DEG19, S. 45]. Welche Standgröße gewählt wird, hängt stark vom vorliegenden Anwendungsfall ab. Ebenso bestehen mathematische Zusammenhänge zwischen den einzelnen Standgrößen, wie aus den nachfolgenden Gleichungen 2-16, 2-17 und 2-18 deutlich wird [PAU08, S. 50 f.].

$$L_f = T \cdot v_f \qquad (2\text{-}16)$$

$$V_T = A \cdot v_c \cdot T \qquad (2\text{-}17)$$

$$N = \frac{T}{t_h} \qquad (2\text{-}18)$$

mit t_h = Schneideneingriffszeit

2.2 Dynamisches Verhalten von Werkzeugmaschinen und Werkzeugen

2.2.1 Grundlagen des dynamischen Verhaltens

Eine Werkzeugmaschine ist ein schwingungsfähiges System, das sich aus mehreren Komponenten zusammensetzt. Dieses wird als Mehrmassenschwinger bezeichnet und kann vereinfacht als System mehrerer entkoppelter Einmassenschwinger dargestellt werden. Das dynamische Verhalten eines Einmassenschwingers mit einer Masse m wird über den Nachgiebigkeitsfrequenzgangs $G(j\omega)$ beschrieben. Dafür sind die Kennwerte der statischen Steifigkeit einer Feder c, der Eigenkreisfrequenz ω_n und des Lehrschen Dämpfungsmaßes D notwendig. Die Zusammenhänge sind in den nachfolgenden Gleichungen 2-19, 2-20 und 2-21 beschrieben. [WEC06, S. 195 f.]

$$G(i\omega) = \frac{\frac{1}{c}}{1 + 2iD\frac{\omega}{\omega_n} - \left(\frac{\omega}{\omega_n}\right)^2} \qquad (2\text{-}19)$$

$$\omega_n = \sqrt{\frac{c}{m}} \qquad (2\text{-}20)$$

$$D = \frac{d}{2m\omega_n} = \frac{d}{2\sqrt{cm}} \qquad (2\text{-}21)$$

mit d = Dämpfungskonstante

Die Anregungsfrequenz ω beeinflusst demnach zum einen den Betrag der Nachgiebigkeit (Amplitudengang). Zum anderen wirkt sie sich auch auf die zeitliche Verschiebung zwischen dem Wirken einer Kraft und der dadurch erzwungenen Verlagerung (Phasengang) aus. In der nachfolgenden Abbildung 14 sind Amplitudengang (links) und Phasengang (rechts) grafisch dargestellt. Der außer im Grenzfall $\omega = 0$ stets negative Phasenwinkel zeigt, dass es sich um ein zeitliches Nacheilen der Kraft gegenüber der Verlagerung handelt. [WEC06, S. 196 f.]

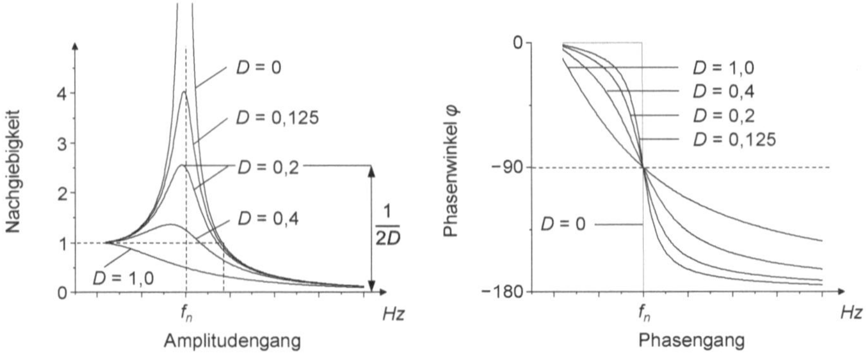

D = Dämpfungsmaß des Systems
f_n = Eigenfrequenz

Abbildung 14 Frequenzgang eines Einmassenschwingers, nach [WEC06, S. 198]

2.2.2 Schwingungsarten und -ursachen bei Werkzeugmaschinen

Zerspanprozesse gehen stets mit dem Auftreten unerwünschter Schwingungen einher. Diese treten dabei in unterschiedlichen Formen auf. Den in diesem Unterabschnitt ausgeführten Beschreibungen liegt die Modellvorstellung eines Fräsprozesses mit zwei Freiheitsgraden innerhalb der Arbeitsebene zu Grunde, welcher in Abbildung 15 schematisch dargestellt wird. Die Nachgiebigkeit in Werkzeugachsrichtung wird hierbei nicht betrachtet, da Werkzeugmaschinen in Werkzeugachsrichtung meist deutlich steifer sind als in der dazu orthogonal liegenden Arbeitsebene. Die Relativnachgiebigkeit zwischen Werkzeug und bearbeitetem Werkstück wird durch die Überlagerung aller Nachgiebigkeiten der im Kraftfluss befindlichen Komponenten bestimmt. Hierzu zählen neben der Struktur der Werkzeugmaschine selbst auch das Werkstück mit der entsprechenden Spannvorrichtung sowie das Werkzeug. Die Relativnachgiebigkeit wird durch die Federelemente k_i sowie den Dämpferelementen d_i dargestellt. [BAU14, S. 3]

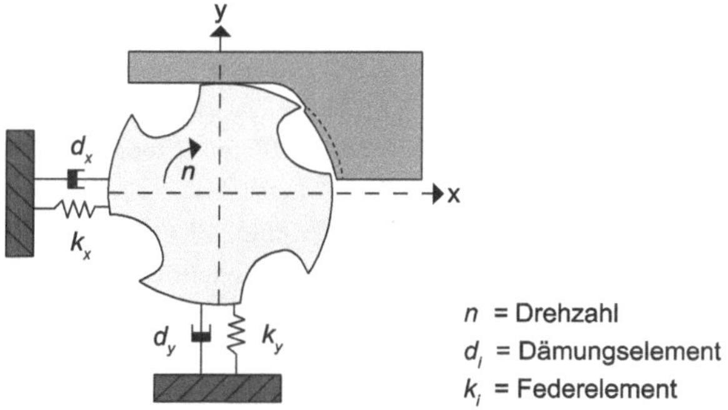

Abbildung 15 Schematische Darstellung eines Gegenlauf-Fräsprozesses mit zwei Freiheitsgraden, nach [BAU14, S. 4]

Die vorgegebene Sollbewegung in einem Zerspanprozess setzt sich aus der Vorschub- und der Schnittbewegung zusammen. Diese werden jedoch selbst bei ungestörten Zerspanprozessen von Schwingungen überlagert, welche zu Relativbewegungen zwischen Werkstück und Werkzeug führen. Diese beeinflussen die Fertigungsqualität negativ und können darüber hinaus zu Beschädigungen am Werkzeug und an der Werkzeugmaschine führen. Bei solchen Schwingungserscheinungen ist grundsätzlich zwischen selbst- und fremderregten Schwingungen zu differenzieren. [MIL95, S. 79, SCH09a, S. 7–13, WEC06, S. 201] Die nachfolgende Abbildung 16 gibt eine Übersicht zu den Schwingungsarten und -ursachen anhand dieser Einteilung. Im Nachgang werden diese ausführlicher beschrieben.

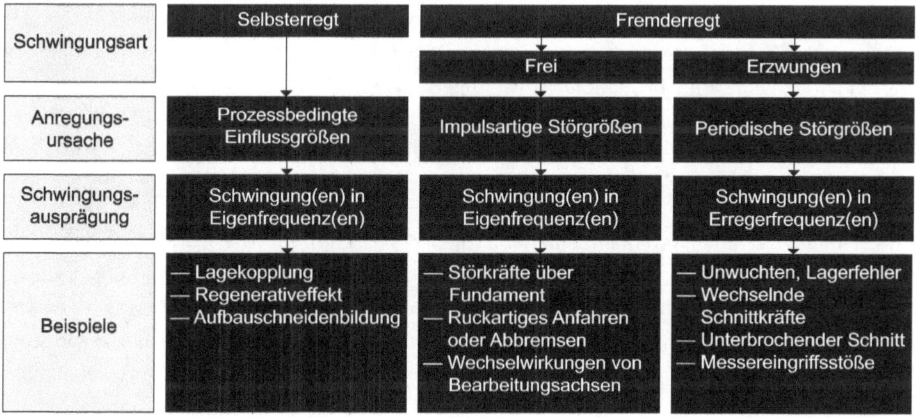

Abbildung 16 Arten und Ursachen von Schwingungen an spanenden Werkzeugmaschinen, nach [WEC06, S. 201]

Fremderregte Schwingungen

Fremderregte Schwingungen treten aufgrund externer Anregungen auf. Diese können dabei impulsförmig oder periodisch erfolgen. Fremderregte Schwingungen durch impulsförmige Anregung zeichnen sich dadurch aus, dass die Werkzeugmaschine in ihren Eigenfrequenzen schwingt – was als „freie Schwingung" bezeichnet wird. Das Abklingen der Schwingungsamplitude ist dabei durch die Systemdämpfung bedingt. Eine mögliche Ursache stellt z. B. der Schneideneintritt in den Werkstoff bei Hobel- oder Stoßmaschinen dar. [BAU14, S. 5] Eine weitere Ursache kann in der Einleitung einer Störkraft über das Fundament der Werkzeugmaschine liegen. Externe Störkräfte können etwa durch benachbarte Maschinen wie Pressen verursacht werden. Schnelle Bewegungen der Maschinenachsen und damit verbundene starke, ruckartige Änderung der Beschleunigung können ebenfalls Ursachen für impulsförmige Anregungen darstellen. [KAL05, S. 18]

Periodische Anregungen sind hingegen u. a. durch Unwuchten und Lagerfehler bedingt, welche wiederum durch beschädigte oder ungenau gefertigte Maschinenelemente verursacht werden. Das im Rahmen dieser Arbeit betrachtete spanende Fertigungsverfahren Fräsen zeichnet sich durch ständig wechselnde Schnittkräfte, welche durch Schneideneintrittsstöße beim unterbrochenen Schnitt entstehen, aus, was ebenfalls zu erzwungenen Schwingungen führt. Bei dieser Schwingungsform schwingt die Werkzeugmaschine mit der Frequenz der Anregungskräfte. [WEC06, S. 201]

Liegen Anregungs- und Eigenfrequenz sehr nahe beieinander, kann es zu unzulässig hohen Schwingungsamplituden kommen. Dies ist insbesondere bei der Anregung in der Zahneingriffsfrequenz der Fall. [KAL05, S. 19] Liegt dieser Fall vor, sind kleinste Störungen bereits ausreichend, um den Zerspanprozess erheblich zu beeinträchtigen. Die Auswirkung der fremderregten Schwingungen können demnach verringert werden, wenn die Anregungsfrequenz dahingehend angepasst wird, dass diese sich deutlicher von der Eigenfrequenz der Werkzeugmaschine unterscheidet. [ALT00, S. 72–78, BAU14, S. 5]

Selbsterregte Schwingungen

Schwingt ein Maschinensystem mit einer oder mehreren Eigenfrequenzen, ohne dass dabei äußere Störkräfte einwirken, wird dies als selbsterregte Schwingung bezeichnet [WEC06, S. 202]. Verursacht werden diese durch Wechselwirkungen zwischen dem Zerspanprozess selbst sowie durch die am Werkzeug angekoppelte nachgiebige Struktur des Maschinesystems. Da die Steifigkeit dieses Systems endlich ist, kommt es zu kleinen Wechseldeformationen, welche Relativbewegungen zwischen Werkzeug und Werkstück erzeugen und auf die Werkzeugmaschinenstruktur einwirken. Verfügt diese über eine ausreichende Dämpfung, bleibt der Zerspanprozess stabil. Ist dies nicht der Fall wachsen die Relativbewegungen an und der Zerspanprozess wird instabil, was als Rattern bezeichnet wird. Dabei schwingt das Maschinensystem bei einer Selbstanregung mit einer Frequenz nahe der Eigenfrequenz, bei welcher die geringste dynamische

Steifigkeit vorliegt. [KAL05, S. 19] Das Auftreten von Ratterschwingungen wirkt sich in mehrerlei Hinsicht negativ auf den Zerspanprozess aus. Es bedingt u. a. eine schlechte Oberflächenqualität, mangelnde Maßhaltigkeit, hohe Lärmentwicklung und überproportionalen Werkzeugverschleiß, welcher auch zu Beschädigungen an der Werkzeugmaschine führen kann [QUI11, S. 364]. Ratterschwingungen können verschiedene Ursachen zu Grunde liegen, welche im Folgenden beschrieben werden.

Die häufigste Ursache für Ratterschwingungen stellt das *regenerative Rattern* dar. Bereits bei geringfügigen Störungen, wird das Maschinensystem in Schwingungen mit seiner nachgiebigsten Eigenfrequenz versetzt. Durch die abklingende Schwingung entsteht auf dem Werkstück eine wellenförmige Oberfläche. [KAL05, S. 19 f.] Als regeneratives Rattern wird das wiederholte Eindringen des Werkzeugs in diese wellenförmige Oberfläche bezeichnet, wie es bspw. beim Drehen nach einer vollständigen Werkstückdrehung geschieht. Das Maschinensystem schwingt dabei im Bereich seiner dominanten Eigenfrequenz, was zu einer periodischen Spandickenänderung führt. [MIL95, S. 102 f.]

Eine weitere häufige Ursache für die Entstehung von Ratterschwingungen ist das Phänomen der *Lagekopplung*. Dieses tritt bei gekoppelten Systemen auf, deren Eigenfrequenzen nahe beieinander liegen, sodass sich verschiedene Eigenschwingformen, welche annährend orthogonal zueinander sind, gegenseitig beeinflussen. [WEC06, S. 255] Es treten periodische Relativbewegungen zwischen Werkzeug und Werkstück auf, die in einer ebenen, geschlossenen Bewegungskurve resultieren. Lagekopplung kann bereits beim ersten Einschneiden des Werkzeugs in das Werkstück auftreten, was sie vom regenerativen Rattern unterscheidet. [MIL95, S. 103] Die Prinzipien des regenerativen Ratterns und der Lagekopplung sind in der nachfolgenden Abbildung 17 grafisch dargestellt.

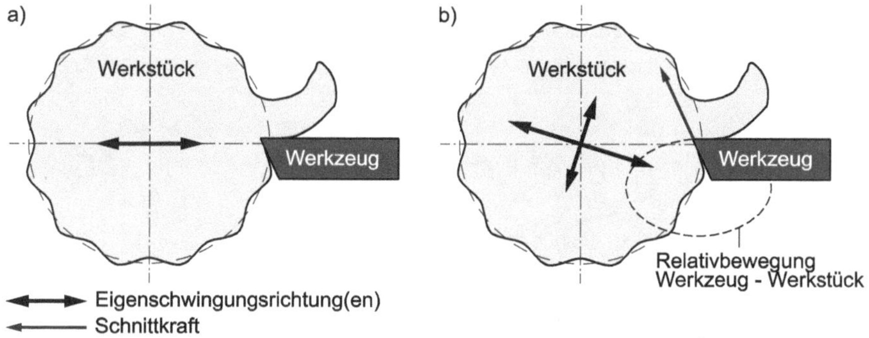

Abbildung 17 Prinzipien des regenerativen Ratterns (a) und des Ratterns durch Lagekopplung (b), in Anlehnung an [MIL95, S. 103]

Weitere Ursachen für Ratterschwingungen können die Bildung von Aufbauschneiden [KÜM16, S. 10–22] sowie die fallende Schnittgeschwindigkeits-Schnittkraft-Charakteristik sein. Diese sind in der Praxis jedoch von nachrangiger Bedeutung, da sie lediglich bei geringen Schnittgeschwindigkeiten auftreten, mit welchen heute aufgrund leistungsfähigerer Schneidstoffe kaum mehr zerspant wird. [BAU14, S. 6]

2.2.3 Ansätze zur Schwingungsreduktion

Um den im vorherigen Unterabschnitt 2.2.2 beschriebenen Schwingungsphänomenen und damit einhergehenden Problematiken entgegenzuwirken, haben sich verschiedene Ansätze zur Reduktion von Ratterschwingungen etabliert, welche im Folgenden kategorisiert und näher beschrieben werden.

Prozessseitige Ansätze

Ratterschwingungen werden unmittelbar durch die Vorgänge im Zerspanprozess erzeugt. Deshalb existieren eine Reihe von Ansätzen, welche die Verbesserung der Stabilität des Zerspanprozesses bezwecken, bspw. durch die Variation von dessen Einflussfaktoren. Zu diesen zählen u. a. die Schneidengeometrie, Prozessparameter, Werkstoff oder Verschleißgrad des Werkzeugs. Bei der Variation der Einflussgrößen ist jedoch zu beachten, dass diese Wechselwirkungen unterliegen und die Variation eines Einflussfaktors mit Auswirkungen auf die anderen einhergeht [MIL95, S. 113], weshalb eine Kenntnis dieser Wechselwirkungen nötig ist, um eine zielführende Verbesserung des Stabilitätsverhaltens zu erreichen. Im Allgemeinen basieren alle prozessseitigen Ansätze auf einer Störung des Regenerationsmechanismus oder nutzen die passiven Eigenschaften der Maschinenstruktur zur Verbesserung des Schwingungsverhaltens aus [BAU14, S. 9]. Im Folgenden werden mögliche Ansätze der prozessseitigen Schwingungsreduktion erläutert.

Die Spindeldrehzahl stellt eine periodische Kraftanregung im Zerspanprozess dar. Liegt diese nahe bzw. innerhalb der Eigenfrequenzbereiche der Maschinenstruktur, führt dies zu Ratterschwingungen [WEC06, S. 201]. Eine Variation der Spindeldrehzahl und somit der Anregungsfrequenz, kann dieser Schwingungsursache entgegenwirken. Die periodische Spindeldrehzahlvariation erfolgt dabei meist sinus- oder dreiecksförmig und führt zu einer Erhöhung der Grenzschnitttiefen, wie in mehreren Arbeiten, z. B. von AL-REGIB ET AL. [ALR03] oder BEDIAGA ET AL. [BED09], gezeigt wurde.

Neben der Spindeldrehzahl stellt auch die Variation der Schnittparameter wie Schnittgeschwindigkeit und Vorschub einen Ansatz zur Schwingungsreduktion dar. So verbesserten ISMAIL ET AL. [ISM02] bspw. durch eine gezielte sprunghafte Erhöhung des Vorschubs die Prozessstabilität. PALANISAMY ET AL. [PAL07] bezogen auch die bereits genannte Wechselwirkung zwischen den Einflussgrößen mit ein und entwickelten einen Algorithmus zur schwingungsoptimierten Anpassung von Schnittparametern.

Ein weiterer gängiger prozessseitiger Ansatz ist die Verwendung von Werkzeugen mit ungleichgeteilten Schneiden. Der sich dadurch im Eingriff ständig verändernde Phasenwinkel ε

zwischen der Oberflächenwelligkeit und der Verlagerung der Schneidkante wirkt der Entwicklung stationärer Ratterschwingungen entgegen und ermöglicht eine Erhöhung der Grenzschnitttiefe. [WEC06, S. 356 f.] Dieser Effekt wurde ebenfalls für den Einsatz variabler Drallwinkel nachgewiesen, siehe bspw. YUSOFF UND SIMS [YUS11].

Das dynamische Nachgiebigkeitsverhalten von Werkzeugmaschinen – und somit auch deren Stabilitätsverhalten – unterliegt häufig einer signifikanten Richtungsabhängigkeit [KEI07, S. 104]. Dieser Umstand kann durch eine entsprechende Aufspannung des Werkstücks oder einer angepassten Bearbeitungsstrategie genutzt werden, um eine erhöhte Grenzschnitttiefe zu realisieren [BAU14, S. 10].

Strukturseitige Ansätze

Im Gegensatz zu den prozessseitigen Ansätzen, sind die im Folgenden beschriebenen strukturseitigen Ansätze immer mit zu installierenden Zusatzsystemen am Werkzeugmaschinensystem verbunden. Je nach Bedarf an extern zugeführter Energie und der Anordnung des Zusatzsystems innerhalb der Werkzeugmaschinenstruktur, werden nach MESCHKE folgende Fälle unterschieden [MES95, S. 2–4]:

- Passive Systeme ohne interne oder externe Energiezufuhr
- Semiaktive Systeme, deren passive Eigenschaften durch das Zuführen von Hilfsenergie beeinflusst werden kann
- Aktive Systeme, welche durch das Zuführen externer Energie direkt Kräfte erzeugen

Passive Zusatzsysteme

Bei passiven Zusatzsystemen wird ein geeignetes Koppelmedium als zusätzlicher Massekörper an die vorliegende Struktur angebracht. Die Dämpfungswirkung wird durch eine Umwandlung der Schwingungs- in bspw. Wärme- oder Relativbewegungsenergie zwischen den Körpern erzielt [WEC17, S. 704].

Impact-Dämpfer werden durch bewegliche Zusatzmassen realisiert, die durch Spiel entsprechend frei schwingend können. Bei Kollision mit der Hauptmasse erfolgt die Dämpfung durch Energiedissipation, was jedoch erst bei größeren Schwingungsamplituden der Hauptstruktur zu einer signifikanten Wirkung führt [KRE04, S. 12]. Ein Anwendungsfall für dieses Zusatzsystem ist die Dämpfung von Bohrstangen, siehe bspw. THOMAS ET AL. [THO73] sowie EMA & MARUI [EMA00].

Lanchester-Dämpfer sind nicht im Kraftfluss liegende Zusatzmassen, die durch Dämpfungselemente ohne Federeigenschaften mit der schwingenden Struktur verbunden sind, wodurch sie keine weitere Eigenschwingung in dieses einbringen [SIM09, S. 21]. Diese Zusatzsysteme werden im Werkzeugmaschinenbau seltener eingesetzt [WEC17, S. 704].

Schwingungstilger sind nicht im Kraftfluss liegende und durch ein Federelement gekoppelte Zusatzmassen. Da durch die Kopplung zweier schwingungsfähiger Massen zwei neue Eigenfrequenzen entstehen [SIM09, S. 21], wird auch diese Form des Zusatzsystems selten im Werkzeugmaschinenbau eingesetzt [WEC17, S. 704].

Hilfsmassendämpfer bestehen aus einer Zusatzmasse, welche durch ein Element mit dem Hauptsystem verbunden ist, das gleichermaßen Schwingungs- und Dämpfungseigenschaften in sich vereint [WEC17, S. 704]. Dieses System kann sowohl in Bohrstangen, siehe KUSTER [KUS93] bzw. als Drehhalter für die Außenbearbeitung in Drehprozessen, siehe WANG ET AL. [WAN10], eingesetzt werden.

Semiaktive Zusatzsysteme

Semiaktive, teilweise auch als adaptiv-passive bezeichnete, Zusatzsysteme erweitern reine passive Systeme um Stellglieder, mit welchen durch Zuleitung von Hilfsenergie passive Eigenschaften wie Federsteifigkeit oder Dämpfungskoeffizient gesteuert werden können. Da bspw. Hilfsmassendämpfer nur in einem beschränkten Frequenzbereich effektiv arbeiten, wird durch ein Stellglied bei einem adaptiven Hilfsmassendämpfer der Frequenzbereich gezielt verschoben. [BAU14, S. 14–18]

Hierzu kommen häufig elektro- bzw. magnetorheologische Fluide zum Einsatz, deren Viskositätseigenschaften durch ein elektrisches bzw. magnetisches Feld von außen beeinflusst werden können, was in mehreren Arbeiten erfolgreich gezeigt wurde. So haben bspw. MEI ET AL. ein Zusatzsystem auf der Basis magnetorheologischen Fluiden für eine Bohrstange realisiert [MEI09], WANG UND FEI gelang es die Prozessstabilität in einem Drehprozess mit Hilfe von elektrorheologischen Fluiden zu erhöhen [WAN99, WAN01].

Aktive Zusatzsysteme

Im Gegensatz zu den passiven Zusatzsystemen, werden aktive Zusatzsysteme mit Fremdenergie versorgt. Dabei werden Aktoren eingesetzt, welche Kräfte und Stellwege in die Maschinenstruktur einleiten. Schwingungssignale werden durch Sensoren, wie bspw. Beschleunigungs- oder Wegsensoren, erfasst und von einem Regler verarbeitet [WEC17, S. 711]. Im Folgenden werden einige Umsetzungen aktiver Zusatzsysteme zur Reduzierung von Ratterschwingungen beschrieben.

ÅKESSON entwickelte eine Bohrstange, in deren Schaft ein Piezostapelaktor integriert wurde. Durch den analog-adaptiven Regelkreis konnte das Nachgiebigkeitsverhalten entscheidend verbessert werden [ÅKE07]. Dieser Ansatz stellt somit ein Beispiel für ein aktiv gedämpftes Werkzeug dar.

Ein weiteres Element, welches häufig im Fokus der aktiven Dämpfung von Werkzeugmaschinen steht, ist die Spindel. Hierzu wurden mehrere Lösungen entwickelt, bspw. die Integration von piezoelektrischen Aktoren in die Spindellager zur Aufbringung dynamischer Kräfte [DOH04] oder eine magnetische Lagerung der Spindel bei Drehprozessen [CHE07].

Ebenso ist die aktive Dämpfung von Werkstückauflagen Gegenstand mehrerer Arbeiten. So kann durch die Integration von Piezoaktoren in eine Rahmenstruktur mit Festkörpergelenken, die Schwingung am Werkzeugmittelpunkt reduziert werden [HAA05]. In Verbindung mit einem adaptiven Regelalgorithmus zeigten RASHID & NICOLESCU am Beispiel einer Palettenaufnahme, dass die Schnittkraftamplituden bei Zerspanversuchen und somit auch die Oberflächenengüte erhöht sowie der Werkzeugverschleiß gesenkt werden können [RAS06].

WAIBEL installierte in seinem Ansatz ein relativ und absolut wirkendes aktives Zusatzsystem auf Basis eines Piezoaktors sowie eines elektrodynamischen Aktors an einer Portalfräsmaschine. In Verbindung mit einer adaptiven Regelungsstrategie konnten die Ratterschwingungen instabiler Fräsprozesse durch eine höhere Leistung unterdrückt werden [WAI12].

Verringerung der Resonanznachgiebigkeit

Eine weitere Möglichkeit zum Reduzieren von Schwingungen besteht darin, das Stabilitätsverhalten von Werkzeugmaschinen bzw. Werkzeugen durch eine Veränderung der Resonanznachgiebigkeit zu beeinflussen. Die Basis für diesen Ansatz bildet die Gleichung des Nachgiebigkeitsfrequenzgangs $G(i\omega)$, siehe Gleichungen 2-19 und 2-20 in Unterabschnitt 2.2.1. Im Resonanzfall, in dem die Kreisfrequenz ω der Eigenkreisfrequenz ω_n entspricht, ergibt sich somit folgender, in Gleichung 2-22 dargestellter, Zusammenhang.

$$|G(\omega = \omega_n)| = \frac{\frac{1}{c}}{2D} = \frac{\sqrt{\frac{m}{c}}}{d} \tag{2-22}$$

mit c = Federsteifigkeit
d = Dämpfungskonstante
D = Lehrsches Dämpfungsmaß
m = Masse

Daraus wird deutlich, dass eine Verringerung der Resonanznachgiebigkeit sowohl durch eine Verringerung des Masse-zu-Steifigkeits-Verhältnisses als auch durch eine Erhöhung der Dämpfung des betrachteten Systems erreicht werden kann. Durch Gleichung 2-23 ergibt sich:

$$|G(\omega = \omega_n)| = \frac{1}{d\omega_n} \tag{2-23}$$

Dieser Zusammenhang zeigt, dass sich durch eine Erhöhung der Eigenfrequenz das dynamische Nachgiebigkeitsverhalten des betrachteten Systems verbessert. In Abbildung 14 wurde bereits grafisch aufgezeigt, wie sich eine Veränderung der Systemparameter den Amplitudengang bzgl. der Auslenkung und der Frequenz beeinflussen.

Umgesetzt wurde dieser Ansatz anhand mehrerer Untersuchungen von Bohrstangen. WECK und BRECHER verbesserten das dynamische Verhalten von Bohrstangen mit geometrieoptimierten Innenkonturen sowie durch teilweiser Substitution von Stahl durch Aluminium und kohlefaserverstärkten Kunststoff (CFK) [WEC06, S. 353 f.]. KUSTER verfolgte den Ansatz die eingesetzte Werkstoffe in axialer Werkzeugrichtung zu variieren, was ebenfalls zu einem verbesserten dynamischen Werkzeugverhalten führte [KUS93]. THORENZ konnte in seinen Arbeiten die Resonanznachgiebigkeit von Bohrstangen [THO19] und Schaftfräswerkzeugen [THO21] durch das Einbringen von Leichtbaukernen verringern.

2.3 Eigenschaften ausgewählter Werkstoffe

2.3.1 Gängige Schneidstoffe

Schneidstoffe, die in Zerspanprozessen mit geometrisch bestimmter Schneide eingesetzt werden, müssen eine Vielzahl an Anforderungen erfüllen, um wirtschaftliche Standzeiten und eine stabile Prozessführung zu ermöglichen. Hierzu zählen ausreichend hohe Härte, Warmhärte, Zähigkeit, Biegefestigkeit und chemische Beständigkeit [GLÜ20, S. 163]. Die Einteilung von Schneidstoffen kann nach KLOCKE anhand der übergeordneten Werkstoffkategorie in Werkzeugstähle, Hartmetalle, Schneidkeramiken und hochharte Schneidstoffe erfolgen. Weiterhin erfolgt eine Kategorisierung von Schneidstoffen häufig anhand der im physikalischen Gegensatz zueinanderstehenden Eigenschaften Härte und Zähigkeit [KLO18a, S. 114 f.]. Die nachfolgende Abbildung 18 stellt diesen Zusammenhang grafisch dar.

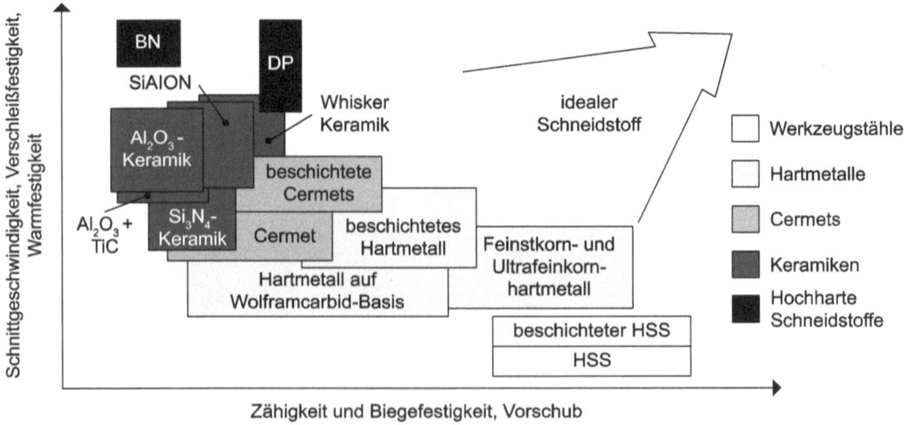

Abbildung 18 Schematische Einteilung von Schneidstoffen, in Anlehnung an [KLO18a, S. 114 f.]

Die bedeutendsten Schneidstoffe in der Kategorie der Werkzeugstähle sind *Schnellarbeitsstähle* (HSS[11]). Durch Legierungselemente wie Wolfram, Chrom, Kobalt, Molybdän oder Vanadium verfügen diese über eine höhere Härte und Anlassbeständigkeit gegenüber Kaltarbeitsstählen[12], weshalb u. a. Fräswerkzeuge als Vollmaterialausführung aus HSS hergestellt werden [KLO18a, S. 119].

Bei *Schneidkeramiken* erfolgt eine Unterteilung in Al_2O_3-basierte Oxidkeramiken, Si_3N_4-basierte Nichtoxidkeramiken sowie Mischkeramiken, welche weitere Bestandteile wie SiC-Whisker oder TiC in sich vereinen [GLÜ20, S. 165]. Die Herstellung erfolgt durch Pressen und Sintern der entsprechenden Pulvermischungen der Bestandteile [KLO18a, S. 193]. Schneidkeramiken zeichnen sich durch eine hohe Härte und Verschleißfestigkeit bei gleichzeitig sprödem und bruchempfindlichem Verhalten aus. Dies ermöglicht hohe Schnittgeschwindigkeiten und den Einsatz insbesondere in der Schlicht- und Feinschlichtbearbeitung [DIE20, S. 52].

Als härtester Schneidstoff in Verbindung mit einer hohen Abriebfestigkeit und guter Wärmeleitfähigkeit zeichnet sich *Diamant* aus [EYR09, S. 16]. Er kann sowohl in monokristalliner (MKD) als auch polykristalliner (PKD) Form vorliegen. Ersterer wird zur Feinbearbeitung, letzterer in Form von Schichten auf Hartmetallträgern, für den Einsatz bei größeren Spanungsvolumen und Vorschüben, eingesetzt [KÜH22, S. 266].

Hartmetall ist ein pulvermetallurgisch hergestellter Werkstoff [KLO18b, S. 102], der hauptsächlich für die Herstellung von Zerspanwerkzeugen eingesetzt wird [SCH07, S. 518]. Hauptbestandteil ist Wolframcarbid (WC), welcher als Härtegeber fungiert und somit die Verschleißfestigkeit des Hartmetalls bedingt. Der Härtephase werden je nach Anwendungsfall weitere Stoffe, wie Mischkarbide auf Titan- oder Tantalbasis, in geringen Mengen zugegeben [DIE20, S. 47]. Als Bindephase, welche die Zähigkeitseigenschaften des Hartmetalls bestimmt, kommt in der Regel Kobalt zum Einsatz [BAR22, S. 108], weshalb den größten Anteil an Hartmetallen die sog. WC-Co-Hartmetalle darstellen. Bei der Herstellung liegen das Wolframcarbid, die verwendete Bindephase und weitere Zusätze zunächst in Pulverform vor. Diese werden im ersten Schritt gemischt und gemahlen, wodurch einheitliche Partikelgrößen sowie eine gleichmäßige Verteilung der Bindemittelpulver unter den Wolframcarbidpartikeln sichergestellt werden. Nach dem Mahlen werden die Pulver getrocknet und zur Verdichtung granuliert. Die Informbringung kann anhand verschiedener Pressverfahren erfolgen. Zur Fertigung der für Fräswerkzeuge benötigten Stäbe wird das Strangpressverfahren eingesetzt. Anschließend wird der gepresste Grünling unter Vakuumbedingungen gesintert. Dies stellt sowohl den energieintensivsten [KAR11, S. 497] als auch den kritischsten Schritt im Herstellungsprozess dar, da dadurch die mechanischen Eigenschaften des Hartmetalls entscheidend beeinflusst werden. [FAN14, S. 124–126] Je

[11] Die Abkürzung HSS leitet sich von der englischen Bezeichnung „High Speed Steel" ab.

[12] Kaltarbeitsstähle werden aufgrund ihrer niedrigen Temperaturbeständigkeit nur selten in der maschinellen Metallbearbeitung eingesetzt [KLO18a, S. 119].

nach Qualität des gesinterten Hartmetalls sowie den Anforderungen des späteren Schleifprozesses zur Herstellung der Werkzeuggeometrie, ist eine mechanische Nachbearbeitung nötig. Diese kann bspw. durch Schleifen, Hartdrehen oder Sandstrahlen erfolgen [CER24].

Die nachfolgende Tabelle 1 zeigt die wichtigsten Werkstoffeigenschaften der beschriebenen Schneidstoffe.

Tabelle 1 Werkstoffeigenschaften ausgewählter Schneidstoffe [DEN11, S. 169, SCH88, S. 40]

Werkstoff-eigenschaft	Einheit	Schnellarbeits-stähle (HSS)	Hartmetalle	Schneid-keramiken	Polykristalliner Diamant (PKD)
Dichte	g/cm³	8,0 – 9,0	6,0 – 15,0	3,2 – 7,0	3,5
Härte	HV 30	750 – 1.000	1.300 – 1.700	1.400 – 2.400	7.000
E-Modul	kN/mm²	260 – 300	430 – 630	300 – 400	890
Druckfestigkeit	N/mm²	2.500 – 3.500	4.000 – 5.900	2.500 – 4.500	3.000
Biegefestigkeit	N/mm²	200 – 3.800	800 – 2.200	300 – 700	300
Wärmedehnzahl	1/K	9,0 – 12,0	5,0 – 7,5	7,4 – 9,0	0,8

2.3.2 Gesteinswerkstoffe

Begrifflichkeiten und Klassifikation

Als natürliches Gestein werden statisch zusammengesetzte feste Aggregate verstanden, die in natürlichen Vorgängen entstanden sind und aus unterschiedlichen Mineralen (polyminerales Gestein) oder aus einem Mineral (monominerales Gestein) bestehen [OKR22, S. 64]. Darüber hinaus kann ein Gestein biogene oder amorphe Substanzen, wie bspw. Kohle oder Glas, enthalten [MAR15, S. 3]. Minerale sind anorganische, in den meisten Fällen feste, stofflich homogene chemische Verbindungen [SEB22, S. 8], die natürliche Bestandteile der Erde oder anderer Himmelskörper sind [OKR22, S. 38]. Insgesamt sind ca. 5.600 Mineralarten bekannt, von welchen allerdings nur ca. 250 gesteinsbildend sind und damit einen wesentlichen Teil der Erdkruste darstellen [OKR22, S. 44]. Die nachfolgende Abbildung 19 stellt die bedeutendsten gesteinsbildenden Mineralgruppen grafisch dar.

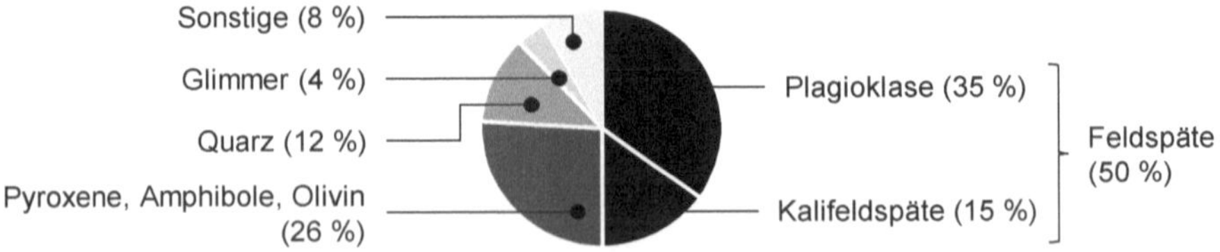

Abbildung 19 Anteile gesteinsbildender Minerale an den Gesteinen der Erdkruste [GÖT17, S. 26]

Gesteine werden nicht anhand ihrer chemischen Zusammensetzung, sondern anhand der übergeordneten geologischen Prozesse, durch welche Sie entstehen, kategorisiert. Dadurch können Gesteine in vier Klassen eingeteilt werden [MAR15, S. 3]:

Magmatische Gesteine, auch als Magmatite bezeichnet, entstehen bei magmatischen Prozessen, bei welchen Gesteinsschmelzen mit Temperaturen von ca. 450 °C bis 1.500 °C langsam abkühlen. Befinden sich diese Gesteinsschmelzen innerhalb der Erdkruste, werden diese als Magma bezeichnet und es entstehen durch den Abkühlprozess Plutonite, wie bspw. Granit. Werden die Gesteinsschmelzen durch Vulkanismus an die Erdoberfläche oder auf den Meeresgrund gefördert, werden diese als Lava bezeichnet und es entstehen Vulkanite, wie bspw. Basalt. [OKR22, S. 69 f.]

Sedimentgesteine, auch als Sedimentite bezeichnet, entstehen auf Grundlage mehrerer an der Erdoberfläche ablaufender Prozesse. Hierzu zählen insbesondere physikalische und chemische Verwitterung, bei der sich Sedimentpartikel durch die Zerkleinerung bzw. Auflösung von Festgestein bilden. Weiterhin zählen u. a. Erosion, Transport durch Wasser und Wind sowie Ablagerung (Sedimentation) an Land und in Gewässern zu den sedimentbildenden Prozessen [PRE17, S. 114 f.]. Durch den Einfluss von Druck, Temperatur und chemischen Reaktionen gehen die so gebildeten Sedimente in sekundären Verfestigungsprozessen schließlich in Sedimentgestein über (Diagenese). Beispiele für wirtschaftlich relevante Sedimentgesteine sind Sand- und Kalkstein, Gips oder Kalisalze [OKR22, S. 70 f.].

Metamorphe Gesteine, auch als Metamorphite bezeichnet, entstehen durch eine Änderung der Mineralzusammensetzung und Kristallstruktur von Magmatiten, Sedimentiten oder anderen Metamorphiten. Dieser Prozess wird als Metamorphose bezeichnet und geschieht unter hohen Drücken und Temperaturen, wobei die Gesteine stets in einem festen Zustand verbleiben [MAR15, S. 4]. Bei sehr hohen Temperatur- und Druckverhältnissen, bspw. bei der Konvergenz kontinentaler Platten [PRE17, S. 164 f.], kann jedoch eine Teilaufschmelzung erfolgen, die als Anatexis bezeichnet wird. Die Bildung von Schiefer aus Basalt oder Orthogneis aus Granit sind bekannte Beispiele für metamorphe Gesteinsbildung [OKR22, S. 72].

Hydrothermalbildungen sind Gesteine oder Minerale, die durch die Abscheidung aus heißen, wässrigen Lösungen entstehen. Zahlreiche Erzvorkommen gehören zu dieser Kategorie der Hydrothermalbildungen. Größere Gesteinskörper, die vollständig hydrothermal gebildet sind, kommen jedoch nur selten vor, weshalb diese Kategorie in vielen Gesteinsklassifikationen nicht berücksichtigt wird [MAR15, S. 4].

Die nachfolgende Abbildung 20 stellt schematisch den Kreislauf der Gesteine dar, welcher die Zusammenhänge zwischen den Gesteinsklassifikationen anhand der zugrunde liegenden Prozesse beschreibt.

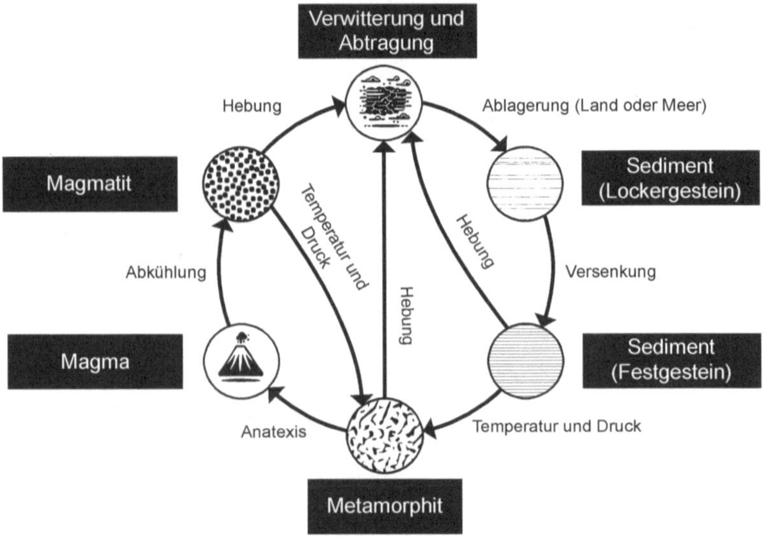

Abbildung 20 Schematischer Kreislauf der Gesteine, nach [OKR22, S. 72]

Aufbau und Struktur

Aufgrund der unterschiedlichen Verläufe bei den beschriebenen Entstehungsprozessen von Gesteinen, können sich diese deutlich hinsichtlich ihres Gefüges unterscheiden. So variieren bspw. Materialien und Korngrößen bei der Ablagerung, die zur Bildung von Sedimentiten führen, wodurch ein schichtweiser Aufbau entsteht [SEB22, S. 26]. Bei Magmatiten ist hingegen die Tiefe entscheidend, in der die Magmaerstarrung stattfindet. So bilden sich grobkörnigere Gefüge, je tiefer der Erstarrungsprozess gelegen ist [SEB22, S. 44]. Die räumliche Anordnung von Gefügeelementen eines Gesteins, inklusive der Verteilung, Lage und Ausfüllung der einzelnen Gesteinsbestandteile, wird in der Petrographie als Textur bezeichnet. [EIS96, S. 166 f.]

Weiterhin wird bei der Betrachtung von Gesteinstexturen zwischen Foliation und Lineation unterschieden. Foliation bezeichnet dabei jede durchgehende planare Struktur in einem Gesteinskörper. Sie kann durch Unterschiede in der Mineralzusammensetzung oder in der Korngröße, eine bevorzugte Orientierung plättchenförmiger oder länglicher Minerale, Mikrobrüche oder eine Kombination dieser Faktoren entstehen. Foliation tritt bei verschiedenen Gesteinsarten auf, z. B. als Schieferung in Metamorphiten oder als rhythmische Schichtung in Sedimentiten. Lineation beschreibt jede durchgehende lineare Struktur in einem Gesteinskörper. Sie kann durch längliche Minerale, deformierte Fossilien oder andere richtungsabhängige Elemente entstehen [PAS05, S. 68]. Die nachfolgende Abbildung 21 verdeutlicht den Einfluss von Foliation und Lineation hinsichtlich der Textur von Gesteinskörpern grafisch.

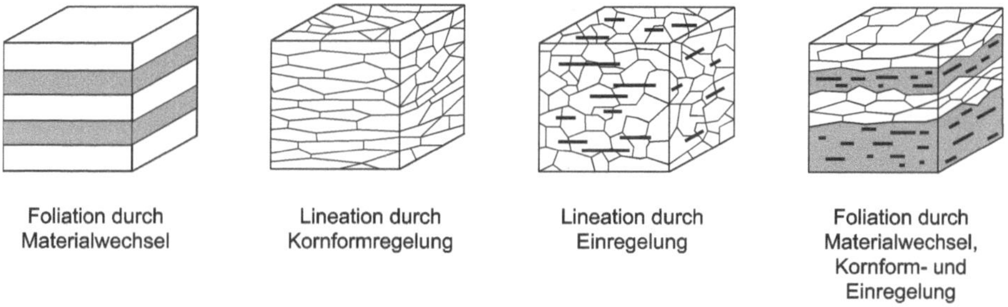

Abbildung 21 Foliation und Lineation im Gesteinsgefüge, nach [PAS05, S. 68]

Die Textur von Gesteinskörpern beeinflusst dessen mechanische, physikalische und chemische Eigenschaften. Beispielhaft ist hier die Spaltbarkeit. In Abhängigkeit von Textur und Kristallstruktur brechen bestimmte Gesteine bei guter Spaltbarkeit in eine bestimmte Richtung leichter auseinander [MAR15, S. 5]. Die Spaltbarkeit steht dabei in keinem direkten Zusammenhang zur allgemeinen Härte des Gesteinskörpers [MAR15, S. 167].

Unregelmäßigkeiten im Gesteinsgefüge, wie bspw. Poren und Risse, tragen ebenfalls zu einem anisotropen Materialverhalten bei und beeinflussen demnach dessen mechanische und physikalische Eigenschaften [GÖT17, S. 12, QUE67, S. 71 f.]. Risse spielen eine entscheidende Rolle beim Versagen von Gesteinsgefügen unter mechanischer Belastung, da sie den lokalen Zusammenhalt im Gefüge verringern oder vollständig aufheben. Zudem können sie den Schädigungsprozess zusätzlich beschleunigen, da sie einen Ausgangspunkt für die Initiierung weiterer Risse darstellen. Eine erhöhte Risskonzentration im Gefüge führt folglich zu einer verstärkten Reduktion der Festigkeit eines Gesteinsgefüges [STR03, S. 100]. Die Orientierung und Anzahl der auftretenden Risse werden u. a. durch die vorhandene Textur sowie der Minerale im Gesteinskörper beeinflusst [STR03, S. 174]. Die Risse können dabei anhand ihrer Lage im Korngefüge differenziert werden, wie in der nachfolgenden Abbildung 22 schematisch dargestellt.

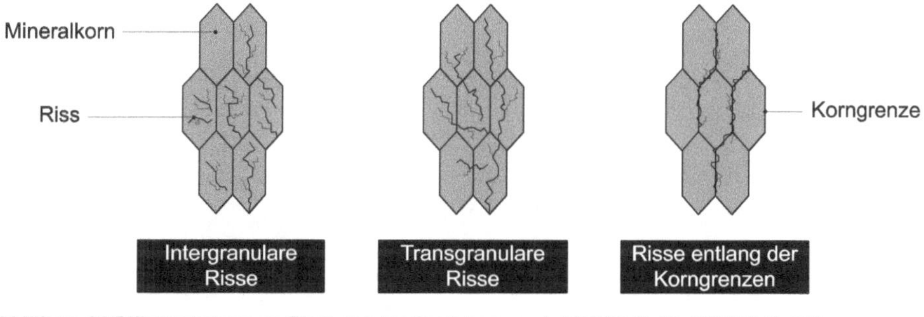

Abbildung 22 Differenzierung von Risstypen bei Gesteinen, nach [BLE00, S. 11, WOL24, S. 10]

Weiterhin beeinflussen sowohl die Korngröße, die Korngrößenverteilung als auch die Kornbindungsfestigkeit eines Gesteinskörpers dessen Eigenschaften hinsichtlich der allgemeinen Festigkeit [JOH11, S. 29, QUE67, S. 71 f.]. Insbesondere die Porosität und damit verbundene Eigenschaften wie Wasserdurchlässigkeit oder Verdichtbarkeit sowie Plastizität und Verformbarkeit werden entscheidend durch die Korngröße bestimmt [SEB22, S. 27–29]. Sowohl eine abnehmende Korngröße als auch eine abnehmende Porosität führen dabei zu einer zunehmenden Festigkeit [GÖT17, S. 163 f.]. Die Bandbreite an mittleren Korngrößendurchmessern bei kristallinen Gesteinen erstreckt sich über einen sehr großen Bereich. So klassifiziert die Norm DIN EN ISO 14689 Metamorphite anhand der Korngröße in die Kategorien krypto-kristallin (< 0,5 mm), fein (0,56 mm bis 1 mm), mittel (1 mm bis 5 mm) und grob (> 5 mm) [DIN18b, S. 25]. Sedimentite werden hingegen in neun Klassen unterteilt und weisen von < 2 µm bis > 20 mm eine höhere Bandbreite an Korngrößen auf [DIN18b, S. 25]. Bei durch vulkanische Aktivitäten entstehenden pyroklastischen Gesteinen (Pyroklastiten) werden auch Korngrößen bis 64 mm (Lapilli) und < 64 mm (Blöcke) unterschieden. Insgesamt liegen für Gesteine somit teilweise um mehrere Größenordnungen gröbere mittlere Korngrößen vor als für gängige technische Werkstoffe, wie bspw. Hartmetalle, bei welchen mittlere Korngrößen zwischen 0,2 µm und 1,3 µm gängig sind [KLO18a, S. 137].

Werkstoffspezifische Kennwerte von Gesteinen

In diesem Unterabschnitt wurde bereits beschrieben, wie unterschiedliche Entstehungsprozesse die mechanischen und physikalischen Eigenschaften von Gesteinen beeinflussen und dadurch eine hohe Zahl an Unregelmäßigkeiten und Richtungsabhängigkeiten im Gefüge bestehen. So existieren zur Beschreibung der Gesteinseigenschaften häufig keine allgemeingültigen Kennwerte sowie eine Vielzahl unterschiedlicher – häufig anwendungsfallspezifischer – Methoden zur Bestimmung mechanischer und physikalischer Eigenschaften. [MEN21, 221 f., WOL24, S. 10]

Ein Beispiel für die Vielseitigkeit der verfügbaren Methoden ist die Bestimmung der Härte. Für Minerale wird hierzu die Härteprüfung nach Mohs verwendet. Die Härtemessung nach Mohs basiert auf der Fähigkeit eines Minerals, ein anderes Mineral zu ritzen. Dabei wird ein Referenzmineral verwendet, um die relative Härte zu bestimmen. Ein Mineral wird als härter klassifiziert, wenn es in der Lage ist, ein weicheres Mineral zu ritzen. Dieser Vergleich ermöglicht die Einordnung der Minerale in eine relative Härteskala, die von 1 (Talk) bis 10 (Diamant) reicht [CZI14, S. 31]. Eine Übertragbarkeit des Härtemessverfahrens auf Gesteine ist jedoch nicht ohne Weiteres möglich, da diese aus unterschiedlichen Materialien mit teils sehr unterschiedlichen Härten bestehen können [SEB22, S. 147]. Für Gesteine kommen deshalb bspw.

Eindringprüfungen[13] oder Rückprallmethoden[14] zum Einsatz [HOS12, S. 1452 f.]. Insgesamt existiert jedoch aufgrund der stark variierenden Zusammensetzung von Gesteinen kein allgemeingültiger physikalischer Kennwert, mit welchem die Härte von Gestein definiert und quantifiziert werden kann [THU96, S. 19].

Die Vielfalt genutzter Methoden und Kennwerte zur Ermittlung der Härte ist auch für die Beurteilung anderer Eigenschaften von Gesteinen gegeben. So untersuchten MENG ET AL. [MEN21] anwendungsfallspezifisch verschiedene in der Literatur diskutierte Indizes und Methoden zur Bewertung der Gesteinssprödigkeit, die auch für den Anwendungsfall dieser Arbeit von hoher Relevanz ist. Trotz existierender Vorschläge für Standards durch die ISRM (International Society for Rock Mechanics) [ULU14] wurden 80 unterschiedliche Indizes identifiziert, die im Rahmen verschiedener Arbeiten entwickelt bzw. eingesetzt wurden. Die Untersuchung von MENG ET. AL ergab dabei, dass Methoden und Kennwerte, die für ein spezifisches Anwendungsgebiet entwickelt wurden, nicht ohne Weiteres auf andere Anwendungsgebiete übertragen werden können.

Es existiert somit in der Literatur ein breites Spektrum an Methoden zur Ermittlung von werkstoffspezifischen Kennwerten von Gesteinen, die jedoch meist für spezifische Anwendungsfälle entwickelt wurden. Der Anwendungsfall von Gestein als Schneidstoff bzw. als Grundwerkstoff eines Werkzeugs wurde wissenschaftlich bisher allerdings kaum betrachtet und untersucht, vergleiche hierzu den nachfolgenden Abschnitt 2.4, weshalb bekannte Methoden nicht vollumfänglich adaptiert werden können. [WOL24, S. 10 f.]

2.4 Substitution von Werkstoffen durch Gestein im Maschinen- und Werkzeugbau

Es existieren zahlreiche Anwendungsfälle im Maschinen- und Werkzeugbau, bei welchen durch die Substitution von Werkstoffen vorteilhaftes Verhalten von Systemen erzielt wird. Als geläufiges Beispiel ist hier der Leichtbau zu nennen, bei welchem häufig Stahlkomponenten bspw. durch Aluminium oder Hochleistungs- bzw. faserverstärkte Kunststoffe ersetzt werden, um die Masse eines Systems zu reduzieren [KOP20, S. 61 f.]. Somit muss infolgedessen weniger Energie zum Antrieb und zur Bewegung dieser Komponenten aufgebracht werden [KOP20, S. 58]. Die Substitution von Werkstoffen durch Gestein ist deutlich seltener, jedoch existieren einige Ansätze sowohl auf Maschinen- als auch Werkzeugebene, welche im Folgenden beschrieben werden.

[13] Hierbei wird eine definierte Werkstoffprobe unter definierten Bedingungen in das zu vermessende Gestein gedrückt. Der so entstehende Eindruck kann zur Bestimmung gängiger Härteindizes vermessen werden [HOS12, S. 1452].

[14] Hierbei wird mit einem Schmidt-Hammer die Rückprallhärte auf Gesteinsoberflächen gemessen, um deren Festigkeit abzuschätzen. Die International Society for Rock Mechanics (ISRM) definiert Standards für Kalibrierung, Testdurchführung und Auswertung [ULU14].

Ein seit Jahrzehnten bewährter Anwendungsfall ist der Einsatz von Zement- und Reaktionsharzbeton als Werkstoff für Werkzeugmaschinengestelle bzw. Gestellbauteile. Betonwerkstoffe setzen sich aus einem Füllstoff in Form einer Gesteinskörnung sowie einem Bindemittel zusammen. Während bei konventionellen Betonen Zement als Bindemittel fungiert, werden bei Reaktionsharzbeton bspw. Polyester-, Epoxid- oder Metacrylatharze eingesetzt. Für Zementbetone sind Kies und Sand, für Reaktionsharzbetone Granit und Quarzit gängige Füllstoffe. Diese werden dabei mit Korngrößen bis 63 µm besonders fein gemahlen. [WEC17, S. 112 f.] Neben wirtschaftlichen Aspekten werden Betonwerkstoffe für diesen Anwendungsfall insbesondere aufgrund ihrer hohen thermischen Trägheit und ihres im Vergleich zu Stahl- und Gusswerkstoffen guten Dämpfungsverhaltens eingesetzt [WEC19, S. 35–37]. In der Fertigungsmesstechnik kommen ebenfalls häufig Gestellteile und Messplatten aus Hartgestein wie Granit zum Einsatz [PFE10, S. 51]. Neben den geringeren Kosten im Vergleich zu Stahlbauteilen, sind auch deren mechanische Eigenschaften, wie bspw. ein geringer Temperaturausdehnungskoeffizient, für die Durchführung hochpräziser Messungen vorteilhaft [PFE10, S. 265].

In einer Untersuchung von LANG ET AL. wird der Einsatz von Reaktionsharzbeton auf die Werkzeugebene übertragen, indem langauskragende Bohrstangen mit einem Kern aus Reaktionsharzbeton untersucht wurden. Für die untersuchten Prozessparameter konnten dabei signifikante Verbesserungen bzgl. der Werkzeugstandzeit (24 %) und der Oberflächenrauheit der gedrehten Werkstücke (49 %) gemessen werden [LAN08, S. 48].

Während in der Literatur eine Vielzahl an Studien existieren, die sich mit vielfältigen Fragestellungen zur spanenden Bearbeitung von Gesteinen befassen, wurde der Einsatz von Gestein als Schneidstoff bisher nur in wenigen Arbeiten untersucht. DENKENA ET AL. untersuchten die grundsätzliche Eignung von Gestein als alternativen Werkstoff, wobei sich insbesondere Quarz, Quarzite und Flint hinsichtlich der Spanbildung als mögliches Substitut zu beschichteten Hartmetallen erwiesen [DEN22]. WOLTERS ET AL. untersuchten in ihrer Arbeit die notwendige Ausgestaltung von Schleifprozessen zur Herstellung von Wendeschneidplatten aus Naturstein. Dabei wurde deutlich, dass der inhomogene und anisotrope Aufbau von Gestein einen hochsignifikanten Einfluss auf das Ergebnis des Schleifprozesses ausübt und dessen Ergebnisse dadurch eine hohe Streuung aufweisen [WOL23]. In weiterführenden Untersuchungen betrachten WOLTERS ET AL. und BREIDENSTEIN ET AL. den Einsatz von Wendeschneidplatten aus Gestein für verschiedene Anwendungsfälle bei Drehprozessen. Dabei wurde gezeigt, dass eine Bearbeitung von Aluminium [WOL22], Aluminiumlegierungen [BRE23] und Kupfer [BRE22] grundsätzlich möglich ist. In einer weiteren Untersuchung von DENKENA ET AL. konnte gezeigt werden, dass sich Wendeschneidplatten aus Gestein auch zur Wiederaufarbeitung durch Nachschleifen eignen, wodurch deren Lebensdauer erhöht und der ökologische Fußabdruck bezogen auf das Spanungsvolumen gesenkt wird [DEN20].

Einordnung der vorliegenden Arbeit

Wie bereits in diesem Abschnitt dargelegt, befassen sich viele Arbeiten mit der spanenden Bearbeitung von Gesteinen, wobei sehr unterschiedliche Facetten dieses Anwendungsfalls betrachtet werden. Dazu zählen bspw. die Entwicklung und Optimierung von speziellen Werkzeugen [LIA21, ÖZK21, STO18], die Analyse von Werkzeugen hinsichtlich ihres Einsatz- und Verschleißverhaltens bei der Bearbeitung von Gestein [DOR19, HER20, TUR19] oder die Analyse und Modellierung auftretender Prozesskräfte [POL04, SAR18, SAR21][15]. Neben der spanenden Bearbeitung mit geometrisch bestimmter Schneide, wurden bereits eine Vielzahl vergleichbarer Untersuchungen für Anwendungsfälle aus dem Bergbau bzw. dem Bauingenieurwesen durchgeführt [WOL24, S. 12].

Mit der Nutzung von Gestein als Grund- bzw. Schneidstoff befassen sich nur wenige Arbeiten, wie die bereits erläuterten Untersuchungen von DENKENA, WOLTERS und BREIDENSTEIN. Die betrachteten Arbeiten weisen dabei zwei grundsätzliche Gemeinsamkeiten auf. Zum einen werden ausschließlich Drehprozesse betrachtet, bei welchen ein konventionelles Grundwerkzeug verwendet wird und lediglich die Wendeschneidplatte und somit der Schneidstoff aus Gestein gefertigt wurde. Zum anderen werden zu untersuchende Wendeschneidplatten aus Naturstein betrachtet, womit Fragestellungen hinsichtlich dessen richtungsabhängiger Eigenschaften in den Fokus rücken. Dies beinhaltet sowohl die schleiftechnologische Herstellung einer Wendeschneidplatte aus Naturstein als auch deren Einsatzverhalten während des Zerspanprozesses. Die vorliegende Arbeit hat die Entwicklung eines Vollmaterialschaftfräsers aus einem Gesteinsverbundwerkstoff zum Ziel. Somit wird zunächst mit Fräsen ein abweichendes Fertigungsverfahren betrachtet, welches sich durch eine größere Anzahl an Bewegungsachsen, die eine Bearbeitung von komplexeren und vielfältigeren Geometrieelementen ermöglicht, auszeichnet. Auf diese geht die vorliegende Arbeit ebenfalls explizit ein. Darüber hinaus wird im Rahmen dieser Arbeit kein Naturstein betrachtet, sondern ein Verbundwerkstoff, der auf einer Zusammensetzung verschiedener Gesteinsmehle basiert. Daraus resultiert zunächst ein abweichendes Verfahren zur Fertigung von Werkstoffrohlingen bzw. fertigen Fräswerkzeugen. Weiterhin liegt somit ein homogener Werkstoff vor und Fragestellungen hinsichtlich richtungsabhängiger Werkstoffeigenschaften können für die Schleifprozesse zur Herstellung als auch beim Einsatz der Werkzeuge unberücksichtigt bleiben. Da sich die vorliegende Arbeit auf Vollmaterialschaftfräser fokussiert, fungiert der neuartige Gesteinsverbundwerkstoff nicht nur als Schneidstoff, sondern auch als Grundwerkstoff für das gesamte Werkzeug, was ebenfalls in dieser Form eine neuartige Untersuchung darstellt. Die nachfolgende Tabelle 2 grenzt die vorliegende Arbeit anhand der entscheidenden Kriterien von den beschriebenen, bereits existierenden Arbeiten ab bzw. ordnet diese ein.

[15] Diese Aufzählung erhebt keinen Anspruch auf Vollständigkeit und soll lediglich beispielhaft demonstrieren, dass in diesem Forschungsbereich bereits eine Vielzahl an Arbeiten existieren.

Tabelle 2 Einordnung der vorliegenden Arbeit anhand bisheriger Untersuchungen zur Werkstoffsubstitution durch Gestein bei Werkzeugen für die Zerspanung mit geometrisch bestimmter Schneide

Quelle	Fertigungs-verfahren		Fokus			Werkstoff-substitution	
	Drehen	Fräsen	Werkzeug-geometrie	Werkzeug-herstellung	Werkzeug-anwendung	Schneid-stoff	Grund-werkstoff
[BRE22]	●				●	●	
[BRE23]	●				●	●	
[DEN20]	●			●		●	
[DEN22a]	●			○	○	●	
[DEN22b]	●			●		●	
[LAN08]	●				●		○
[WOL22]	●				●	●	
[WOL23]	●			●		●	
[WOL24]	●		○	●	●	●	
Vorliegende Arbeit		●	●	○	●	●	●

3 Analyse der Einsatzbedingungen von Fräswerkzeugen bei der Zerspanung von Kunststoffen

Kunststoffbauteile und -halbzeuge können grundsätzlich spanlos hergestellt werden, z. B. durch das Spritzguss- oder Extrusionsverfahren. Dennoch ist eine spanende Bearbeitung oft notwendig, bspw. bei der Nachbearbeitung von Formteilen, bei der Produktion von Kleinserien [BAU19, S. 53] oder bei der Herstellung formkomplexer Einzelteile. Im Allgemeinen haben Kunststoffe im Vergleich zu Metallen geringere Festigkeitseigenschaften. Daher sind die im Prozess entstehenden Zerspankräfte geringer. [SCH09b, S. 231] Vor allem die thermischen Eigenschaften von Kunststoffen bedingen Unterschiede bei deren spanenden Bearbeitung im Vergleich zu Metallen. Aufgrund ihrer geringen Wärmeleitfähigkeit muss die im Zerspanprozess entstehende Wärme hauptsächlich über das Werkzeug abgeführt werden, was sich negativ auf das Verschleißverhalten der Schneidkante auswirkt. Die Wärmeabfuhr durch Kühlung wird häufig über die Druckluftzufuhr gesteuert, da einige Kunststoffe bei Verwendung von Wasser und Emulsionen eine erhöhte Quellwirkung aufweisen. [DEG19, S. 366] Die entstehende Prozesswärme kann sich auch negativ auf den zu bearbeitenden Werkstoff auswirken. Kunststoffe mit geringer Temperaturbeständigkeit können bei zu hohen Temperaturen zu schmieren beginnen und aufgrund ihrer großen Wärmeausdehnung die Maßhaltigkeit der hergestellten Geometrien beeinträchtigen [SCH09b, S. 231]. Um diesem Umstand entgegenzuwirken, werden beim Fräsen von Kunststoffen hohe Drehzahlen und entsprechende Vorschübe verwendet, damit die Wärme möglichst über die Späne abgeführt und somit ein Ausglühen der Werkzeugschneide verhindert werden kann. [HOP17, S. 284]

Obwohl einige Unternehmen auf die spanende Bearbeitung von Kunststoffbauteilen- und halbzeugen spezialisiert sind, stellt dieser in den meisten produzierenden Unternehmen eine Nischen- bzw. Spezialanwendung im Vergleich zur spanenden Bearbeitung von metallischen Bauteilen und -halbzeugen dar. Aus diesem Grund fokussieren sich auch wissenschaftliche Arbeiten überwiegend auf Letztgenannte. Arbeiten zum Anwendungsfall der spanenden Bearbeitung von Kunststoffen fokussieren sich zudem wiederum hauptsächlich auf die Besonderheiten, die im Rahmen der Bearbeitung faserverstärkter Kunststoffe [ARU20, S. 1 f.] auftreten, welche jedoch im Rahmen dieser Arbeit nicht betrachtet wird. Aufgrund der Besonderheiten bei der spanenden Bearbeitung von Kunststoffen, können existierende Forschungserkenntnisse und Erfahrungswerte aus der Bearbeitung metallischer Werkstoffe nicht ohne Weiteres übertragen werden. Deshalb wird in diesem Kapitel eine Analyse der Einsatzbedingungen von Fräswerkzeugen für den kunststoffspezifischen Anwendungsfall beschrieben. Hierzu wurden im Rahmen einer Marktforschungsstudie Hersteller- und Anwenderunternehmen von Werkzeugen aus dieser Branche befragt, um sowohl eine Übersicht zum Status quo zu ermitteln als auch Trends und Entwicklungspotential aufzuzeigen.

3.1 Methodische Vorgehensweise zur Datenerhebung

Ziel einer Marktforschungsstudie ist es, belastbare Daten zu erheben und daraus fundierte Erkenntnisse abzuleiten. Dies erfordert eine methodisch klare Untersuchungsstrategie sowie einen systematisch aufgebauten Forschungsprozess. Beide Aspekte können bei der Anlehnung einer Studie an einem idealtypischen Marktforschungsprozess abgebildet werden [HOM20, S. 74 f.]. In der Literatur wird eine Vielzahl solcher Modelle für Marktforschungsprozesse beschrieben, welche sich im Grundsatz jedoch nur geringfügig unterscheiden. Das bedeutendste Unterscheidungsmerkmal stellt der Detaillierungsgrad dar. Während bspw. HOMBURG den Marktforschungsprozess in zehn Phasen unterteilt [HOM20, S. 75], stellt KREIS ET AL. diesen in sieben [KRE24, S. 7] oder MAGERHANS in fünf Phasen dar [MAG16, S. 47]. In der vorliegenden Arbeit wurde sich aufgrund dessen kompakter und anwendungsnahen Struktur an dem Marktforschungsprozess nach MAGERHANS orientiert, welcher in der nachfolgenden Abbildung 23 grafisch dargestellt wird.

Abbildung 23 Idealisierter Marktforschungsprozess in fünf Phasen, nach [MAG16, S. 47]

Die Definitionsphase dient der Beschreibung des Untersuchungsgegenstandes der Marktforschungsstudie. Hierzu zählt unter anderem die Festlegung der Grundgesamtheit, die jene Zielgruppe umfasst, welche für die Beantwortung der zugrunde liegenden Fragestellungen von Relevanz ist. Dabei kann es sich sowohl um Personen als auch um Organisationen bzw. Unternehmen handeln [HOM20, S. 275].

Für die Designphase stehen verschiedene Untersuchungsdesigns zur Verfügung, an welchen sich in Abhängigkeit der Ergebnisse aus der Definitionsphase orientiert werden kann. Eine Untersuchung kann dabei explorativer Natur sein, wodurch erste Erkenntnisse und grundlegende Zusammenhänge definiert werden können. Deskriptive Untersuchungen hingegen eignen sich zur Beschreibung eines Sachverhalts, während sich kausale Untersuchungen zur Beschreibung dieser eignen. Eine Untersuchung kann dabei als Primär- oder Sekundärforschung, quantitativ oder qualitativ und hinsichtlich der zeitlichen Komponenten als Querschnitts- (bestimmter Zeitpunkt) oder Längsschnittanalyse (mehrere aufeinanderfolgende Zeitpunkte) durchgeführt werden [MAG16, S. 48 f.].

In der Datenerhebungsphase stehen eine Vielzahl an Vorgehensweisen zur Generierung von Daten zur Verfügung. Zum einen können Sekundärdaten aus bereits vorhandenen Untersuchungen, Messungen, Datenbanken oder Dokumentationen gesammelt werden. Zum anderen kann die Erhebung von Primärdaten grundsätzlich durch Befragung, Beobachtung oder Mischformen dieser beiden Vorgehensweisen erfolgen. Typische Vorgehensweisen der Befragung sind bspw. Interviews oder standardisierte mündliche, schriftliche oder telefonische Befragungen [MOO18, S. 52].

In der Datenauswertungsphase kommen je nach der Anzahl zu untersuchender Variablen uni-, bi- oder multivariate Verfahren für die Analyse zum Einsatz. Zur Beschreibung der vorliegenden Daten kommen Methoden der deskriptiven Statistik zum Einsatz, während durch Methoden der induktiven Statistik Rückschlüsse von der vorliegenden Stichprobe auf die Grundgesamtheit gezogen werden können [MAG16, S. 49].

Abschließend ist in der Dokumentationsphase sicherzustellen, dass die Ergebnisse der Marktforschungsstudie vollständig und verständlich zusammengefasst und für die entsprechenden Zielgruppen zugänglich gemacht werden [MAG16, S. 49 f.]. Darüber hinaus stellt sie den Anknüpfungspunkt für Folgeaktivitäten dar, um bspw. Erkenntnisse in weiterführenden Studien zu vertiefen oder gewinnbringend in die Praxis zu überführen [MOO18, S. 23 f.].

3.2 Ausgestaltung der Marktforschungsstudie

Untersuchungsgegenstand der Marktforschungsstudie ist die Analyse der Einsatzbedingungen von Fräswerkzeugen bei der Zerspanung von Kunststoffen, da diese, wie zu Beginn dieses Kapitels beschrieben, in bisherigen Studien nur unzureichend abgebildet werden. Neben dem Status quo soll außerdem auch ermittelt werden, in welchen Bereichen der Markt Bedarf an der Entwicklung innovativer Lösungsansätze sieht. Zielgruppe sind sowohl unternehmensseitig Werkzeughersteller und -anwender als auch die Forschung im Bereich der spanenden Fertigung bzw. der Verarbeitung von Kunststoffbauteilen und -halbzeugen. Mit Hilfe der Studie soll somit eine repräsentative Vergleichsbasis geschaffen werden und weiterhin die Bedeutung der Forschung in diesem Bereich herausgearbeitet werden.

Da die vorliegenden Sekundärdaten in Form von bisherigen Studien und vorhandener Literatur die zu untersuchenden Fragestellungen nur unzureichend beleuchten, ist die vorliegende Marktforschungsstudie als Primärdatenerhebung ausgestaltet. Hierzu wurde ein standardisierter Fragebogen in Form einer webbasierten Eingabemaske entwickelt, was ein primär deskriptives Untersuchungsdesign darstellt. Teile des Fragebogens mit Bezug auf Trends und Entwicklungsperspektiven enthalten jedoch auch Elemente eines explorativen Untersuchungsdesigns. Hinsichtlich der zeitlichen Komponente handelt es sich um eine Querschnittsanalyse, da die Aussagen nur zu einem bestimmten Zeitpunkt aufgenommen wurden und eine zeitliche Veränderung über einen längeren Betrachtungszeitraum nicht betrachtet wurde.

Der standardisierte Fragebogen adressiert sowohl Werkzeughersteller als auch -anwender, welchen jedoch nicht die identischen Fragen gestellt werden sollen. Insgesamt werden drei Arten von Fragen verwendet: *Unspezifische Fragen*, die beiden Gruppen gestellt werden, *herstellerspezifische Fragen*, die nur den Werkzeugherstellern gestellt sowie *anwenderspezifische Fragen*, die nur Inhalte abfragen, die von Anwenderunternehmen aus der Kunststoffzerspanung beantwortet werden sollen bzw. können. Um sicherzustellen, dass jeweils die richtigen Fragen zugeordnet werden, ist von der befragten Person zu Beginn anzugeben, welche der beiden Gruppen ihr bzw. sein Unternehmen zuzuordnen ist. Die Fragen wurden als geschlossene Frage, offene Frage und als Mischform aus beiden Formen gestellt. Während geschlossene Fragen auf das Sammeln quantitativer Daten abzielen, können mit offenen Fragen qualitative Daten für Fragen generiert werden, für welche mögliche Antworten vorher nicht abgeschätzt werden oder bspw. in eine bestimmte Spannweite oder Abstufung eingeordnet werden können [SRE14, S. 148 f., WEC06, S. 148 f.]. Insgesamt besteht der standardisierte Fragebogen aus 19 Fragen für Hersteller- und 27 Fragen für Anwenderunternehmen, die in fünf thematische Blöcke unterteilt werden. Der Aufbau des standardisierten Fragebogens wird in Abbildung 24 dargestellt.

Abbildung 24 Aufbau des standardisierten Fragebogens der durchgeführten Marktforschungsstudie

3.3 Interpretation der Datenerhebung

3.3.1 Befragte Unternehmen

Unter der Berücksichtigung von Verbänden, Branchenverzeichnissen und Daten der Industrie- und Handelskammern konnten insgesamt 54 Unternehmen in Deutschland identifiziert werden, die der Gruppe der Werkzeughersteller zugeordnet werden können. Diese wurden aufgrund zu der im Vergleich zu den Anwenderunternehmen geringeren Anzahl per Mail und telefonisch bzgl. des Fragebogens kontaktiert. Insgesamt komplettierten 18 der Herstellerunternehmen den Fragebogen, was einer Antwortrate von 33 % entspricht. Anwenderseitig wurden 207 Unternehmen auf demselben Weg identifiziert und per Mail kontaktiert. In dieser Gruppe komplettierten 25 Unternehmen den Fragebogen, was einer Antwortrate von 12 % entspricht. Bei Onlineumfragen kann im Allgemeinen mit einer niedrigeren Antwortrate gerechnet werden als bei anderen Formaten, wie bspw. einer telefonischen Umfrage [DAI20, S. 527]. Die erwartbaren Antwortraten bewegen sich im einstelligen Prozentbereich, während in der Literatur ein maximal erreichbarer Wert von 20 % angegeben wird [KRE24, S. 145]. Demnach kann die Anzahl an Antworten der Anwenderunternehmen als über dem Erwartbaren eingestuft werden, die Antwortrate der Herstellerunternehmen sogar über dem laut Literatur maximal erreichbaren Wert. Dieser kann jedoch mit dem intensiven telefonischen Nachverfolgen und wiederholten Erinnerungen an die Herstellerunternehmen erklärt werden. Dieser Prozess war notwendig, um auf eine belastbare Anzahl an Antworten für diese Gruppe zu kommen, in welcher deutlich weniger Unternehmen identifiziert und kontaktiert werden konnten als bei den Anwenderunternehmen.

Die ersten beiden Fragenblöcke, siehe Abbildung 24, sind unspezifisch und wurden demnach Herstellern und Anwendern gleichermaßen gestellt. Sie beziehen sich auf generelle Informationen wie Unternehmensgröße und Branchenzugehörigkeit, um einen Überblick über die Struktur der Unternehmen zu gewinnen, für welche der Fragebogen vollständig beantwortet wurde. Der überwiegende Teil (86 %) der befragten Unternehmen beschäftigt 250 oder weniger Mitarbeiterinnen und Mitarbeiter (MA) und ist deshalb als kleines und mittleres Unternehmen (KMU) nach der EU-Definition 2003/361 [EUR03] einzustufen. Ein Anteil von 32 % der Unternehmen wird dabei als kleine Unternehmen eingestuft, da sie weniger als 50 Mitarbeiterinnen und Mitarbeiter beschäftigen. Abbildung 25 (links) stellt die Verteilung der Unternehmensgrößen grafisch dar. Da sich alle Herstellerunternehmen der Werkzeug- und Formenbauindustrie zuordnen lassen, stellt Abbildung 25 (rechts) lediglich die Branchenzugehörigkeit der Anwenderunternehmen dar. Den größten Anteil stellen mit 48 % Unternehmen aus dem Maschinen- und Anlagenbau dar. Die Automotive- und Medizintechnikbranche wurden mit jeweils 12 % am zweithäufigsten genannt.

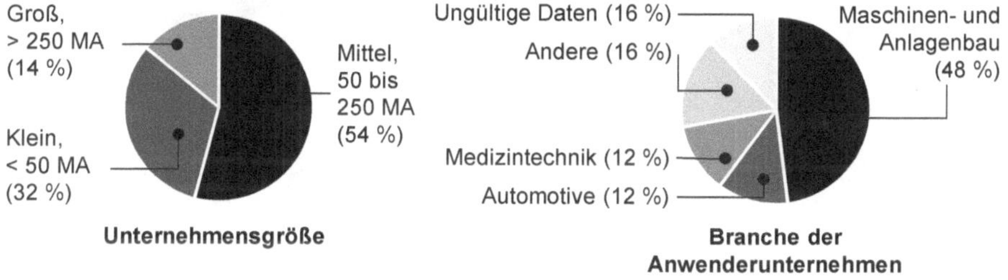

Abbildung 25 Größe und Branche der befragten Unternehmen

3.3.2 Eingesetzte Werkzeuge und Prozessspezifikationen

In diesem Unterabschnitt werden die Umfrageergebnisse zu ausgewählten Fragen aus den Themenböcken *Vollmaterialschaftfräser* und *Prozessspezifikationen* beschrieben. Mit der ersten Frage im thematischen Fragenblock *Vollmaterialschaftfräser*, wurde abgefragt, welcher Wertschöpfungsanteil des jeweiligen Unternehmens auf die Zerspanung von Kunststoffen entfällt. Für die Hersteller stellt dies die Fertigung an Werkzeugen dar, die speziell zur Zerspanung von Kunststoffbauteilen und -halbzeugen entwickelt wurden, für die Anwender den Anteil von Kunststoffen am insgesamt bearbeiteten Werkstoff. Wie in Abbildung 26 (links) dargestellt macht mit 83 % für den Großteil der Hersteller die Produktion von Werkzeugen für die

Kunststoffzerspanung weniger als ein Viertel des Umsatzanteils aus. Kein Hersteller gab an, einen Umsatzanteil von über 75 % auf kunststoffspezifische Werkzeuge zu haben und somit auf die Herstellung von Werkzeugen für die Kunststoffzerspanung spezialisiert zu sein. Anwenderseitig weist mit 52 % ebenfalls die Mehrheit der befragten Unternehmen einen geringen Umsatzanteil von unter 25 % für die Bearbeitung von Kunststoffbauteilen und -halbzeugen auf. Jedoch ist mit 20 % auch ein signifikanter Anteil der Anwender auf die Bearbeitung von Kunststoffbauteilen und -halbzeugen spezialisiert, was sich in einem Umsatzanteil von mindestens 75 % widerspiegelt.

Weiterhin wurden die Anwender zu den von ihnen am häufigsten zerspanten Kunststoffen befragt. Hierzu waren jeweils drei Nennungen zulässig. Abbildung 26 (rechts) verdeutlicht, dass das thermoplastische Polyoxymethylan C (POM-C), mit Nennung von 68 % der befragten Unternehmen, den am häufigsten zerspanten Kunststoff darstellt. Es folgen mit Nennung von jeweils 44 % der Anwender der Thermoplast Polyethylen (PE) sowie Polyurethane (PU), welche als Thermoplast, Duroplast oder Elastomer vorliegen können [HOP17, S. 192]. Mit einem Anteil von jeweils 20 % wurden zudem Polyamid (PA), Polypropylen (PP) und Acrylnitril-Butadien-Styrol (ABS) genannt.

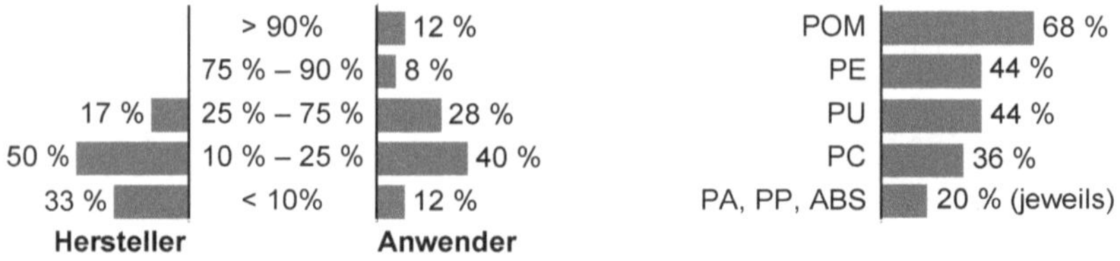

Abbildung 26 Umsatzanteil bezogen auf die Zerspanung von Kunststoffbauteilen und -halbzeugen (links) und Anteil zerspanter Kunststoffe bei Anwendern (rechts)

Während sich die bisherigen Fragen auf die Zerspanung von Kunststoffbauteilen und -halbzeugen im Allgemeinen bezogen, zielen die folgenden Fragen explizit auf das Fertigungsverfahren Fräsen bzw. Fräswerkzeuge ab. Mit einem Anteil von 87 % werden zum Großteil Fräswerkzeuge als Vollmaterialwerkzeuge eingesetzt, womit mit Wendeschneidplatten bestückte Trägerwerkzeuge eher selten zum Einsatz kommen. Die Anwender gaben weiterhin an, dass sich der Anteil an Hartmetallwerkzeugen für die Zerspanung von Kunststoffen durchschnittlich auf 74 % beläuft. Dies widerspricht teilweise Empfehlungen aus der Literatur, welche angeben, dass für die Bearbeitung von thermoplastischen Kunststoffen aufgrund derer geringen Festigkeit, der Einsatz von kostengünstigeren HSS-Werkzeugen ausreicht [HOP21, S. 185]. Das Umfrageergebnis kann bspw. damit erläutert werden, dass Hartmetall höhere Schnittgeschwindigkeiten als HSS zulässt, was, wie zu Beginn dieses Kapitels beschrieben, bei der Zerspanung von Kunststoffbauteilen und -halbzeugen von Vorteil ist. Weiterhin können die Schneidkanten von Hartmetallwerkzeugen im Zerspanprozess höheren thermischen Belastungen standhalten als die von HSS-Werkzeugen. Dies ist insbesondere bei der geringen thermischen Leitfähigkeit von Kunststoffen

- und somit durch einen fehlenden Wärmeabtrag durch den bearbeiteten Werkstoff - von Bedeutung [DEG19, S. 366]. Darüber hinaus sind 69 % der Werkzeuge, die sich bei den befragten Anwendern im Einsatz befinden, unbeschichtet. Während Werkzeuge mit großen Durchmessern (> 20 mm) seltener zum Einsatz kommen (12 %), sind kleine Werkzeugdurchmesser (< 10 mm) mit 41 % in einer ähnlichen Größenordnung vertreten wie Werkzeuge mit einem Durchmesser zwischen 10 mm und 20 mm (46 %). Aufgrund der unterschiedlichen Werkstoffeigenschaften und des daraus folgenden unterschiedlichen Verhaltens von Kunststoffen während des Zerspanprozesses, wenden die befragten Unternehmen unterschiedliche Kühlstrategien an. Die häufigsten Nennungen stellen hierbei der Einsatz von Kühlschmierstoffen (76 %) und Druckluftkühlung dar (72 %). Ebenfalls in einem erwähnenswerten Umfang eingesetzt werden die Minimalmengenschmierung (36 %) und die Trockenzerspanung (44 %).

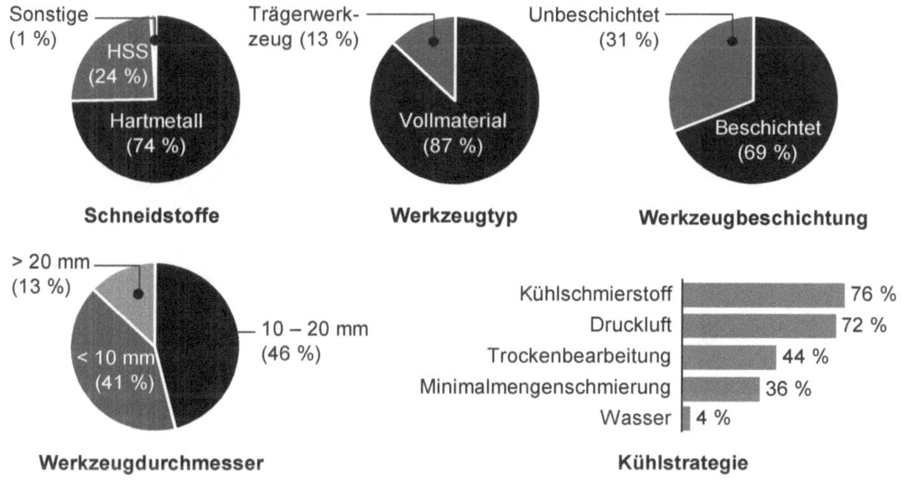

Abbildung 27 Anteil von den Anwendern eingesetzter Schneidstoffe, Werkzeugtypen, beschichteter Werkzeuge, Werkzeugdurchmesser und Kühlstrategien

3.3.3 Optimierungsbedarf und Ableitung von Anforderungen an neu entwickelte Werkzeuge

In diesem Unterabschnitt werden die Umfrageergebnisse zu ausgewählten Fragen aus dem Themenblock *Strategie und Trends* beschrieben. Die Anwender wurden hierzu befragt, wie sie die Relevanz fünf ausgewählter Zieldimensionen innerhalb ihres Unternehmens bewerten. Die Einordnung erfolgte dabei auf einer Skala von 0 (nicht wichtig) bis 5 (sehr wichtig). Die Hersteller wurden hingegen befragt, wie sie die Relevanz der Zieldimensionen bei ihren Kunden einschätzen. Auffällig ist, dass die Hersteller die Bedeutung der Zieldimensionen bei den Anwendern sowohl als gleichwertig als auch durchgehend sehr wichtig einschätzen, vgl. Abbildung 28. Mit einem Wert von 4,7 wird die Energieeffizienz der Prozesse dabei noch geringfügig bedeutender eingeschätzt als die restlichen Zieldimensionen. Die Anwender sehen die Bedeutung der Zieldimensionen hingegen differenzierter. Die Werkzeugstandzeit wird mit einem Wert von 4,1 als bedeutendstes Zielkriterium eingestuft. Die Energieeffizienz mit einem durchschnittlichen Wert von 2,3 stellt hingegen die am wenigsten wichtigste Zieldimension dar – womit eine signifikante Fehleinschätzung der Hersteller vorliegt, welche dieser Zieldimension die größte Bedeutung zugemessen haben. Diese Diskrepanz kann damit erklärt werden, dass die Anwender die Sichtweise auf den spezifischen Anwendungsfall der Zerspanung von Kunststoffbauteilen und -halbzeugen beziehen und die Hersteller hingegen kaum auf diesen spezifischen Anwendungsfall spezialisiert sind, vgl. Abbildung 26 (links). Somit beziehen diese die Frage auf ihre Kunden im Allgemeinen, welche jedoch meist den Anwendungsfall der Zerspanung von Metallen vorliegen haben. Aufgrund des höheren Energieaufwandes, der für die Zerspanung von hochfesten Werkstoffen aufgebracht werden muss, spielt die Energieeffizienz der Prozesse dort eine wesentlich größere Rolle [WES16, S. 69–73].

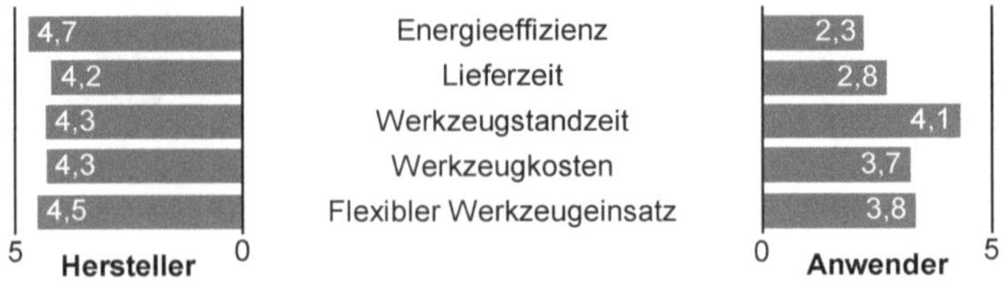

Abbildung 28 Zieldimensionen aus Perspektive der Hersteller und Anwender

Weiterhin wurden Hersteller und Anwender nach demselben Schema befragt, in welchen Bereichen Sie Innovationsbedarf sehen. Wie Abbildung 29 zeigt, decken sich bei dieser Frage die Einschätzungen von Herstellern und Anwendern in drei von vier Bereichen. Die Entwicklung von Innovationen für schwingungsgedämpfte Werkzeuge wird dabei als sehr wichtig eingestuft. Da sich geringe Werkzeug- und Prozessschwingungen positiv auf die Standzeit auswirken, deckt sich dies auch mit dieser als ebenfalls sehr wichtig eingestuften Zieldimension. Innovationen für energieeffiziente Werkzeuge und Kühlstrategien werden als wichtig eingestuft. Die anwenderseitige Diskrepanz zur entsprechenden Zieldimension Energieeffizienz lässt darauf schließen, dass sich die Anwender der künftig wachsenden Bedeutung des Themas Nachhaltigkeit bewusst sind, diese jedoch aktuell noch nicht in diesem Ausmaß im Tagesgeschäft damit konfrontiert werden. Lediglich hinsichtlich der gewünschten Werkzeugvielfalt ergibt sich eine hohe Diskrepanz, da Hersteller diese als am wenigsten wichtig (2,1) und Anwender als am wichtigsten (4,4) einstufen. Der starke Wunsch nach einer größeren Werkzeugvielfalt seitens der Anwender kann zum einen mit der großen Breite an bearbeiteten Kunststoffbauteilen und -halbzeugen hinsichtlich derer Werkstoffeigenschaften begründet werden. Zum anderen werden durch die spanende Bearbeitung von Kunststoffen meist kleinere Serien hergestellt, da größere Stückzahlen bspw. durch Spritzguss wirtschaftlicher produziert werden können [BAU19, S. 53]. Dies führt dazu, dass häufiger verschiedene Werkzeuge für unterschiedliche Bearbeitungsbedingungen benötigt werden.

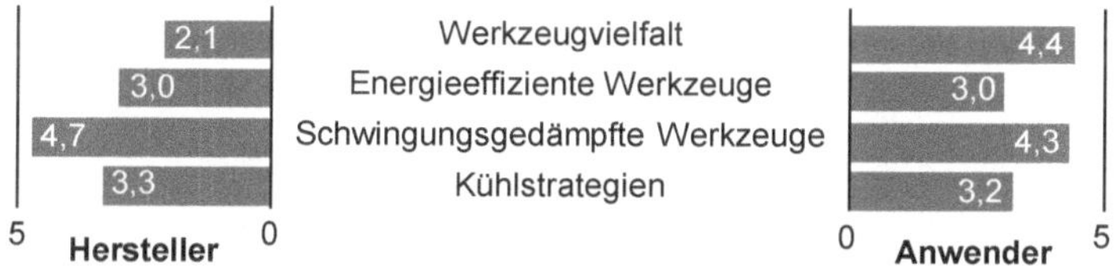

Abbildung 29 Benötigte Innovationen aus Sicht der Hersteller und Anwender

Zusammenfassend lassen sich für die Untersuchungen in der vorliegenden Arbeit mehrere Erkenntnisse ableiten. Die Ergebnisse der Marktforschungsstudie bestätigen, dass der hohe Anteil an Hartmetallwerkzeugen in der Kunststoffzerspanung erhebliches Potential zur Einsparung kritischer Rohstoffe und zur Reduktion des energieintensiven Herstellungsaufwands von Hartmetallen bietet. Weiterhin zeigt sich, dass die Betrachtung von Vollmaterialschaftfräsern mittleren Durchmessers zwischen 10 mm und 20 mm für die Bearbeitung von POM-C im Rahmen der vorliegenden Arbeit naheliegt. Diese Erkenntnisse werden mit den Untersuchungen aus dem folgenden Kapitel 4 zusammengeführt, um eine repräsentative Referenzbildung zu gewährleisten und die Rahmenbedingungen des zu entwickelnden Fräswerkzeugs abzustecken. Abschließend bestätigt der Wunsch von Unternehmen nach schwingungsgedämpften und kostengünstigen Werkzeugen sowie der generelle Wunsch nach einer breiteren Werkzeugpalette für unterschiedliche Anwendungsfälle die praktische Relevanz, der in dieser Arbeit untersuchten Substitution von konventionellen Hartmetallen durch einen neuartigen Gesteinsverbundwerkstoff.

4 Entwicklung einer Referenzbearbeitungsaufgabe

GRODE definiert eine Referenz bzw. einen Bezug als „ein theoretisch genaues, geometrisches Element, auf welches sich bezogen wird“ [GRO01a, S. 287]. Ein Referenzwert, welcher in der Qualitätssicherung und Statistik auch als Sollwert bezeichnet wird, ist als „der Wert eines quantitativen Merkmals, von dem die Istwerte so wenig wie möglich abweichen sollen“ definiert [GRO01b, S. 318]. Im vorhergehenden Kapitel 3 wurden bereits einige naheliegende prozessseitige Referenzen wie bspw. der Einsatz von Vollmaterialschaftfräsern mittleren Durchmessers oder die spanende Bearbeitung des Werkstoffs POM-C ermittelt. In diesem Kapitel soll nun ein Bauteil definiert werden, welches spezifische für den betrachteten Anwendungsfall relevante Bearbeitungsaufgaben enthält. Dies ermöglicht die Vergleichbarkeit der technischen Leistungsfähigkeit, der im weiteren Verlauf dieser Arbeit entwickelten und erprobten Fräswerkzeuge mit solchen, die dem Stand der Technik entsprechen. Es wird somit sichergestellt, dass die vorliegenden Untersuchungen nicht nur eine spezifische Bearbeitungsaufgabe betrachten, sondern möglichst umfangreiche Facetten der Zerspanung von Kunststoffbauteilen und -halbzeugen abgedeckt werden.

4.1 Bestehende Referenzbearbeitungsaufgaben und Abgrenzung

Referenzbearbeitungsaufgaben helfen sowohl Werkzeugherstellern als auch -anwendern, das Prozessverhalten neuer Werkzeugmaschinen und Werkzeuge zu untersuchen und deren Leistungsfähigkeit gegenüber etablierten zu beurteilen. Zielgrößen können dabei bspw. die Prozesseffizienz, die erreichte Oberflächengüte des erzeugten Werkstücks oder die Standzeit des eingesetzten Werkzeugs sein.

Die meisten Referenzbearbeitungsaufgaben werden von Werkzeugherstellern für die Neu- und Weiterentwicklung von Fräswerkzeugen entwickelt. Diese sind jedoch nur für eine geringe Anzahl an Bearbeitungsaufgaben ausgelegt und beziehen sich häufig auf spezifische technische Anforderungen und unternehmensinterne Erfahrungswerte. Beispielsweise werden zur Beurteilung von Zielgrößen wie der erzielbaren Oberflächengüte häufig einfache Abzeiloperationen vorgenommen. Jedoch weist diese Art von idealisierten Bearbeitungsbedingungen mit einer geringen Anzahl an Einflussfaktoren erhebliche Unterschiede zu realen Bearbeitungsbedingungen auf [FLO16, S. 31]. Somit berücksichtigt diese Art von Ansatz nur unzureichend die in der Praxis vorkommenden Anwendungsfälle mit wechselnden Eingriffsverhältnissen, Schnitttiefen und -breiten sowie Eingriffswinkeln.

Neben diesen unternehmensspezifischen Referenzbearbeitungsaufgaben existieren noch einige weitere aus Wissenschaft und Literatur. Die Entwicklungen der JAPANESE MACHINE TOOL ASSOCIATION JMTBA [JAP10], von BEHRENDT ET AL. [BEH12] und von WESTERMANN ET AL. [WES15] zielen auf die Untersuchung der Energieeffizienz von Werkzeugmaschinen, letztere explizit auf den Einsatz von VHM-Schaftfräsern, ab. Der Ansatz von BLEICHER ET AL. [BLE13] ermöglicht die Darstellung der Umwelteinwirkung von Prozessketten bei der Zerspanung von Metallen im Allgemeinen. Die Arbeit von THORENZ [THO21] eignet sich hingegen zur Analyse auftretender Prozesskräfte wie bspw. Torsions- oder Biegemomente beim Einsatz wendeschneidplattenbestückter Eckfräser. Darüber hinaus existieren Referenzbearbeitungsaufgaben für dreiachsiges Hochgeschwindigkeitsfräsen (HSC – high speed Cutting) [VDI13a], für die Beurteilung unterschiedlicher Bearbeitungsstrategien beim Fräsen im Allgemeinen [DIA12, HAA13], für die Bestimmung der Positionsgenauigkeit und der dynamischen Eigenschaften von Werkzeugen [WEC06] sowie Referenzbearbeitungsaufgaben, die den Anwendungsfall des Mikrofräsens adressieren [VDI13b, GLO23]. Die nachfolgende Abbildung 30 zeigt beispielhaft eine Auswahl der beschriebenen Referenzbearbeitungsaufgaben.

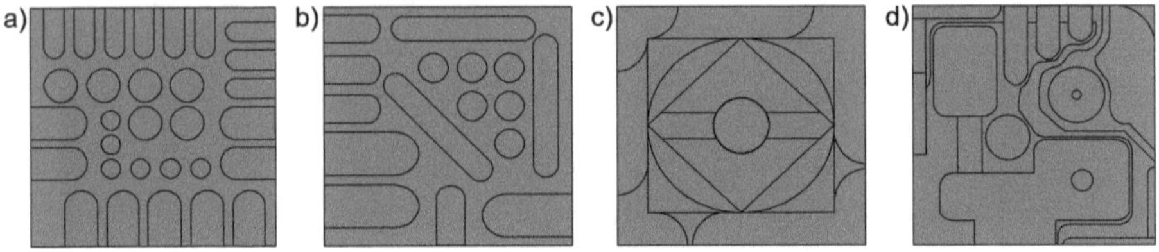

Abbildung 30 Beispielhafte Referenzbauteile aus den Arbeiten der a) JMTBA [JAP10], b) von BEHRENDT ET AL. [BEH12], c) von WECK ET AL. [WEC06] und d) von THORENZ [THO21]

Die beschriebenen Referenzbearbeitungsaufgaben eignen sich jedoch insbesondere aus zwei Gründen nicht für den Einsatz im Rahmen der vorliegenden Arbeit. Zum einen spiegeln die meisten dieser die realen Bedingungen von Bearbeitungsprozessen nur unzureichend wider. Aufgrund eines geringen Praxisbezugs fehlen oft viele der tatsächlich vorkommenden Bearbeitungsaufgaben oder sind nur für eine bestimmte unternehmensinterne Anwendung ausgelegt und daher nicht übertragbar. Zum anderen sind die vorhandenen Referenzbearbeitungsaufgaben für die Zerspanung von Metallbauteilen und -halbzeugen konzipiert, was sich sowohl in den vorkommenden geometrischen Elementen als auch den verwendeten Schnitt- und Prozessparametern widerspiegelt. Diese lassen sich nicht auf Anwendungen für die Zerspanung von Kunststoffbauteilen und -halbzeugen übertragen, da diese mit einer Reihe von Besonderheiten einhergeht, die in Kapitel 3 beschrieben wurden. Deshalb ist davon auszugehen, dass bestehende Referenzbearbeitungsaufgaben nicht auf die Anwendung der spanenden Bearbeitung von Kunststoff übertragen werden können.

4.2 Vorgehen zur Entwicklung

Die entwickelte Referenzbearbeitungsaufgabe soll zum Vergleich von Vollmaterialschaftfräsern aus beliebigen Werkstoffen, z. B. Hartmetall, HSS oder den im Rahmen dieser Arbeit untersuchten Gesteinsverbundwerkstoff, bei der spanenden Kunststoffbearbeitung dienen. Mögliche zu untersuchende Größen sind die Maßhaltigkeit des Werkstücks, die Werkzeugstandzeit, die Energieeffizienz durch die Messung der auftretenden Prozesskräfte sowie das dynamische Prozessverhalten in Form der erzielbaren Oberflächenqualität. Es soll der Anwendungsfall der Herstellung eines Bauteils aus dem Vollen bzw. eines Halbzeuges betrachtet werden. Der Anwendungsfall der Nachbearbeitung von in nicht-zerspanenden Verfahren hergestellten Bauteilen wie z. B. Spritzguss soll nicht in die Referenzbearbeitungsaufgabe aufgenommen werden.

Die Referenzbearbeitungsaufgabe soll sicherstellen, dass in der Praxis häufig vorkommende Bearbeitungsaufgaben und gefertigte geometrische Formelemente möglichst realitätsnah abgebildet werden. Aus diesem Grund werden die zugrunde gelegten Parameter möglichst praxisnah ausgewählt und Expertenwissen von Unternehmen aus dem Bereich der Zerspanung von Kunststoffbauteilen und -halbzeugen einbezogen. Darüber hinaus muss darauf geachtet werden, dass ein nachvollziehbarer Ansatz gewählt wird, da das Vertrauen in Forschungsergebnisse insbesondere im Bereich der spanenden Fertigung begrenzt ist und diese daher nur zögerlich angenommen werden [OWO13, S. 153–158]. Um dies zu gewährleisten, muss ein objektiver, überprüfbarer, valider, relevanter und logischer Ansatz gewählt werden [BAL17, S. 15]. So kann die entwickelte Referenzbearbeitungsaufgabe einem möglichst großen Nutzerkreis zugänglich gemacht werden.

Aufgrund der in Kapitel 3 beschriebenen Besonderheiten bei der Zerspanung von Kunststoffbauteilen und -halbzeugen wird davon ausgegangen, dass sich die erzeugten geometrischen Formen grundlegend von denen in der Metallbearbeitung unterscheiden. Um dies nachweisen zu können und in die Referenzbearbeitungsaufgabe einfließen zu lassen, wurde der Featureansatz gewählt. Der Featureansatz basiert auf der VDI-Richtlinie 2218 [VDI03], der Norm ISO 14649-10 [ISO04a] und der Norm ISO 14649-11 [ISO04b]. Ein Feature ist dabei definiert als eine „Aggregation von Geometrieelementen und/oder Semantik“ [VDI03, S. 11]. Bei der Gestaltung der geometrischen Form der Referenzbearbeitungsaufgabe ermöglicht dieser Ansatz die Übertragung von Konstruktionselementen untersuchter Bauteile aus der Praxis in definierte geometrische Elemente. Neben den Beschreibungen in den genannten nationalen und internationalen Normen, wurde der Featureansatz bereits in anderen wissenschaftlichen Arbeiten angewendet und daher als geeignet eingestuft [GLO23, LOR12, TRA12, WES15].

Mit dem gewählten Featureansatz wurden vorhandene reale gefräste Kunststoffteile analysiert und in ihre geometrische Merkmale, z. B. Taschen, Nuten oder allgemeine Profile, die in der ISO 14649 [ISO04a] definiert sind, zerlegt, vgl. nachfolgenden Abschnitt 4.3. Diese wurden klassifiziert und durch den Einsatz von standardisierten Maschinenmodi wie Stirn- oder Schulterfräsen vergleichbar gemacht. Die nachfolgende Abbildung 31 stellt das Schema für die Anwendung des gewählten Ansatzes grafisch dar.

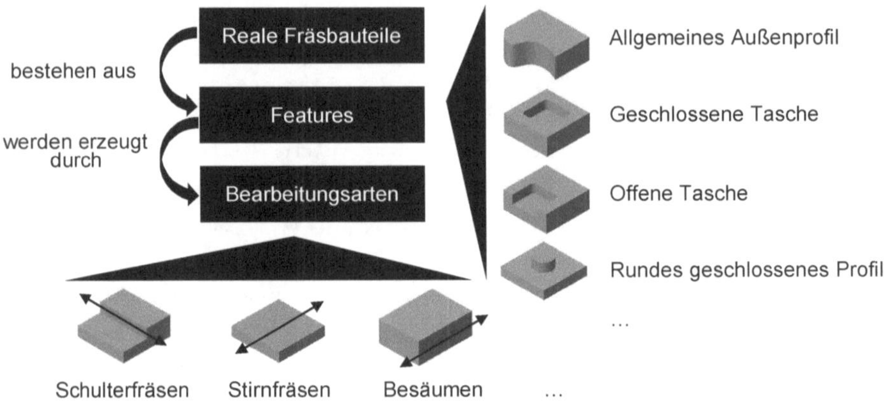

Abbildung 31 Schema des verwendeten Featureansatzes, in Anlehnung an [WES15, S. 524]

4.3 Ableitung der geometrischen Gestalt anhand realer Fräsbauteile

Aus dem Portfolio eines deutschen Unternehmens, das auf die Zerspanung von Kunststoffbauteilen und -halbzeugen spezialisiert ist, wurden insgesamt zehn reale Kunststofffräsbauteile[16] ausgewählt, aus denen die geometrische Form der entwickelten Referenzbearbeitungsaufgabe abgeleitet wird. Aus einem Portfolio von mehreren tausend Fräsbauteilen, stellen die ausgewählten dabei hinsichtlich der gefertigten Stückzahl und des Spanungsvolumens durch Vollmaterialschaftfräser die bedeutendsten dar. Weiterhin repräsentieren diese die Anwendungen aus unterschiedlichen Branchen, wodurch ein möglichst breites Anwendungsfeld abgebildet werden kann. Zu den Branchen zählen die Medizintechnik, der Automobil- und der Sondermaschinenbau. Neben der geometrischen Form der Fräsbauteile wurden auch die produzierte Stückzahl pro Jahr, der verwendete Werkstoff, die eingesetzten Werkzeuge, die Prozessparameter Spindeldrehzahl n und Vorschubgeschwindigkeit v_f sowie die verwendeten Bearbeitungsgrößen Schnittbreite a_e und Schnitttiefe a_p berücksichtigt.

Durch die Aufteilung der Geometrie der zehn betrachteten realen Fräsbauteile in einzelne Features, konnten insgesamt zwölf verschiedene Featureklassen identifiziert werden. Abbildung 32 stellt diese zwölf Featureklassen in Anlehnung an die Norm ISO 14649 schematisch dar.

[16] Bezogen auf das jährliche Spanvolumen wird hierbei überwiegend die Bearbeitung von POM-C betrachtet. Jeweils ein betrachtetes Bauteil besteht weiterhin aus Polybutylenterephthalat (PBT), Polyamid (PA6), Polyethylenterephthalat (PET) und Polycarbonat (PC) betrachtet.

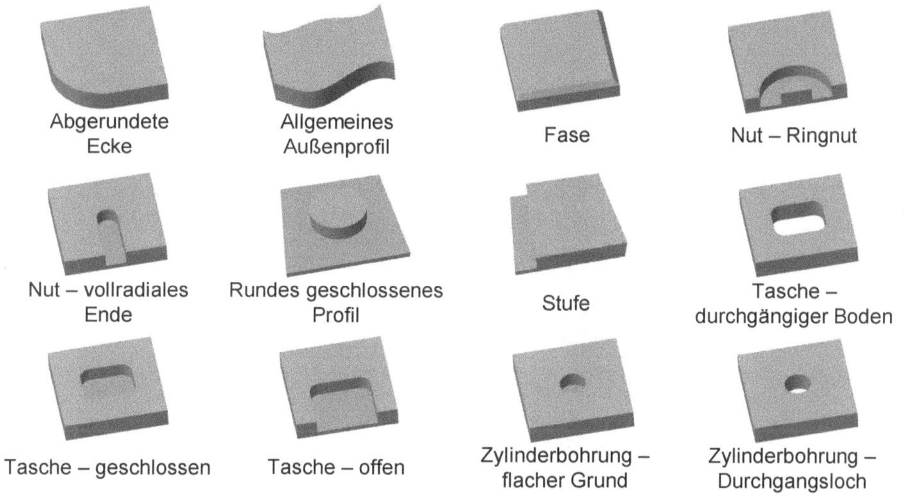

Abbildung 32 Identifizierte Features für die Referenzbearbeitungsaufgabe, basierend auf ISO14649 [ISO04b]

Abbildung 33 zeigt beispielhaft drei der zehn betrachteten realen Fräsbauteile und die darin vorkommenden Featureklassen. Zu beachten ist, dass die Nut im linken Bauteil in Form einer Nut mit vollradialem Ende, die Nut im rechten Bauteil in Form einer Ringnut vorliegt.

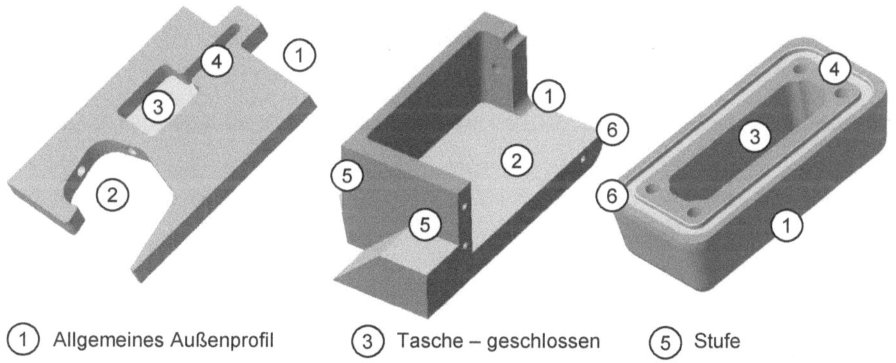

Abbildung 33 Beispielhafte reale Fräsbauteile zur Bestimmung der geometrischen Gestalt der Referenzbearbeitungsaufgabe

Um eine möglichst realitätsnahe Übertragung der Featureklassen auf die Referenzbearbeitungsaufgabe zu gewährleisten, wurden die jährlichen Produktionsmengen der betrachteten realen Fräsbauteile einbezogen, um eine prozentuale Gewichtung der auftretenden Featureklassen zu ermitteln. Als Vergleichswert wurde daher für jede Featureklasse das jährliche

Spanungsvolumen herangezogen. Dieses wurde mit Hilfe der technischen Zeichnungen sowie der vorhandenen CAD-Modelle der Bauteile ermittelt. In Abbildung 34 ist der prozentuale Anteil der zwölf vorkommenden Featureklassen grafisch dargestellt. Ergänzend sind die Merkmalsanteile aus der Arbeit von WESTERMANN [WES16] dargestellt, in der ein vergleichbarer Ansatz für die anwendungsorientierten Bearbeitungsaufgaben bei der spanenden Bearbeitung von Metallbauteilen und -halbzeugen verwendet wurde.

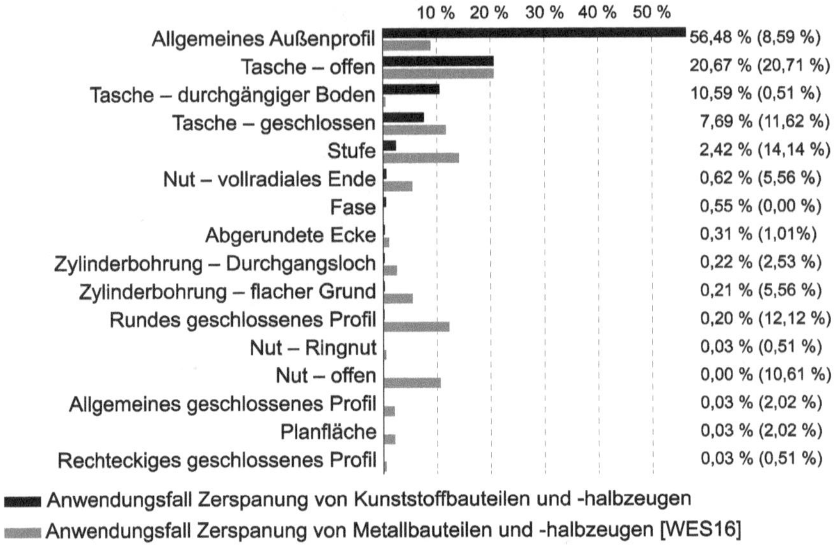

Abbildung 34 Anteil der Featureklassen basierend auf dem jährlichen Spanungsvolumen

Es zeigt sich, dass das *allgemeine Außenprofil* mit einem Anteil von 56,48 % mehr als die Hälfte des jährlichen Spanungsvolumens darstellt. In Prozentpunkten bedeutet dies auch die größte Abweichung von den Featureklassen bei der Zerspanung von Metallbauteilen und -halbzeugen, bei denen das *allgemeine Außenprofil* nur einen Anteil von 8,59 % aufweist. Bei Einbeziehung der zweithäufigsten Featureklasse bei der Zerspanung von Kunststoffbauteilen und -halbzeugen, *Tasche – offen*, werden kumuliert bereits 77,15 % des jährlichen Spanungsvolumens abgedeckt. Die vier häufigsten Featureklassen decken sogar bereits 95,43 % des jährlichen Spanungsvolumens ab. Die vier häufigsten Merkmale beim Metallfräsen machen dagegen nur 58,59 % des jährlichen Spanungsvolumens aus. Die Featureklasse *Nut – offen*, die beim Metallfräsen mit 10,61 % einen signifikanten Anteil ausmacht, kommt für den Anwendungsfall Zerspanung von Kunststoffbauteilen und -halbzeugen hingegen gar nicht vor. Weitere signifikante Abweichungen bestehen bei den Featureklassen *Tasche – durchgängiger Boden*, *rundes geschlossenes Profil* und *Stufe*.

Als Ausgangspunkt für die zu entwickelnde Referenzbearbeitungsaufgabe ist zunächst ein geeignetes Halbzeug zu definieren. Als Grundkörper wurde ein Quader mit den Abmessungen 200 mm x 180 mm x 40 mm bestimmt. Die Abmessungen wurden insbesondere aus konstruktiven Gesichtspunkten wegen des hohen Anteils der Featureklasse *allgemeines Außenprofil* gewählt. Auf diese Weise kann auch nach dem Abtragen dessen großvolumigen Anteils eine stabile Restform gewährleistet werden, die sich durch Prozess- und Spannkräfte in Verbindung mit der geringen Festigkeit des Kunststoffs nicht verformt. Die nachfolgende Abbildung 35 verdeutlicht diesen Umstand grafisch.

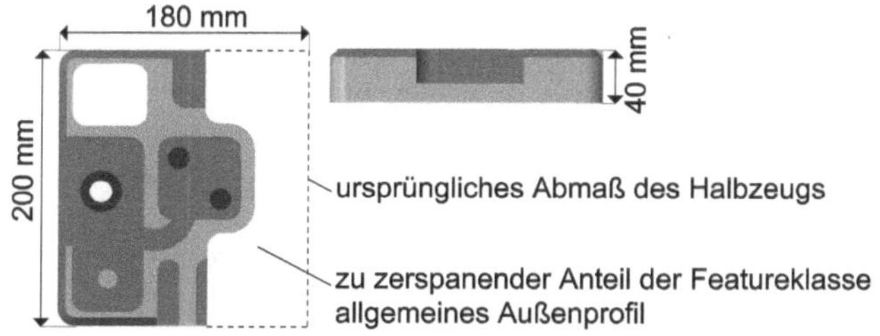

Abbildung 35 Abmaße der Referenzbearbeitungsaufgabe bzw. des ursprünglichen Halbzeugs

Es wurde definiert, dass ein spanender Abtrag von 60 % des Werkstoffs erfolgen soll. Ausgehend vom Grundvolumen des Halbzeugs von 1.440.000 mm³ ergibt sich daraus ein abzutragendes Spanungsvolumen von 864.000 mm³. Die einzelnen Features wurden dann im Bauteil so modelliert, dass ihr in der Praxis auftretender Anteil dem Anteil des Spanungsvolumens entspricht. Weiterhin wurde bei der Konstruktion berücksichtigt, dass die Fertigung des Bauteils ohne die Zerstörung bereits gefräster Features möglich ist. Damit wurde sichergestellt, dass die Maß- und Formgenauigkeit sowie die Oberflächenbeschaffenheit jedes einzelnen Features im Nachhinein überprüft werden kann. Die modellierte Referenzbearbeitungsaufgabe sowie die Bezeichnung der auftretenden Features können der nachfolgenden Abbildung 36 entnommen werden. Die vollständigen Abmaße der Referenzbearbeitungsaufgabe sind dem Anhang 16.2 zu entnehmen.

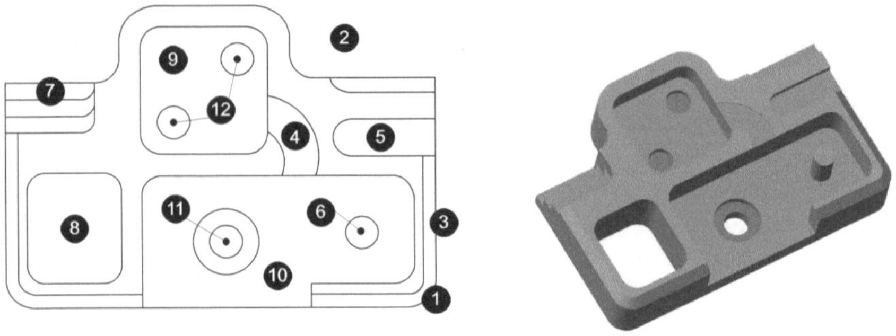

1 Abgerundete Ecke
2 Allgemeines Außenprofil
3 Fase
4 Nut – Ringnut
5 Nut – vollradiales Ende
6 Rundes geschlossenes Profil
7 Stufe
8 Tasche – durchgängiger Boden
9 Tasche – geschlossen
10 Tasche – offen
11 Zylinderbohrung – Durchgangsloch
12 Zylinderbohrung – flacher Grund

Abbildung 36 Referenzbearbeitungsaufgabe mit Bezeichnung der auftretenden Features

4.4 Festlegung von Referenzfräswerkzeug und Bearbeitungsparametern

Zur vollständigen Definition der Referenzbearbeitungsaufgabe, wurden nach der Auslegung der geometrischen Gestalt in diesem Abschnitt das Referenzfräswerkzeug und die entsprechenden Bearbeitungsparameter je Feature definiert. Hierzu wurden neben den Features für jedes betrachtete reale Fräsbauteil die eingesetzten Werkzeuge analysiert. Die nachfolgende Abbildung 37 stellt die prozentuale Verteilung der eingesetzten Werkzeugdurchmesser sowie der Schneidenzahl der eingesetzten Werkzeuge bezogen auf das Spanungsvolumen grafisch dar.

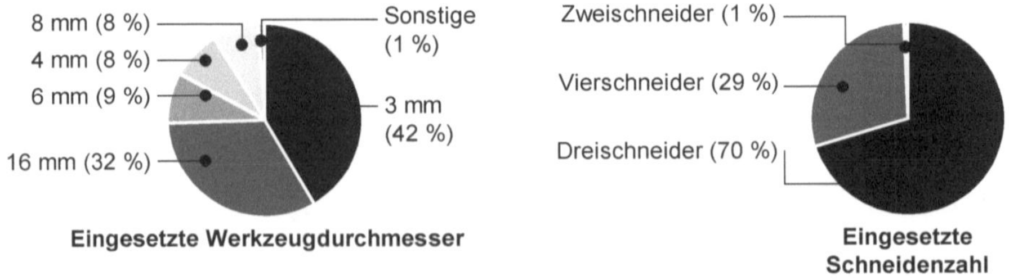

Abbildung 37 Analyse der eingesetzten Werkzeuge zur Bearbeitung der betrachteten realen Fräsbauteile

Mit einem Anteil von 74 % wird der Werkstoffabtrag hauptsächlich von Werkzeugen mit einem Durchmesser von 16 mm bzw. 3 mm bestimmt, wobei letztere mit 42 % den größten Anteil einnehmen. Dies spiegelt die Ergebnisse der Marktforschungsstudie aus Kapitel 3, vergleiche Abbildung 27, nur zum Teil wider. In dieser stellen Werkzeuge mit kleinem Durchmesser (< 10 mm) zwar ebenfalls einen signifikanten Anteil dar, jedoch stellen Werkzeuge mit mittlerem Durchmesser zwischen 10 mm und 20 mm den größten Anteil dar. Deshalb wurde der Durchmesser des Referenzfräswerkzeugs - und somit auch des zu erprobenden neuartigen Fräswerkzeugs aus einem Gesteinsverbundwerkstoff - auf 16 mm festgelegt. Die Schneidenzahl wurde anhand der analysierten Werkzeuge zur Herstellung der realen Fräsbauteile auf drei festgelegt.

Tabelle 3 gibt eine Übersicht zu den verwendeten Schnittgrößen und Bearbeitungsparametern für jedes Feature der Referenzbearbeitungsaufgabe. Diese orientieren sich zum einen an den Werten, die für die Bearbeitung der realen Fräsbauteile eingesetzt werden. Zum anderen mussten diese jedoch auch teilweise so gewählt werden, dass die einzelnen Features entsprechend ihrer Definition passend hergestellt werden können – so ergibt sich aufgrund des geringen Anteil des Spanungsvolumens bspw. eine Nut mit nur sehr geringer Schnitttiefe a_p. Teilweise sind für ein Feature mehrere Bearbeitungsarten notwendig. So wird bspw. für die geschlossene Tasche die Schnitttiefe durch kreisförmiges Eintauchen (Bohrzirkularfräsen) erreicht, das erstmalige Eintauchen in den Werkstoff bei voller Schnitttiefe erfolgt als Nutenfräsen und das restliche Abtragen des Werkstoffs in Form von Schulterfräsen.

Als Werkstoff wurde für die Referenzbearbeitungsaufgabe POM-C definiert, vergleiche hierzu die Ergebnisse der Marktforschungsstudie aus Kapitel 3. Aufgrund der hohen Kristallinität weist POM-C eine weiße Eigenfarbe auf, lässt sich jedoch ohne Änderung der Halbzeugeigenschaften einfärben. Da die optische Analyse eines weißen Fräsbauteils aufgrund der starken Reflexionen erschwert wird bzw. die Messergebnisse dadurch verfälscht werden können, wird für die Referenzbearbeitungsaufgabe schwarzes POM-C als Werkstoff gewählt.

Tabelle 3 Übersicht der Schnittgrößen und Bearbeitungsparameter je Feature

Feature	Bearbeitungsart	a_e in mm	a_p in mm	n in 1/min	v_f in mm/min
Abgerundete Ecke	Schulterfräsen	5,2[17]	4,0	4.800	1.800
Allgemeines Außenprofil	Schulterfräsen	4,8	4,0	4.800	1.800
Fase	Stirnfräsen	8,4	4,2	4.800	1.800
Nut – Ringnut	Nutenfräsen	16,0	0,5	4.800	1.800
Nut – vollradiales Ende	Nutenfräsen	16,0	6,0	4.800	1.800
Rundes geschlossenes Profil	Bohrzirkular- / Schulterfräsen	1,9	1,6	4.800	1.800
Stufe	Schulterfräsen	8,0	4,0	4.800	1.800
Tasche – durchgängiger Boden	Bohrzirkular- / Nuten- / Schulterfräsen	4,8[18]	4,0	4.800	1.800
Tasche – geschlossen	Bohrzirkular- / Nuten- / Schulterfräsen	4,8[18]	4,0	4.800	1.800
Tasche – offen	Nuten- / Schulterfräsen	4,8	4,0	4.800	1.800
Zylinderbohrung – flacher Grund	Bohren	16,0	1,0	4.800	1.800
Zylinderbohrung – Durchgangsloch	Bohren	16,0	1,0	4.800	1.800

[17] Die Schnittbreite a_e variiert bei der Herstellung des Features *abgerundete Ecke*. 5,2 mm stellt den maximal auftretenden Wert dar.

[18] Die Schnittbreite a_e variiert bei der Herstellung der Features *Tasche – durchgängiger Boden* und *Tasche – geschlossen* aufgrund des Eintauchvorgangs des Fräswerkzeugs. 4,8 mm stellt den die Schnittbreite a_e beim Erreichen der Schnitttiefe a_p dar.

5 Simulationsgestützte Entwicklung optimierter Werkzeuggeometrien

In diesem Kapitel wird die Entwicklung von Werkzeuggeometrien beschrieben, die unter Berücksichtigung der Werkstoffeigenschaften des eingesetzten neuartigen Gesteinsverbundwerkstoffs optimal ausgelegt werden sollen. Als Vorgehen wurde hierzu eine simulative Finite-Elemente-Analyse (FEA) gewählt. Anhand dieser wurden die Einflüsse einzelner Gestaltungselemente von Vollmaterialschaftfräsern, wie bspw. die verschiedenen Winkel an der Schneide, auf das statische und dynamische Werkzeugverhalten untersucht. Durch den Aufbau der Simulationsreihen anhand einer statistischen Versuchsplanung wurden aus den Ergebnissen der simulativen Untersuchung drei Werkzeuggeometrien abgeleitet. Diese wurden nachfolgend gefertigt und in experimentellen Versuchsreihen erprobt.

5.1 Vorgehen zur simulationsgestützten Entwicklung von Werkzeuggeometrien

Computergestützte Berechnungen, Analysen und Auslegung von technischen Systemen gewinnen über sämtliche Technologiebereiche hinweg seit Jahren durchgehend an Bedeutung, was insbesondere auf die stetig wachsende Leistung von Hardwarekomponenten und Software zurückzuführen ist. Im ingenieurwissenschaftlichen Bereich ist hier insbesondere die Simulation mittels der Finite-Elemente-Methode (FEM) etabliert. Dies ermöglicht effizientere Entwicklungsprozesse, da der Bedarf an physischen Prototypen und experimentellen Erprobungen auf enge und sinnvolle Bereiche eingegrenzt und somit insgesamt signifikant gesenkt werden kann [ÖCH23, S. 1, SIE17, S. 187 f.]. Der Aufbau der FE-Simulation im Rahmen der vorliegenden Arbeit wird in nachfolgender Abbildung 38 dargestellt.

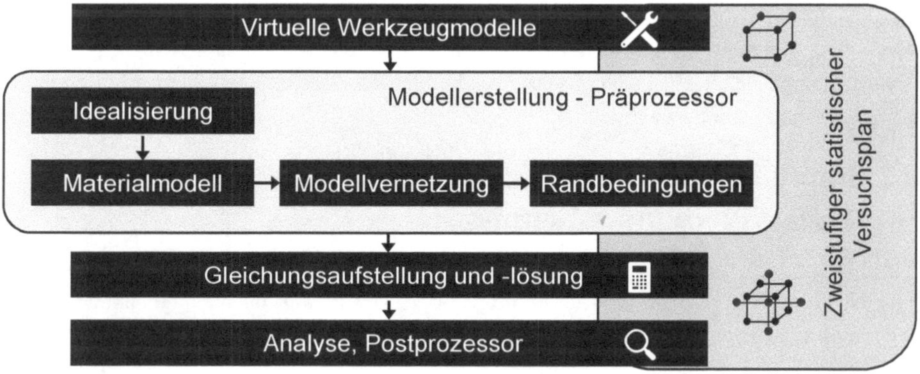

Abbildung 38 Vorgehen zum Aufbau der FE-Simulation, in Anlehnung an [WAG22, S. 4]

Als Eingangsgröße für die Simulation dient ein virtuelles Werkzeugmodell, das in der Regel aus einem CAD- Programm stammt. Im Rahmen der vorliegenden Arbeit wurden die virtuellen Werkzeugmodelle mit Hilfe einer Schleifsimulationssoftware erstellt, da gängige CAD-Softwarelösungen nicht für die Modellierung von komplexen Werkzeuggeometrien ausgelegt sind, vgl. hierzu Abschnitt 6.1. Virtuelle Modelle enthalten meist Geometriedetails, die für eine strukturmechanische bzw. -dynamische Analyse unerheblich sind, sich aber negativ auf die benötigte Rechenzeit auswirken. Deshalb werden diese im ersten Schritt der Modellerstellung im Präprozessor (Pre-processing) entfernt, wodurch sich das Modell effizient berechnen lässt. Dieser Schritt wird als Idealisierung bezeichnet. Im nächsten Schritt erfolgt die Zuweisung von Werkstoffdaten bzw. Materialmodellen zu den betreffenden Teilen des geometrischen Modells. Je nach vorliegendem Werkstoff bzw. zu untersuchendem Anwendungsfall sind hierzu unterschiedliche Werkstoffkennwerte und Richtungsabhängigkeiten zu definieren. Im darauffolgenden Schritt, der Vernetzung, wird dieses Modell durch ein Netz finiter Elemente ersetzt. Die Bestimmung der Anordnung, Größe und Ausrichtung der finiten Elemente kann dabei größtenteils von einem Algorithmus übernommen werden, wird jedoch häufig seitens des Benutzers für den spezifisch vorliegenden Anwendungsfall angepasst. Bei strukturmechanischen Untersuchungen sind außerdem Lasten und Lagerungen zu definieren, die auch als Randbedingungen bezeichnet werden, was den abschließenden Schritt im Präprozessor darstellt. Das vorliegende FE-Simulationsmodell aggregiert anschließend sämtliche Informationen aus dem Präprozessor in einem linearen Gleichungssystem und löst dieses. Die Darstellung und Analyse der Ergebnisse erfolgen abschließend im Postprozessor. [WAG22, S. 4]

Die Betrachtungen erfolgten sowohl im Rahmen einer statisch-strukturmechanischen als auch einer dynamischen Untersuchung. Durch die mit dieser zweiseitigen Betrachtung gewonnenen Erkenntnisse, konnte die Geometrie des Vollmaterialschaftfräsers sowohl hinsichtlich der Stabilität als auch des Schwingungsverhaltens optimal ausgelegt werden. Beiden Betrachtungen liegt jeweils das Vorgehen anhand eines zweistufigen statistischen Versuchsplans zu Grunde. Durch dieses konnten die Einflüsse der einzelnen Geometrieelemente am Schneidteil auf die statischen und dynamischen Zielgrößen sowie deren wechselseitige Beeinflussung untereinander systematisch ermittelt werden.

5.2 Ermittlung der Werkstoffkennwerte des Gesteinsverbundwerkstoffs

Der im Kontext dieser Arbeit eingesetzte Gesteinsverbundwerkstoff stellt eine neue Entwicklung dar, weshalb zu diesem keine Materialmodelle, Herstellerangaben oder Tabellenwerte aus der Literatur existieren. Deshalb waren die für die FE-Simulation benötigten Werkstoffkennwerte zunächst experimentell zu ermitteln. Hierzu war der Einsatz unterschiedlicher Messmethoden notwendig. Die nachfolgende Tabelle 4 zeigt auf, welche Methoden zur Werkstoffkennwertermittlung eingesetzt wurden.

Tabelle 4 Übersicht der zu ermittelnden Werkstoffkennwerte für das Materialmodell

Werkstoffkennwert	Kurz-bezeichnung	Einheit	Messmethode
Elastizitätsmodul	E	GPa	Ultraschallmessung
Schubmodul	G	GPa	Ultraschallmessung
Querkontraktionszahl	ν	-	Ultraschallmessung
Dichte	ρ	kg/m^3	Archimedes-Verfahren
Dämpfungsmaß	ζ	-	Laser-Doppler-Vibrometrie

Die Herstellung der benötigten Werkstoffproben erfolgte anhand des in Abschnitt 6.3 beschriebenen Vorgehens.

5.2.1 Ultraschallmessung

Der Elastizitätsmodul E, der Schubmodul G und die Querkontraktionszahl ν des Gesteinsverbundwerkstoffs wurden mit Hilfe von Ultraschallmessungen bestimmt. Bei diesem Messverfahren wird die Grundresonanzfrequenz einer quaderförmigen Werkstoffprobe gemessen, indem dieser durch einen einmaligen elastischen Schlag mit einem Impulsgeber mechanisch angeregt wird. Als Aufnehmer fungiert ein berührungsloses Mikrofon[19], das die durch mechanische Schwingungen erzeugten Luftdruckschwankungen erfasst und in elektrische Signale umwandelt. Die Werkstoffprobenauflagen, Impulsorte und Signalaufnahmepunkte werden dabei so gewählt, dass bestimmte Modi der transienten Schwingungen induziert und gemessen werden. Aus der von diesem Signal isolierten Grundresonanzfrequenz und den Abmessungen der Werkstoffprobe werden schließlich die beschriebenen Werkstoffkennwerte ermittelt. [AST22, S. 2] Die Ultraschallmessungen wurden mit einem Messgerät vom Typ MK7 des Herstellers GrindoSonic und anhand der Norm ASTM E 1879 [AST22] durchgeführt. Die nachfolgende Abbildung 39 zeigt sowohl den schematischen Messaufbau zur Messung der Grundresonanzfrequenz der Biegeschwingung (parallele Werkstoffprobenauflage) als auch den realen Messaufbau zur Messung der Grundresonanzfrequenz der Torsionsschwingung (kreuzförmige Werkstoffprobenauflage), aus welchen die benötigten Werte berechnet werden können.

[19] Eine weitere Möglichkeit stellen Kontaktmessungen durch Beschleunigungssensoren dar.

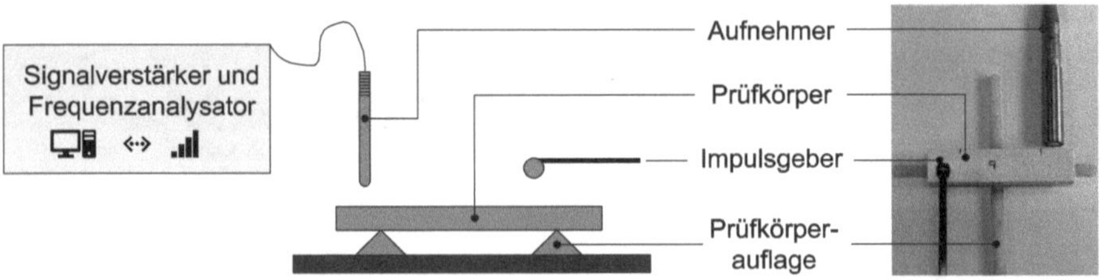

Abbildung 39 Schematischer und realer Messaufbau der Ultraschallmessung, in Anlehnung an [AST22, S. 4–7]

Der Elastizitätsmodul *E* berechnet sich für diese Messmethode nach Gleichung 5-1: [AST22, S. 6 f.]

$$E = 0{,}9465 \cdot \left(\frac{m \cdot f_f^2}{b}\right) \cdot \left(\frac{L^3}{t^3}\right) \cdot T_1 \qquad (5\text{-}1)$$

mit
m = Masse der Werkstoffprobe
f_f = Grundresonanzfrequenz der Werkstoffprobe (Biegeschwingung)
b = Breite der Werkstoffprobe
L = Länge der Werkstoffprobe
t = Dicke der Werkstoffprobe
T_1 = Korrekturfaktor für Biegegrundmode

Der Schubmodul *G* ergibt sich für die verwendete rechteckige Werkstoffprobe nach Gleichung 5-2: [AST22, S. 8]

$$G = \left(\frac{4 \cdot L \cdot m \cdot f_t^2}{b \cdot t}\right) \cdot \left(\frac{J}{1 + H}\right) \qquad (5\text{-}2)$$

mit
f_t = Grundresonanzfrequenz der Werkstoffprobe (Torsionsschwingung)
A, B = Von der Werkstoffprobengeometrie abhängige Korrekturfaktoren

Die Berechnung der Korrekturfaktoren T_1, H und J wird in Anhang 16.3 beschrieben. Die Querkontraktionszahl ν berechnet sich in Abhängigkeit der beiden beschriebenen Moduln nach Gleichung 5-3: [GRO17, S. 72]

$$\nu = \left(\frac{E}{2 \cdot G}\right) - 1 \qquad (5\text{-}3)$$

Für die Messung wurden drei quaderförmige Werkstoffproben mit den Abmessungen 60 mm x 20 mm x 4 mm untersucht, womit die Abmaße in den nach der Norm ASTM E 1879 [AST22] gültigen Verhältnissen liegen. Für jede Werkstoffprobe wurden die Grundresonanzfrequenzen der Biege- und der Torsionsschwingung gemessen. Zusätzlich wurde die Werkstoffprobe bei der Bestimmung der Biegeschwingung auch in stehender Form vermessen, um die Richtungsabhängigkeit der Werkstoffkennwerte zu untersuchen. Aufgrund der Abmaße der

Werkstoffproben war die Messung einer stehenden Werkstoffprobe bei der Bestimmung der Torsionsschwingung nicht möglich. Eine Messreihe ist gültig, sobald fünf aufeinanderfolgende Messergebnisse aufgenommen wurden, die weniger als 1 % voneinander abweichen. Die nachfolgende Tabelle 5 fasst die über alle Werkstoffproben arithmetisch gemittelten Ergebnisse der Ultraschallmessungen zusammen.

Tabelle 5 Gemittelte Ergebnisse der Ultraschallmessungen zur Werkstoffcharakterisierung

Werkstoffkennwert	Messergebnis (liegend)	Messergebnis (stehend)	Abweichung
Elastizitätsmodul E	74,339 GPa	73,757 GPa	0,784 %
Schubmodul G	32,706 GPa	-	-
Querkontraktionszahl v	0,136	-	-

Die Abweichung des Elastizitätsmoduls E zwischen den beiden richtungsabhängigen Messungen liegt unter 1 % und somit laut der Norm ASTM E 1879 [AST22] im Bereich, in welchem Messungen schwanken dürfen, um noch als gültig klassifiziert zu werden. Somit wurde für die weiteren Untersuchungen von einem isotropen Werkstoffverhalten ausgegangen. Aufgrund des stabileren Messaufbaus und der somit geringeren Messungenauigkeit wurde das Messergebnis der liegenden Messung für das Materialmodell verwendet.

5.2.2 Archimedes-Verfahren

Zur Bestimmung der theoretischen Dichte ρ von Festkörpern wird der Quotient aus dessen Feststoffmasse m und dessen Volumen V gebildet [DIN19a, S. 6 f.]. Der im Rahmen dieser Arbeit verwendete Gesteinsverbundwerkstoff weist jedoch aufgrund seiner Zusammensetzung eine geringe Porosität auf. Deshalb wurde zur Bestimmung der Rohdichte[20] ρ_b der entsprechenden Werkstoffproben das Archimedes-Verfahren durch Flüssigkeitsverdrängung angewendet, welches für Werkstoffproben mit einer scheinbaren Porosität[21] P_S von < 10 % geeignet und in der Norm DIN EN ISO 18754 [DIN22a] definiert ist.

Zur Bestimmung der Rohdichte ρ_b einer Werkstoffprobe sind drei Gewichtsmessungen an dieser durchzuführen. Zunächst ist dies eine Messung der Masse im trockenen Zustand m_1. Anschließend wird die Werkstoffprobe mit einer Immersionsflüssigkeit imprägniert. Diese wird mit einem Probenkorb in die Immersionsflüssigkeit gehängt und erneut gewogen, während Sie komplett von der Immersionsflüssigkeit umgeben ist. Dieses Messen der scheinbaren Masse m_2 wird in Abbildung 40 dargestellt. Abschließend wird die imprägnierte Werkstoffprobe aus der

[20] Die Rohdichte ρ_b eines Körpers berücksichtigt dessen offene und geschlossene Poren. Offene Poren stehen direkt oder über andere Poren in Verbindung mit der Atmosphäre an den Rändern der Werkstoffprobe [DIN22a, S. 5 f.].

[21] Die scheinbare Porosität P_S ist definiert als Verhältnis der offenen Poren eines porösen Körpers zu seinem Rohvolumen V_b [DIN22a, S. 6].

Flüssigkeit entfernt und erneut gewogen. [DIN22a, S. 8 f.] Die Messungen wurden mit einer Analysewage vom Typ ACS 200-4 des Herstellers Kern durchgeführt.

Abbildung 40 Bestimmung der scheinbaren Masse

Die Berechnung der Rohdichte ρ_b erfolgt anhand der nachfolgenden Gleichung 5-4 [DIN22a, S. 10]:

$$\rho_b = \frac{m_1}{m_3 - m_2} \cdot \rho_1 \qquad (5\text{-}4)$$

mit
m_1 = Masse der trockenen Probe in *kg*
m_2 = Scheinbare Masse der eingetauchten Probe in *kg*
m_3 = Masse der imprägnierten Probe in *kg*
ρ_1 = Dichte der Immersionsflüssigkeit bei der Prüftemperatur in kg/m^3

Für die Messung wurden analog zur Ultraschallmessung drei quaderförmige Werkstoffproben mit den Abmessungen 60 mm x 20 mm x 4 mm untersucht. Als Immersionsflüssigkeit wurde Wasser verwendet, welches bei der Messung vorliegenden Temperatur von 20 °C eine Dichte ρ_1 von 998,2 kg/m³ aufweist. Es wurde eine Rohdichte ρ_b von 2,3051 g/cm³ ermittelt, welcher als Werkstoffkennwert für das FE-Simulationsmodell herangezogen wurde.

5.2.3 Experimentelle Modalanalyse durch Laser-Doppler-Vibrometrie

Die Ermittlung des Dämpfungsmaßes ζ des Gesteinsverbundwerkstoffs erfolgte durch die Bestimmung der Halbwertsbreite an der ersten Eigenfrequenz einer Werkstoffprobe. Die Eigenfrequenz wurde anhand einer Modalanalyse bestimmt. Diese kann sowohl in rechnerischer als auch experimenteller Form erfolgen, jedoch gilt letztere als zuverlässiger und auch effizienter [ZEL18, S. 491], weshalb hier die experimentelle Form gewählt wurde. Voraussetzung dafür wiederum ist die Existenz eines realen Bauteils, als welches hier eine quaderförmige Werkstoffprobe des Gesteinsverbundwerkstoffs fungierte.

Im Allgemeinen wird bei einer experimentellen Modalanalyse das zu untersuchende Bauteil durch Fremdanregung in Schwingung versetzt. Gängige Methoden zur Fremdanregung sind bspw. sinusförmige Anregung durch elektrodynamische Shakersysteme oder durch impulsartige Kraftzuführung. Die Strukturantwort des untersuchten Bauteils wird mit Hilfe geeigneter Messmittel wie Beschleunigungssensoren oder optisch durch Laser-Doppler-Vibrometrie erfasst. Mittels einer schnellen Fourier Transformation (engl. Fast Fourier Transformation, FFT) wird anschließend aus dem Messsignal die Übertragungsfunktion ermittelt. Aus dieser können die unbekannten modalen Parameter Verstärkungsfaktor A_{lki}, Eigenfrequenz f_n und Dämpfungsmaß ζ ermittelt werden, womit ein vollständiges modales Modell zur Verfügung steht. [ZEL18, S. 493]

Messaufbau

Der verwendete Messaufbau zur Durchführung der experimentellen Modalanalyse umfasst eine quaderförmige Werkstoffprobe des Gesteinsverbundwerkstoffs, eine Einspannvorrichtung, einen Impulshammer, ein Laser-Doppler-Vibrometer und eine Auswerteeinheit in Form eines Messrechners.

Entscheidend für die Qualität der Messergebnisse bei der experimentellen Modalanalyse ist die Ausgestaltung der Einspannvorrichtung des Messobjekts. Da die Dämpfung den Verlust potentieller und kinetischer Schwingungsenergie aus einem schwingenden System darstellt, sollte möglichst wenig Energieaustausch zwischen dem zu untersuchenden System und der Umgebung vorliegen. Ein solcher Energieaustausch liegt jedoch insbesondere bei klemmenden oder fixierenden Befestigungen des Messobjekts vor, was zu Energieverlusten, Reibung und Körperschall an der Lagerung führt [SIE20, S. 119]. Deshalb wurde die quaderförmige Werkstoffprobe mit den Abmessungen 60 mm x 10 mm x 10 mm so im Raum befestigt, dass diese frei schwingen kann, siehe Abbildung 41.

Die Anregung der Werkstoffprobe erfolgte durch impulsförmige Krafteinbringung mittels eines Impulshammers vom Typ ICP® Impact Hammer Model 086E80 des Herstellers PCB Piezotronics. Aufgrund der geringen Größe und Masse sowie der hohen Steifigkeit der zu untersuchenden Werkstoffprobe, wurde dieser kleine Impulshammer mit einem geringen Eigengewicht ausgewählt. Weiterhin ist die Wahl der Spitze des Impulshammer, in welche ein Sensor zur Kraftübertragung integriert ist, entscheidend. Während weichere Spitzen niedrigere Frequenzen anregen, können höhere Frequenzen mit zunehmender Härte der Hammerspitze gemessen werden [MÖS20, S. 11 f.]. Aufgrund des erwarteten Frequenzbereiches wurde eine harte Spitze ausgewählt. Durch eine elektrische Ansteuerung des Impulshammers sollen zudem Mehrfachimpulse vermieden werden, was die Messung ungültig macht.

Die Strukturantwort der Werkstoffprobe wurde optisch durch Einsatz eines Laser-Doppler-Vibrometers vom Typ QTec PSV500 des Herstellers Polytec gemessen. Durch die berührungslose Messung wurden sowohl Energieverluste an die Umwelt als auch sog. Mass-Loading-

Effekte vermieden – welche bspw. durch die Anbringung von Zusatzmassen bei der Anwendung von Beschleunigungssensoren an der zu messenden Struktur angebracht werden – wodurch eine deutlich genauere Bestimmung der Eigenschwingform ermöglicht wird [ZEL18, S. 495], was v. a. bei geringerer Masse wie der vorliegenden Werkstoffprobe an Bedeutung gewinnt. Das angewendete Messprinzip basiert auf dem Doppler-Effekt, welcher besagt, dass sich die Frequenz einer Welle ändert, wenn dieser an einem bewegten Objekt gestreut und reflektiert wird. Gleichung 5-4 beschreibt die Frequenzverschiebung f_D [POL24]:

$$f_D = 2 \cdot \frac{v}{\lambda} \qquad (5\text{-}5)$$

mit v = Geschwindigkeit des gemessenen Objekts

λ = Wellenlänge der ursprünglichen Welle

Die Messung der Frequenzverschiebungen erfolgt mittels Interferometrie. Dabei werden ein Referenz- sowie ein durch die Schwingung des gemessenen Objekts gestreuter Laserstrahl auf einem Detektor überlagert. Aus dem Signal des Detektors werden Schwinggeschwindigkeit und Auslenkung des Messobjekts ermittelt. Dieses Prinzip wird in nachfolgender Abbildung 41 dargestellt.

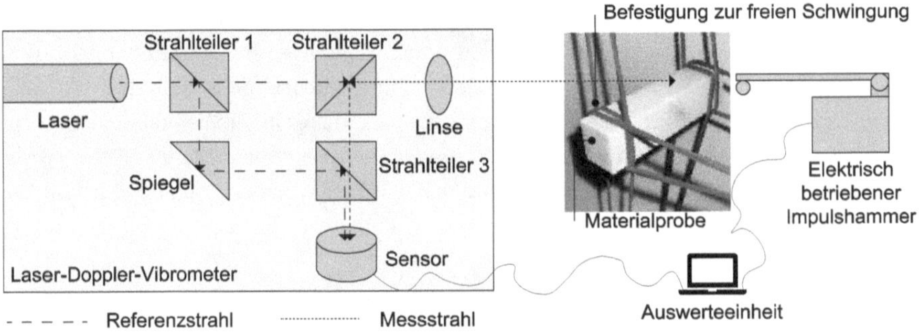

Abbildung 41 Messprinzip und Versuchsaufbau zur experimentellen Modalanalyse

Ermittlung des Übertragungsverhaltens

Um das Übertragungsverhalten ermitteln zu können, sind zunächst die Signale der Kraftanregung *f(t)* durch den Impulshammer und die mit dem Laser-Doppler-Vibrometer gemessene Beschleunigungsantwort *a(t)* durch eine FFT vom Zeit- in den Frequenzbereich zu überführen, was mit nachfolgenden Gleichungen 5-6 und 5-7 [BAU14, S. 38] beschrieben wird.

$$f(t) = \int_0^T f(t) \cdot e^{j\omega t} dt = E_f(j\omega) \qquad (5\text{-}6)$$

$$f(a) = \int_0^T f(a) \cdot e^{j\omega t} dt = E_a(j\omega) \qquad (5\text{-}7)$$

Der Quotient aus den komplexen Spektren des Ausgangssignals $E_a(j\omega)$ und des Eingangssignals $E_f(j\omega)$ definiert den komplexen Frequenzgang $G(j\omega)$, siehe nachfolgende Gleichung 5-8 [BAU14, S. 38].

$$G(j\omega) = \frac{E_a(j\omega)}{E_f(j\omega)} \tag{5-8}$$

Der komplexe Frequenzgang $G(j\omega)$ kann dabei in den Amplituden- und den Phasenfrequenzgang zerlegt werden [FÖL22, S. 103]. Durch Division der komplexen Energiespektren $E_a(j\omega)$ und $E_f(j\omega)$ durch die Integrationsdauer T_I ergeben sich die komplexen Leistungsspektren $S_a(j\omega)$ *und* $S_f(j\omega)$, was in den nachfolgenden Gleichungen 5-9 und 5-10 dargestellt wird.

$$S_a(j\omega) = \frac{E_a(j\omega)}{T_I} \tag{5-9}$$

$$S_f(j\omega) = \frac{E_e(j\omega)}{T_I} \tag{5-10}$$

Ermittlung des Dämpfungsmaßes ζ

Eine bewährte Methode zur Berechnung der modalen Dämpfung eines Systems ist die Berechnung der Halbwertsbreite von dessen Eigenfrequenz mit der größten Amplitude [MEI10, S. 116]. Neben der Frequenz f_p, bei der die größte Amplitude auftritt, werden auch eine Frequenz unterhalb f_l und eine Frequenz f_u oberhalb der Frequenz f_p bestimmt, bei welchen die Amplitude jeweils die halbe Höhe des Spitzenwertes aufweist. Unter der Annahme, dass das Quadrat der Frequenzgangsfunktion proportional zur Amplitudenhöhe ist, können durch eine FFT die beiden Halbwert-Frequenzen f_l und f_u ermittelt werden, bei welchen die Amplitude das $\frac{1}{\sqrt{2}}$-fache des Maximalwertes bei f_p beträgt. Die Berechnung des Dämpfungsmaßes ζ erfolgt anhand der nachfolgenden Gleichung 5-11 [CAS16, S. 3]:

$$\zeta = \frac{f_u - f_l}{2 \cdot f_p} \quad \text{für} \quad \zeta < 0{,}05 \tag{5-11}$$

mit f_p = Frequenz mit maximaler Amplitude

f_l, f_u = Frequenz oberhalb bzw. unterhalb von f_p bei der die Amplitude der Höhe $\frac{1}{\sqrt{2}} \cdot f_p$ vorliegt

Abbildung 42 verdeutlich die Ermittlung der Halbwertsbreite anhand der ersten Eigenfrequenz der untersuchten Werkstoffprobe des Gesteinsverbundwerkstoffs, welche die höchste gemessene Amplitude aufweist. Es ergibt sich ein Dämpfungsmaß ζ von 0,0012, welche im Gültigkeitsbereich zur Anwendung der Gleichung 5-11 liegt und somit als Werkstoffkennwert für das FE-Simulationsmodell übernommen wurde.

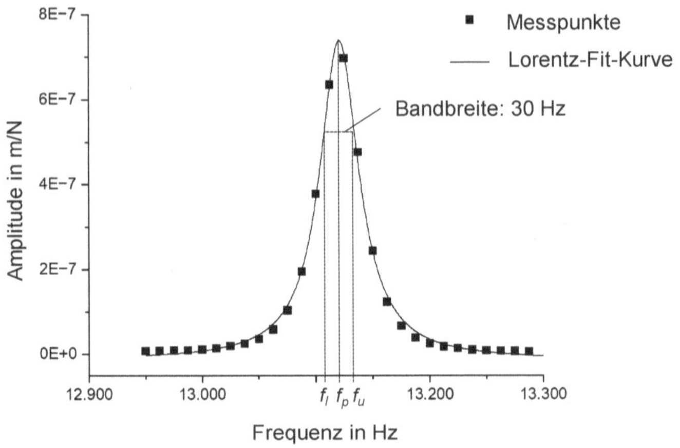

Abbildung 42 Berechnung der Halbwertsbreite an der ersten gemessenen Eigenfrequenz

5.3 Entwicklung eines Simulationsmodells zur Bestimmung optimierter Werkzeuggeometrien

5.3.1 Aufbau des Finite-Elemente-Simulationsmodells

Der Aufbau des FE-Simulationsmodells und die Durchführung der in Abschnitt 5.4 beschriebenen Simulationsreihen zur Bestimmung optimierter Werkzeuggeometrien erfolgten mit der Simulationssoftwareumgebung ANSYS® Workbench, Version 2024 R2. Die statisch-strukturmechanischen Analysen sowie die dynamischen Analysen in Form einer simulativen Modal- und Frequenzganganalyse erfolgten dabei im Modul ANSYS® Mechanical™, Version 2024 R2, nachfolgend als ANSYS bezeichnet.

Virtuelle Werkzeugmodelle

Grundlage des FE-Simulationsmodells sind virtuelle Werkzeugmodelle der Vollmaterialschaftfräser mit unterschiedlichen Geometrien, die untersucht werden sollen. Die statisch-strukturmechanischen und dynamischen Analysen werden dabei für jede einzelne zu untersuchende Werkzeuggeometrie durchgeführt. Sämtliche Modellspezifikationen, die in diesem Unterabschnitt beschrieben werden, bleiben dabei konstant, lediglich das Modell der untersuchten Werkzeuggeometrie wird variiert. Die virtuellen Werkzeugmodelle werden im .stp-Dateiformat in das FE-Simulationsmodell importiert, womit nur ein einzelnes Part in Form eines solid-Körpers simuliert wird, wodurch keine Verbindungen innerhalb des FE-Simulationsmodells definiert werden müssen. Die Erzeugung der virtuellen Werkzeugmodelle erfolgt mit der Software TD WinNut, Version 24.1001.002, welche speziell auf die Konstruktion rotationssymmetrischer

Zerspanungswerkzeuge ausgelegt ist. Für eine ausführliche Beschreibung zur Erzeugung der virtuellen Werkzeugmodelle wird auf Abschnitt 6.1 verwiesen.

Materialmodell

Im nächsten Schritt ist das Materialmodell zu definieren. Die Herleitung der Werkstoffkennwerte wurde im vorherigen Abschnitt 5.2 beschrieben. Zur Validierung des FE-Simulationsmodells, die im nachfolgenden Unterabschnitt 5.3.2 beschrieben wird, wurde auch eine simulative Analyse von Hartmetall durchgeführt. In Tabelle 6 sind die verwendeten Werkstoffkennwerte sowohl für den Gesteinsverbundwerkstoff als auch für das Hartmetall vom Typ K-40UF zusammengefasst, aus dem das verwendete Referenzfräswerkzeug gefertigt wurde. Letztere können dabei der Literatur bzw. von Datenblättern der Hersteller entnommen werden [HHT20, KOL92, S. 22–25]. Das Dämpfungsmaß ζ von Hartmetall wird für die Validierung des FE-Simulationsmodells nicht benötigt.

Tabelle 6 Hinterlegte Werkstoffkennwerte für das FE-Simulationsmodell

Werkstoffkennwert	Kurz-bezeichnung	Kennwert Gesteinsverbundwerkstoff	Kennwert Hartmetall K-40UF
Elastizitätsmodul	E	74,34 GPa	611,00 GPa
Schubmodul	G	32,71 GPa	250,00 GPa
Querkontraktionszahl	ν	0,13635	0,22000
Kompressionsmodul	K[22]	34,071 GPa	363,10 GPa
Dichte	ρ	2.305,1 kg/m³	14.450 kg/m³
Dämpfungsmaß	ζ	0,0012	-

Modellvernetzung

Die Diskreditierung des Modells in dreidimensionale Finite Elemente (Vernetzung) erfolgte nach der Hex-Dominant-Methode. Hierbei werden bevorzugt hexaederförmige Elemente erzeugt, da sich diese im Vergleich zu tetraederförmigen Elementen weniger Steif verhalten und somit realitätsnähere Ergebnisse erzielt werden können [WAN04, S. 15 f.]. Da nur aus Körpern, die aus einer Fläche extrudierbar (sweepbar) sind, ein Netz aus Hexaedern erzeugt werden kann, wurde im Modell lediglich der Werkzeugschaft in Hexaederelemente mit jeweils 20 Knoten diskreditiert. Für die deutlich komplexere Schneidengeometrie wurde ein Netz aus überwiegend Tetraederelementen mit je 10 Knoten erzeugt. Vereinzelnd wurden auch Wedgeelemente mit je 15 Knoten und Pyramidelemente mit je 13 Knoten erzeugt. Die Gesamtanzahl an Elementen und Knoten variiert je nach virtuellem Werkzeugmodell aufgrund der

[22] Der Kompressionsmodul wird von ANSYS automatisch nach dem Zusammenhang $K = \frac{E}{3(1-2\nu)}$ berechnet und im Materialmodell hinterlegt [ASH21, S. 9].

verschiedenen Schneidengeometrien geringfügig. Für die statisch-strukturmechanische Simulationsreihe wird das Netz darüber hinaus an mehreren Stellen verfeinert. Diese sind zum einen die belastete Werkzeugschneide, an der die größten Verschiebungen auftreten sowie der Bereich, an dem die größten Spannungsspitzen auftreten. Diese treten für die meisten Modelle in einem Schnittpunkt zwischen der Spitzengeometrie und der Spannut der belasteten Schneide auf. Der beschriebene Aufbau der Vernetzung wird in nachfolgender Abbildung 43 nochmals grafisch dargestellt.

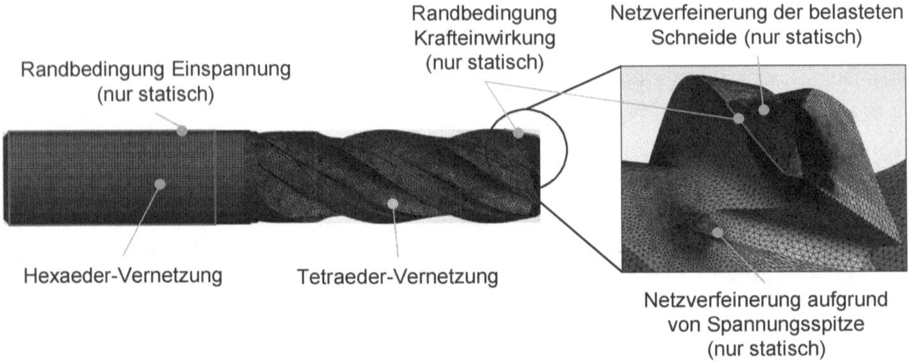

Abbildung 43 Vernetzung und Randbedingungen des FE-Simulationsmodells

Zur Bestimmung des benötigten Feinheitsgrades des Netzes hinsichtlich benötigter Rechenzeit und Genauigkeit der berechneten Ergebnisse, wurde eine Konvergenzstudie durchgeführt. Hierzu wurden die statisch-strukturmechanischen Zielgrößen *maximale Verschiebung* und *maximale Spannung* sowie die dynamischen Zielgrößen *Lage der ersten Eigenfrequenz* und die *Höhe deren Amplitude* betrachtet. Daraufhin werden die Netze verfeinert, bis die Änderung der Zielgröße unterhalb des gewählten Konvergenzniveaus von zwei Prozent liegt. Das Konvergenzniveau stellt die Schwelle da, ab der die Verfeinerung des Netzes keinen signifikanten Einfluss mehr ausübt und liegt üblicherweise zwischen 1 % und 20 % [GEB18, S. 182]. Die nachfolgende Abbildung 44 zeigt die Ergebnisse der statischen und dynamischen Konvergenzstudie.

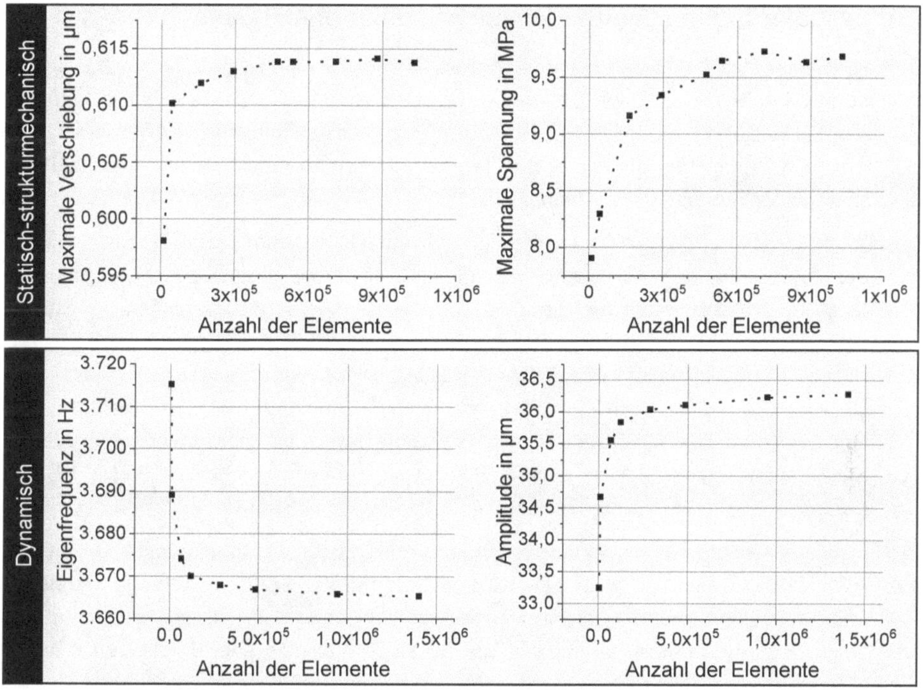

Abbildung 44 Konvergenzstudie zur Festlegung der Feinheit der Vernetzung

Festlegung der Randbedingungen

Abschließend werden für die statisch-strukturmechanische Simulationsreihe die Randbedingungen festgelegt. Die Werkzeugeinspannung wird durch die Lagerbedingung *Fixe Lagerung* (Bezeichnung in ANSYS) modelliert, welche die Bewegung sämtlicher betroffener Knoten in alle sechs Freiheitsgrade sperrt. Die Einspannung weist für alle virtuellen Werkzeugmodelle eine Länge von 36 mm auf und entspricht somit der realen Einspannbedingung, welche in den experimentellen Untersuchungen zur Validierung und Erprobung vorliegen. Als weitere Randbedingung wird eine Flächenlast entlang der Schneidkante einer Schneide bis zu einer Schnitttiefe a_p von 4 mm aufgebracht, welche eine typische Eingriffsbedingung im Zerspanprozess simuliert, vgl. Tabelle 3. Die Höhe der Kraft beträgt dabei 90 N. Dieser Wert wurde anhand des Referenzfräswerkzeugs aus Hartmetall experimentell ermittelt und gemessen[23] und wird ebenfalls für alle untersuchten virtuellen Werkzeugmodelle angewendet. Die Randbedingungen werden in Abbildung 43 grafisch dargestellt.

[23] Für die Beschreibung des Messaufbaus wird auf die Ausführungen in Unterabschnitt 7.1.2 verwiesen.

5.3.2 Validierung des Finite-Elemente-Simulationsmodells

Da die Geometrie des Vollmaterialschaftfräsers aus Gesteinsverbundwerkstoff erst mit Hilfe des Simulationsmodells bestimmt wird, konnte zu dessen Validierung noch auf kein geschliffenes Werkzeug zurückgegriffen werden. Die Validierung erfolgte daher anhand zweier Untersuchungen. Zum einen durch eine Validierung des Materialmodells und zum anderen durch eine Validierung der Einspannungsrandbedingung.

Das Materialmodell wurde anhand einer quaderförmigen Werkstoffprobe des Gesteinsverbundwerkstoffs validiert. Hierzu erfolgen sowohl eine simulative als auch eine experimentelle Modalanalyse zur Bestimmung der Lage der ersten Eigenfrequenz. Der Messaufbau der experimentellen Modalanalyse entspricht dabei der Beschreibung aus Unterabschnitt 5.2.3. Für die experimentelle Modalanalyse wurde die quaderförmige Werkstoffprobe sowohl als vollständig hexaederförmig, als auch als vollständig tetraederförmig vernetztes FE-Modell erstellt. Die Abweichung der simulierten Eigenfrequenz (13.019 Hz für Hexaeder-Vernetzung bzw. 13.020 für Tetraeder-Vernetzung) von der experimentell ermittelten Eigenfrequenz (13.125 Hz) beträgt 0,81%. Damit kann das Materialmodell als validiert angesehen werden.

Die Einspannungsbedingung stellt eine potentielle Fehlerquelle im Simulationsmodell dar, da diese als ideale Einspannung modelliert wird, während in der Realität externe Störeinflüsse keine idealen Bedingungen zulassen. Zur Validierung wurden erneut experimentelle und simulative Modalanalysen zur Bestimmung der Lage der ersten Eigenfrequenz durchgeführt. Da für die Einspannungsbedingung der Werkstoff des Untersuchungsobjekts keinen Einfluss ausübt, wurden hierfür zu diesem Zeitpunkt zur Verfügung stehende Rohlinge und Fräswerkzeuge aus Hartmetall experimentell untersucht sowie simulativ auf Basis der Werkstoffkennwerte aus Tabelle 6 modelliert. Hierzu wurden unterschiedliche Arten der zur Verfügung stehenden Einspannungen untersucht. Die besten Messergebnisse konnten hierbei durch Einspannung in einer Spannzangenaufnahme in einer CNC-Drehmaschine vom Typ CTX 310 des Herstellers Gildemeister erzielt werden, siehe Abbildung 45. Der übrige Messaufbau erfolgte erneut nach den Ausführungen in Unterabschnitt 5.2.3.

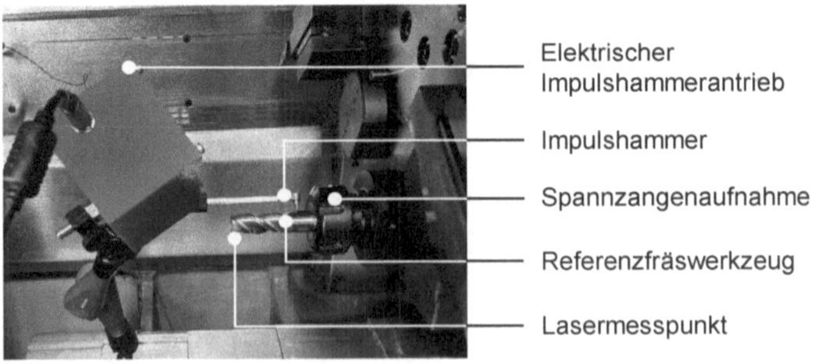

Abbildung 45 Messaufbau zur Validierung des Simulationsmodells

Es wurden jeweils vier Modalanalysen simulativ bzw. experimentell durchgeführt: mit einer Ausspannlänge von 55 mm und 75 mm, jeweils für ein VHM-Fräswerkzeug bzw. einen Hartmetallrohling mit einem Durchmesser *D* von jeweils 16 mm. Aufgrund der geringen Masse und der Hebelwirkung des auskragenden VHM-Fräswerkzeugs fliest bei der experimentellen Modalanalyse das dynamische Verhalten der Einspannung bzw. der Werkzeugmaschine ebenfalls in die Messung ein, was zu Abweichungen der Lage der Eigenfrequenzen im Vergleich zu der idealisierten simulativen Modalanalyse führt. Jedoch wird aus den relativen Verhältnissen der Lage der ersten Eigenfrequenz untereinander deutlich, dass dieser Einfluss jeweils mit gleichem Anteil in die Messung eingeht, siehe Abbildung 46.

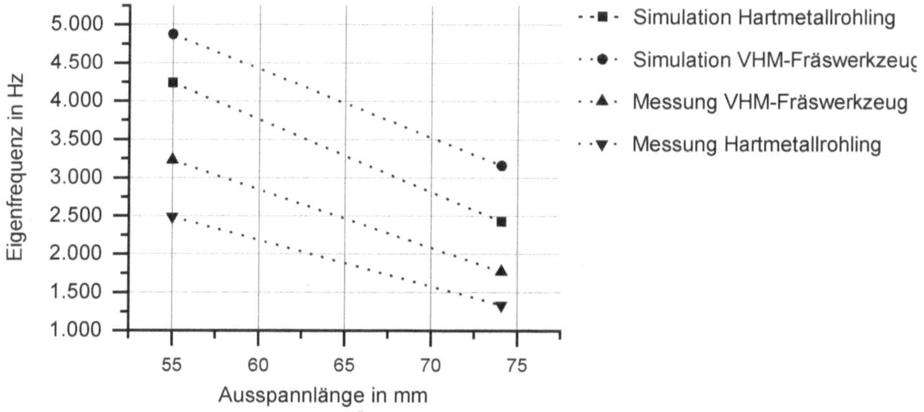

Abbildung 46 Simulative und experimentelle Modalanalyse zur Analyse der Einspannbedingung

Damit wird gezeigt, dass die Modellierung der Einspannung für das FE-Simulationsmodell geeignet ist. Sie ermöglicht verlässliche Vergleiche zwischen verschiedenen Werkzeuggeometrien innerhalb einer in sich geschlossenen Analyse, wie sie in dieser Arbeit durchgeführt wurde, da das Verhältnis der Lage der Eigenfrequenzen in den FE-Simulationen mit den realen Messwerten übereinstimmt.

5.4 Durchführung und Ergebnisse der Finiten-Elemente-Analyse

5.4.1 Vorgehen anhand statistischer Versuchsplanung

Sowohl die statisch-strukturmechanischen als auch die dynamischen FE-Simulationsreihen sind anhand des Vorgehens der statistischen Versuchsplanung – aus dem englischen Design of Experiments (DoE)– aufgebaut. Nach der Norm ISO 3534-3 ist die statistische Versuchsplanung eine „Strategie zur Planung von Experimenten, damit in effizienter Weise gültige und relevante

Schlussfolgerungen gezogen werden können“ [ISO13, S. 8]. Statistische Versuchsplanung eignet sich insbesondere, um das Verhalten technischer Systeme in Abhängigkeit mehrerer Variablen zu untersuchen und diese auf Basis geeigneter Versuchspläne für multikriterielle Zielgrößensysteme zu optimieren. Das Anwenden der Methodik gewährleistet hierbei eine hohe Sicherheit und Genauigkeit der Ergebnisse bei einem gleichzeitig möglichst geringen Versuchsaufwand [SIE17, S. 135]. Die komplexe Schneidengeometrie eines Vollmaterialschaftfräsers, stellt ein solches technisches System mit mehreren Variablen in Form der vorkommenden Winkel und Abmaße dar, vergleiche Unterabschnitt 2.1.3 und Abbildung 8. Darüber hinaus wurde bereits in mehreren Arbeiten gezeigt, dass die statistische Versuchsplanung eine geeignete Methode zur Optimierung von Fräsprozessen darstellt[24]. Der Aufbau und die Analyse der Versuchspläne im Rahmen dieser Arbeit erfolgte mit der Software Minitab®, Version 21.4.3.

Definition der Zielgrößen, Faktoren und Faktorstufen

Ausgangspunkt für die Definition eines Vorgehens nach statischer Versuchsplanung ist ein Prozessmodell des betrachteten technischen Systems. Dieses stellt im Rahmen dieser Arbeit einen Fräsprozess dar, der in diesem Schritt mit Hilfe einer FE-Simulation optimiert werden soll. Die nachfolgende Abbildung 47 stellt das Prozessmodell für den vorliegenden Anwendungsfall grafisch dar.

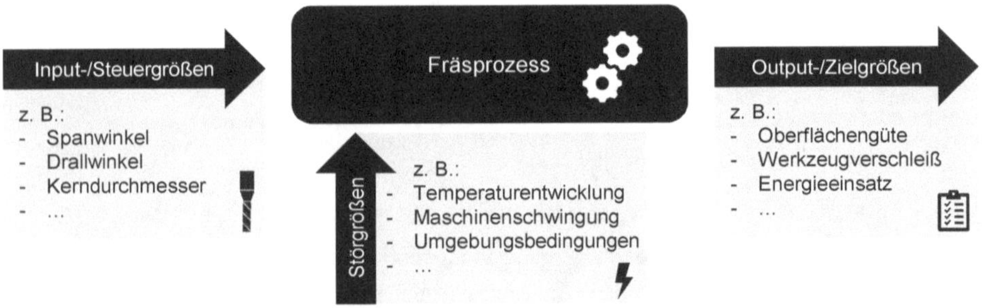

Abbildung 47 Schamtisches Prozessmodell einer Fräsoperation

Jeder technische Prozess besitzt eine bestimmte Anzahl an Inputgrößen, welche gezielt verändert werden können und demnach auch als Steuergrößen bezeichnet werden. Darüber hinaus wirken auch Störgrößen auf den Prozess ein, welche nicht gezielt verändert werden können, Zufallsschwankungen unterliegen und teilweise auch unbekannt sind. Input- und Störgrößen werden im Kontext der statistischen Versuchsplanung als Einflussgrößen bezeichnet. Letztere beeinflussen sowohl durch direkte Wirkung als auch durch Wechselwirkungen untereinander

[24] An dieser Stelle seien exemplarisch die Arbeiten von Bayoumi et al. [YUC93], Li et al. [LIJ14] und Westermann [WES16] genannt.

die betrachtete Zielgröße bzw. die betrachteten Zielgrößen, welche auch als Outputgrößen bezeichnet werden. [KLE20, S. 12 f.]

Definition von Zielgrößen

Mögliche Zielgrößen eines realen Fräsprozesses sind vielseitig und können bspw. die erzielte Oberflächengüte des bearbeiteten Werkstücks, der Werkzeugverschleiß oder der Energieeinsatz beim Betrieb der Werkzeugmaschine sein. Diese gängigen Zielgrößen können im Rahmen des verwendeten FE-Simulationsmodells nur mittelbar betrachtet werden, da kein vollständiger Fräsprozess, sondern lediglich die Werkzeuggeometrie untersucht wird. Um die Auswirkungen auf die statische und dynamische Stabilität unterschiedlicher Werkzeuggeometrien für den Vollmaterialschaftfräser aus Gesteinsverbundwerkstoff einschätzen zu können, wurden folgende, in Tabelle 7 dargestellte, Zielgrößen definiert.

Tabelle 7 Zielgrößen für die statistischen Versuchspläne im Rahmen der FE-Simulation

Zielgröße	Einheit	Art der Optimierung	Art der Simulation	Gewichtungsfaktor
Maximale Durchbiegung	mm	Minimierung	Statisch – strukturmechanisch	0,5
Lage der ersten Eigenfrequenz	Hz	Maximierung	Dynamisch – Modalanalyse	0,25
Amplitudenhöhe der ersten Eigenfrequenz	mm	Minimierung	Dynamisch – Harmonische Reaktionsanalyse	0,25

Definition von Faktoren und Faktorstufen

Als Faktoren werden diejenigen Einflussgrößen bezeichnet, die zur Untersuchung in den statistischen Versuchsplan aufgenommen werden. Da lediglich die Werkzeuggeometrie simuliert wurde, stellen prozessseitige gezielt veränderbare Inputgrößen wie Vorschub, Drehzahl oder Schnitttiefe keine möglichen Faktoren dar. Deshalb wurden als Faktoren die geometrischen Gestaltungselemente in Form von Winkeln und Abmessungen herangezogen, die die Gestalt der Werkzeug- bzw. Schneidengeometrie eines Vollmaterialschaftfräsers definieren. Zusätzlich sind neben den Faktoren auch die Faktorstufen zu definieren, also die Einstellungen bzw. Werte, für welche die Faktoren im Rahmen der statistischen Versuchspläne untersucht werden sollen. Da im Rahmen dieser Arbeit zweistufige statistische Versuchspläne zum Einsatz kommen, wie weiterführend in diesem Unterabschnitt beschrieben wird, ist die Definition einer niedrigen (-) und einer hohen (+) Faktorstufe nötig. Die Auswahl des somit zwischen den beiden Faktorstufen liegenden Betrachtungsraumes erfolgte anhand der nachfolgend aufgeführten Kriterien:

- Erkenntnisse zu den betrachteten Faktoren aus der Wissenschaft bzw. der Literatur
- Herstellerempfehlungen und Tabellenwerte aus Produktkatalogen und -übersichten
- Sicherstellung der fertigungstechnischen Herstellbarkeit sämtlicher möglicher Kombinationen der betrachteten Faktorstufen

– Expertenbefragung eines Werkzeugherstellers

Die nachfolgende Tabelle 8 und Abbildung 48 beschreiben und veranschaulichen die sieben betrachteten Faktoren mit ihren jeweiligen zugehörigen Faktorstufen.

Tabelle 8 Auswahl der Faktoren und Faktorstufen für die statistischen Versuchspläne

Faktor	Faktorstufen	Quellen
Spanwinkel γ	5° / 20°	[KLE13, S. 36, TAN09, S. 397, BÖG21, S. 1209]
Freiwinkel α / α_0	5° / 15°	[KLE13, S. 36, BÖG21, S. 1209, DAV07, S. 353]
Drallwinkel λ_s	20° / 50°	[MEY01, S. 109, SON11, S. 902, PLO20, S. 818]
Schneidenzahl Z_S	2 / 4	[KLE13, S. 36, MEY01, S. 106, BÖG21, S. 1212]
Ungleichteilung[25] T_U	0° / 10°	[WIS18, S. 464, NIE22, S. 7796, SON11, S. 902]
Kerndurchmesser d_K	50 % / 60 %	[LI14, S. 1900, PAP11, S. 597]
Stirnschnitttiefe T_S	3 mm / 6 mm	Empfehlung Werkzeughersteller

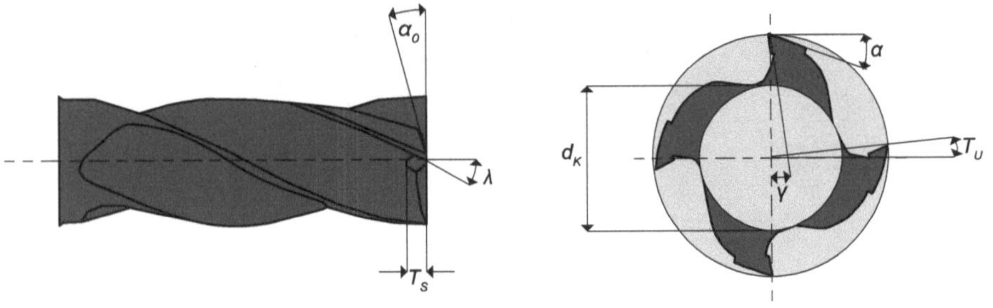

Abbildung 48 Veranschaulichung der Faktoren für die statistischen Versuchspläne

Der Keilwinkel β stellt ebenfalls eine bedeutende Einflussgröße dar. Da dieser jedoch in Abhängigkeit zum Spanwinkel γ und zum Freiwinkel α[26] steht, die in Summe mit dem Keilwinkel β immer 90° ergeben, wurde letzterer nicht gesondert variiert, sondern ergibt sich jeweils aus den Faktoreinstellungen der beiden genannten Winkel.

Angewendete Versuchspläne

Auf Basis der im vorherigen Schritt beschriebenen Festlegung der Faktoren und Faktorstufen, wurde ein zweistufiges Vorgehen angewendet, um für den vorliegenden Anwendungsfall

[25] Ungleichteilungen werden von Herstellern auf unterschiedliche Weise angegeben. Im Rahmen dieser Arbeit entspricht eine Ungleichteilung von 0° einem gleichgeteilten Fräswerkzeug. Eine Ungleichteilung von 10° entspricht dem Versatz einer Schneide um 10° bezogen auf eine Gleichteilung. Bei vierschneidigen Werkzeugen ist auch die gegenüberliegende Schneide um 10° versetzt, vgl. Abbildung 48 und die Ausführungen in Abschnitt 6.1.

[26] Es werden die Freiwinkel der Haupt- und Nebenschneide gleichermaßen variiert

optimierte Werkzeuggeometrien aus den simulativen Untersuchungen abzuleiten. Die nachfolgende Abbildung 49 stellt den Ablauf der angewendeten Methodik grafisch dar.

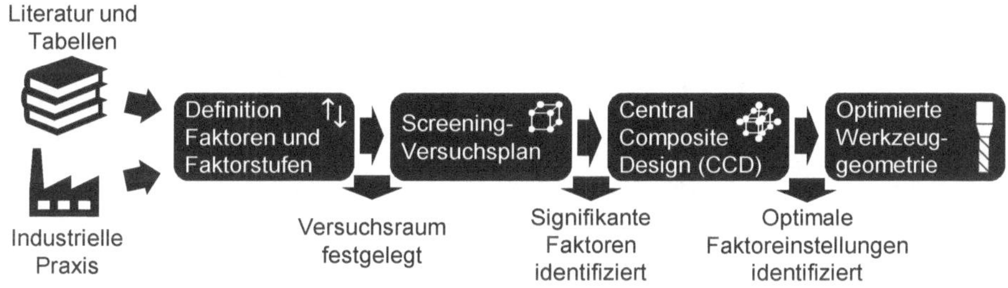

Abbildung 49 Verknüpfung der eingesetzten statistischen Versuchspläne

In klassischen vollfaktoriellen Versuchsplänen steigt die Anzahl zu untersuchender Faktorstufenkombinationen m in Abhängigkeit der Anzahl der betrachteten Faktoren k im Verhältnis $m = 2^k$ sehr schnell an [KLE20, S. 129]. Für die im Rahmen dieser Arbeit betrachteten sieben Faktoren würden sich somit 128 zu untersuchende Faktorstufen ergeben. In der ersten Stufe wurden die sieben Faktoren deshalb zunächst im Rahmen eines Screening-Versuchsplans, für welchen weniger Faktorstufenkombinationen benötigt werden, betrachtet. Hiermit wurde zunächst identifiziert, welche der Faktoren sich signifikant auf die untersuchten Zielgrößen, siehe Tabelle 7, auswirken. Es wurde ein definitiver Screening-Versuchsplan mit der Auflösung IV verwendet[27]. Ein solcher ermöglicht eine zielsichere Bestimmung der Haupteffekte der Faktoren, da diese lediglich mit dreifach-Wechselwirkungen vermengt werden. Darüber hinaus sind auch quadratische Effekte bestimmbar [JON11, S. 13]. Der verwendete definitive Screening-Versuchsplan setzt sich aus 16 Faktorstufenkombinationen zusammen. Da im Rahmen der FE-Simulationsumgebung keine zufälligen oder variierenden äußeren Einflüsse auftreten, die das Ergebnis beeinflussen können, wurden diese nur mit einer einzigen Replikation durchgeführt. Der vollständige randomisierte Aufbau des definitiven Screening-Versuchsplans kann dem Anhang 16.4 entnommen werden.

Diejenigen Faktoren, welche sich im Screening als signifikant herausstellten und deren optimale Faktoreinstellung zugleich nicht eindeutig identifiziert werden konnten, wurden anschließend im Rahmen eines zentral zusammengesetzten Versuchsplans (engl. Central Composite Design, CCD) weiterführend untersucht. Diese Form stellt ein quadratisches Beschreibungsmodell dar und wird auch als Wirkungsflächenversuchsplan bezeichnet. Dieser setzt sich aus einem „Würfel" und einem „Stern" zusammen, wodurch jeder Faktor auf insgesamt fünf Stufen untersucht wird, ohne dabei den Versuchsaufwand eines vollfaktoriellen 5^k-Versuchsplans mit sich zu

[27] Für ausführliche Beschreibungen zur Auflösung und Vermengung bei Versuchsplänen sei auf weiterführende Literatur wie bspw. [KLE20] oder [SIE17] verwiesen.

bringen [SIE17, S. 39 f.]. Die nachfolgende Abbildung 50 stellt den Aufbau eines zentral zusammengesetzten Versuchsplans grafisch dar.

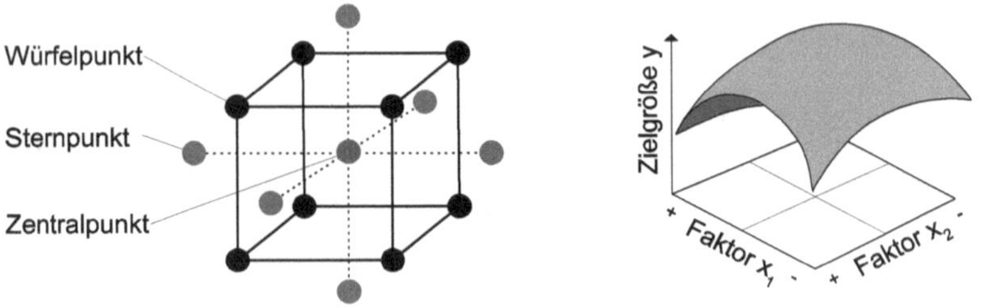

Abbildung 50 Aufbau eines zentral zusammengesetzten Versuchsplans (CCD)

Mit dem sich im Rahmen dieser Arbeit ergebenden Versuchsplan wurden drei Faktoren untersucht, siehe hierzu Unterabschnitt 5.5.2. Dieser setzt sich aus 14 Faktorstufenkombinationen sowie einem Zentralpunkt, welcher sechsmal durchgeführt wurde, zusammen. Analog zum Screening-Versuchsplan wurden die Faktorstufenkombinationen je einmal simuliert. Der vollständige, randomisierte Versuchsplan ist Anhang 16.5 zu entnehmen.

5.4.2 Durchführung der FE-Simulationsreihen

Basis für die Durchführung der FE-Simulationsreihen sind die im vorherigen Unterabschnitt 5.4.1 beschriebenen statistischen Versuchspläne. Für jede Faktorstufenkombination wurden sowohl eine statisch-strukturmechanische als auch eine dynamische FE-Simulationsreihe durchgeführt. Letztere setzt sich aus einer Modalanalyse und einer harmonischen Reaktionsanalyse zusammen.

Mit Hilfe einer **statisch-strukturmechanischen Analyse** werden Verformung, Spannung und Dehnung in Bauteilen untersucht, welche durch äußere, ruhende Lasten hervorgerufen werden. Dynamische Anteile sowie Dämpfungseigenschaften werden dabei nicht betrachtet [GEB18, S. 140]. In der vorliegenden Arbeit wurde die auf die Fräswerkzeuge wirkende Prozessbelastung durch eine Flächenlast an der Werkzeugschneide bei einer Schnitttiefe a_p von 4 mm simuliert. Als Zielgröße wurde die maximale Durchbiegung des Schaftfräsers senkrecht zur Werkzeugachse betrachtet.

Im Rahmen der dynamischen Simulation wurde zunächst eine **Modalanalyse** zur Bestimmung der Eigenfrequenzen der unterschiedlichen Werkzeuggeometrien durchgeführt. Die Modalanalyse betrachtet dabei ein ungedämpftes System, für welches das in nachfolgender Gleichung 5-12 aufgeführte Eigenwertproblem zu lösen ist.

$$[K]\{x_n\} = \lambda_n[M]\{x_n\} \tag{5-12}$$

mit *[K]* = Steifigkeitsmatrix

[M] = Massenmatrix

$\{x_n\}$ = Eigenvektor

λ_n = Eigenwert

Wie bereits experimentell nachgewiesen und in Unterabschnitt 0 beschrieben, weist der verwendete Gesteinsverbundwerkstoff ein isotropes Werkstoffverhalten auf. Damit liegen keine Richtungsabhängigkeiten für Steifigkeit und Querkontraktion vor, woraus sich eine dünnbesetzte und symmetrische Steifigkeitsmatrix ergibt. Für dieses Eigenwertproblem ist die Lösung durch das Block Lanczos Verfahren gebräuchlich [THO21, S. 59]. Die in ANSYS zur Verfügung stehenden Solver *Direct* und *Iterative* bedienen sich dieses Verfahrens[28] – ersterer wird für die Berechnung standardmäßig eingesetzt. Als Zielgröße wurde die Lage der ersten Eigenfrequenz betrachtet, da sie maßgeblich das Resonanzverhalten des Systems beeinflusst. Für Systeme, die auf hohe Steifigkeit und geringe Schwingungen ausgelegt sind, sollte die erste Eigenfrequenz möglichst hoch liegen, um Resonanzerscheinungen im Betriebsbereich zu vermeiden [HEI12, S. 35 f., S. 102 f.]

Die anschließende **harmonische Reaktionsanalyse** (engl. harmonic response) ermöglicht die Ermittlung der dynamischen Nachgiebigkeiten der verschiedenen Werkzeuggeometrien. Hierzu wird die stationäre Antwort als Funktion der Frequenz einer Struktur auf dynamische Belastung berechnet [THO21, S. 59]. Als Solver wurde die Methode der modalen Superposition[29] gewählt, welche die dynamische Antwort einer Struktur durch die Überlagerung einzelner Eigenschwingformen approximiert. Neben einer effizienten Rechenzeit bietet diese Methode die Möglichkeit der Berücksichtigung modaler oder konstanter Dämpfung. Somit werden neben der Lage der Eigenfrequenzen auch deren Amplituden sichtbar, welche die Auslenkung des Systems an der spezifischen Eigenfrequenz darstellen. Als Zielgröße wurde die Amplitudengröße an den beiden auffälligsten Eigenfrequenzen festgelegt.

5.5 Ergebnisse der FE-Simulationsreihen

5.5.1 Screening-Versuchsplan

Zur Bestimmung der statistisch signifikanten Faktoren wurden die Pareto-Diagramme der standardisierten Effekte für die drei betrachteten Zielgrößen herangezogen. Als Terme wurden die linearen und quadratischen Einflüsse als Haupteffekte sowie sämtliche zweifach-

[28] Eine ausführliche Beschreibung der Funktionsweise für Solvertypen nach dem Block Lanczos Verfahren kann z. B. [LAN50] oder [GRI94] entnommen werden.

[29] Eine ausführliche Beschreibung der Funktionsweise des verwendeten Solvers der Methode der modalen Superposition kann einschlägiger Literatur wie z. B. [GEB18, 53, 391-401] entnommen werden.

Wechselwirkungen betrachtet. Als Signifikanzniveau α wurde ein Wert von 0,05 definiert. Dies entspricht dem Schwellwert, bei welchem ein Term aus dem berechneten Modell entfernt wird, da dessen Einfluss so gering ist, dass er nicht mehr mit statistischer Signifikanz erfasst werden kann. Nachfolgende Abbildung 51 zeigt die Pareto-Diagramme der standardisierten Effekte für die drei betrachteten Zielgrößen.

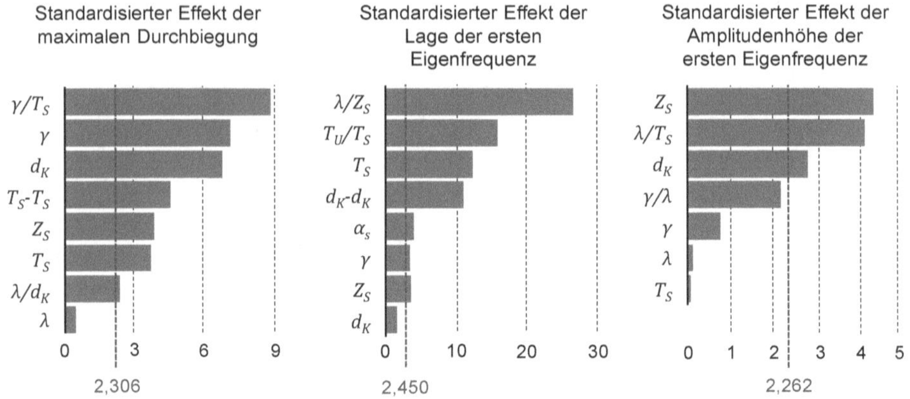

γ	Spanwinkel	T_U	Ungleichteilung	d_K	Kerndurchmesser
α	Freiwinkel	T_S	Stirnschnitttiefe	/	Wechselwirkung
λ	Drallwinkel	Z_S	Schneidenzahl	-	quadratischer Effekt
----	Referenzlinie für statistische Signifikanz				

Abbildung 51 Pareto-Diagramm der standardisierten Effekte für den Screening-Versuchsplan

Es zeigt sich, dass die statistisch signifikanten Faktoren je nach Zielgröße variieren. Die Faktoren Spanwinkel, Schneidenzahl, Kerndurchmesser und Tiefe des Stirnschnitts sind dabei für alle Zielgrößen statistisch signifikant. Für die Zielgröße *maximale Durchbiegung* sind insgesamt fünf Faktoren statistisch signifikant, für die Zielgrößen *Lage der ersten Eigenfrequenz* und *Amplitudenhöhe der ersten Eigenfrequenz* liegen sieben bzw. vier signifikante Faktoren vor. Einbezogen wurde dabei ein Faktor sofern er als linearer oder quadratischer Term oder als Komponente des Terms einer zweifach-Wechselwirkung statistisch signifikant war. Somit sind anhand dieser Betrachtung alle sieben Faktoren für zumindest eine Zielgröße statistisch signifikant und müssen zunächst weiterbetrachtet werden.

Da anhand des Pareto-Diagrammes der standardisierten Effekte nicht beurteilt werden kann, in welcher Form sich ein Effekt auf eine spezifische Zielgröße auswirkt, wurde weiterhin das Haupteffektdiagramm betrachtet. In diesem wird deutlich, welche Faktoreinstellungen sich positiv bzw. negativ auf die betrachtete Zielgröße auswirken und inwiefern quadratische Effekte berücksichtigt werden müssen. Es ist jedoch zu beachten, dass die durch den Zentralpunkt untersuchte, mittlere Faktorstufe nur zur Abschätzung einer Tendenz bzgl. eines möglichen quadratischen Effektes herangezogen werden sollte. Für die eindeutige Bestimmung des Effektes ist eine weiterführende Untersuchung nötig. Die nachfolgende Abbildung 52 stellt das Haupteffektdiagramm der statischen Zielgröße *maximale Durchbiegung* dar. Abbildung 53 zeigt das kombinierte Haupteffektdiagramm für die beiden dynamischen Zielgrößen.

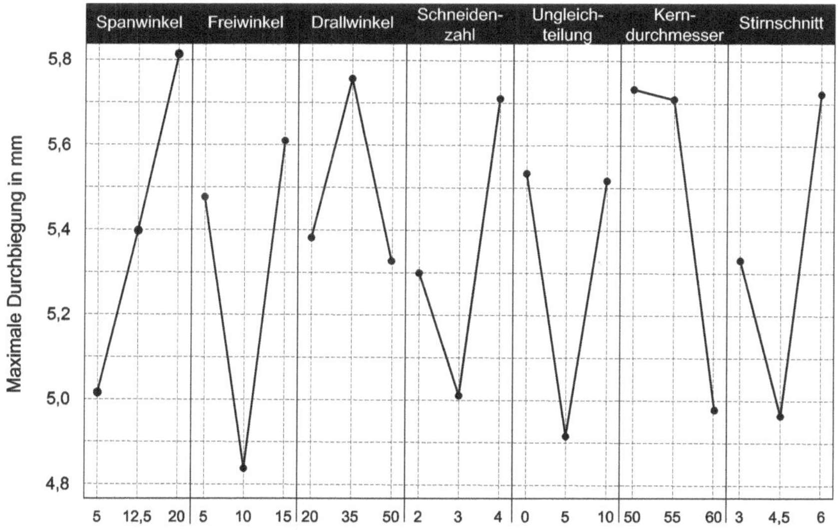

Abbildung 52 Haupteffektdiagramm für die maximale Durchbiegung (statisch) im Screening-Versuchsplan

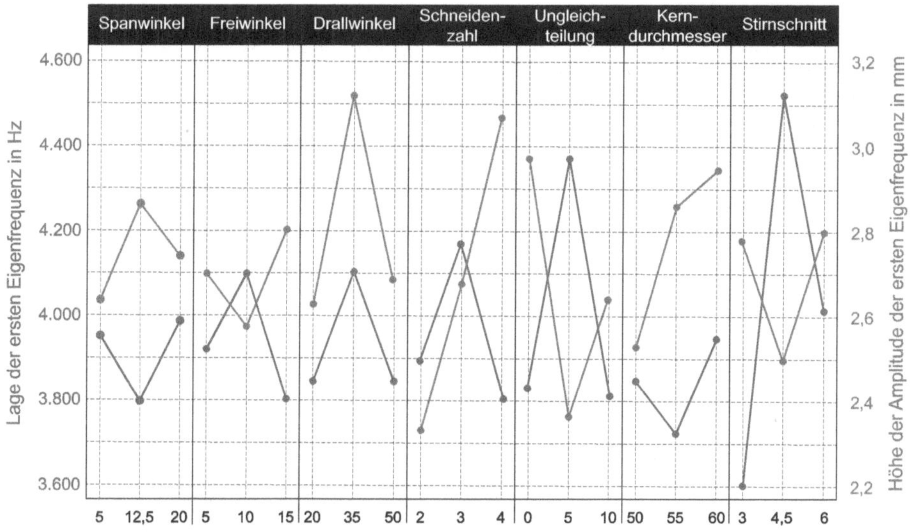

Abbildung 53 Haupteffektdiagramm für die dynamischen Zielgrößen im Screening-Versuchsplan

Analog zu den Pareto-Diagrammen der standardisierten Effekte zeigen die Haupteffekte überwiegend ein differenziertes Verhalten in Bezug auf die drei betrachteten Zielgrößen. Jedoch können auf Grundlage des Haupteffektdiagrammes bereits Erkenntnisse bezüglich der gesuchten optimierten Werkzeuggeometrien abgeleitet und die Einstellung einzelner Faktoren bereits eindeutig bestimmt werden. Somit wurden diese von der weiterführenden Untersuchung im Rahmen des CCD-Versuchsplans trotz ihrer hohen Signifikanz ausgeschlossen.

So kann z. B. für die Einstellung des Spanwinkels ohne weiterführende Untersuchung abgeleitet werden, dass sich die niedrige Faktorstufe von 5,0° als beste Einstellung erweist. Dies kann insbesondere durch den fehlenden quadratischen Effekt bei der statischen Betrachtung begründet werden. Dabei wird deutlich, dass kleiner werdende Spanwinkel sich positiv auf diese Zielgröße auswirken – wodurch die niedrigste, im betrachteten Bereich liegende Einstellung, bereits das Optimum darstellt. Die Zielgröße der Amplitudenhöhe der ersten Eigenfrequenz unterstützt diese Aussage. Trotz eines möglichen vorliegenden quadratischen Effektes bleibt der optimale Einstellwert der kleinstmögliche Spanwinkel. Lediglich die Zielgröße der Lage der ersten Eigenfrequenz lässt eine gegensätzliche optimale Einstellung vermuten. Aufgrund des deutlich geringeren Effektes für diese Zielgröße sowie der beschriebenen Gewichtung der Zielgrößen ergibt sich trotzdem ein optimaler Einstellwert von 5,0° für den Spanwinkel. Für den Drallwinkel und den Kerndurchmesser gilt die Argumentation analog und es ergeben sich optimale Einstellwerte von 50° bzw. 60 %.

Die Schneidenzahl stellt einen Sonderfall dar. Die Faktorstufen 2, 3 und 4 stellen absolute Größen dar, die keiner stetigen Skala unterliegen. Da die Schneidenzahl in der untersuchten Spanne keine Zwischenwerte mehr annehmen kann, wurde das Ergebnis des Screening-Versuchsplans als optimale Einstellung innerhalb der definierten Grenzen angesehen. Somit ergibt sich anhand des Haupteffektdiagrammes für die weiteren Untersuchungen ein dreischneidiges Werkzeug. Für die Parameter Freiwinkel, Ungleichteilung und Stirnschnitt können anhand der Ergebnisse des Screening-Versuchsplans keine eindeutigen Aussagen getroffen werden, weshalb diese im Rahmen des CCD-Versuchsplans weiterführend untersucht wurden.

5.5.2 Zentral zusammengesetzter Versuchsplan (CCD-Versuchsplan)

Im CCD-Versuchsplan wurden die verbliebenen Faktoren Freiwinkel, Ungleichteilung und Tiefe des Stirnschnitts auf jeweils 5 Faktorstufen untersucht. Die niedrigste, mittlere und höchste Faktorstufe stellen dabei den Stern des Versuchsplans dar, vergleiche Abbildung 50. In der nachfolgenden Abbildung 54 wird der Einfluss der Faktoren auf die drei Zielgrößen durch Wirkflächendiagramme aufgezeigt. Ein einzelnes Diagramm gibt dabei jeweils den Zusammenhang von zwei der drei betrachteten Faktoren für eine spezifische Zielgröße wieder. Weiterhin sind jeweils die resultierenden Gleichungen zur mathematischen Beschreibung des Modells sowie die Modellgüte R^2 und das Vorhersagepotential R^2_{prog} für jede Zielgröße aufgeführt.

	Freiwinkel α / Ungleichteilung T_U	Freiwinkel α / Stirnschnitttiefe T_S	Ungleichteilung T_U/ Stirnschnitttiefe T_S

Statisch: Maximale Durchbiegung

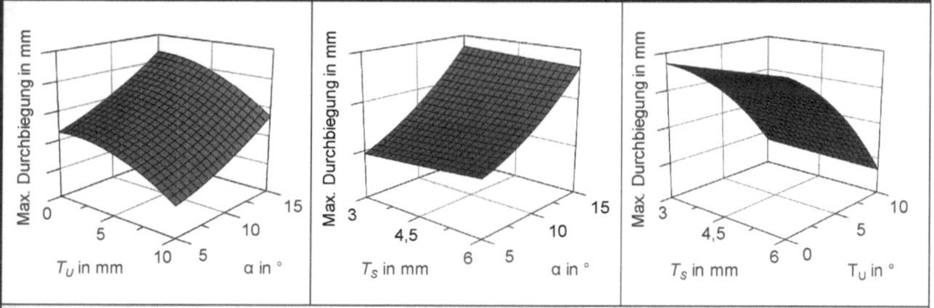

$$Durchbiegung_{max} = 3{,}498 + 0{,}0475\alpha + 0{,}0485T_U + 0{,}0865T_S + 0{,}00396\alpha^2$$
$$-0{,}00818T_U^2 + 0{,}00158T_S^2 - 0{,}00206\alpha T_U - 0{,}00509\alpha T_S - 0{,}00422T_U T_S$$

R^2 = 85,58 % R^2_{prog} = 73,21%

Dynamisch: Lage der ersten Eigenfrequenz

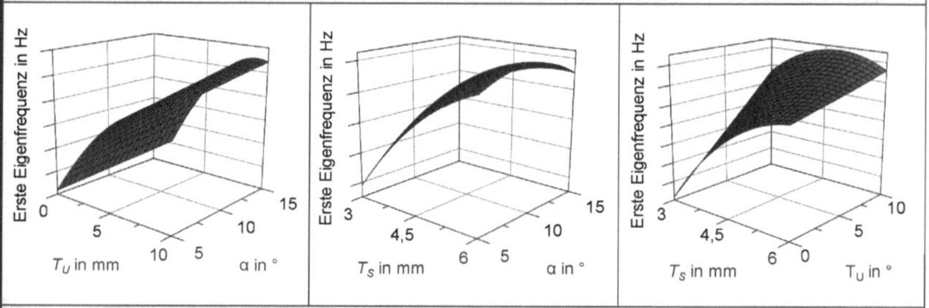

$$Lage\ erste\ Eigenfrequenz =$$
$$3554{,}3 + 16{,}93\alpha + 9{,}73T_U + 83{,}9T_S - 0{,}434\alpha^2 - 5{,}04T_S^2 - 1{,}414T_S\alpha - 1{,}414T_S T_U$$

R^2 = 93,58 % R^2_{prog} = 77,77%

Dynamisch: Amplitudenhöhe erste Eigenfrequenz

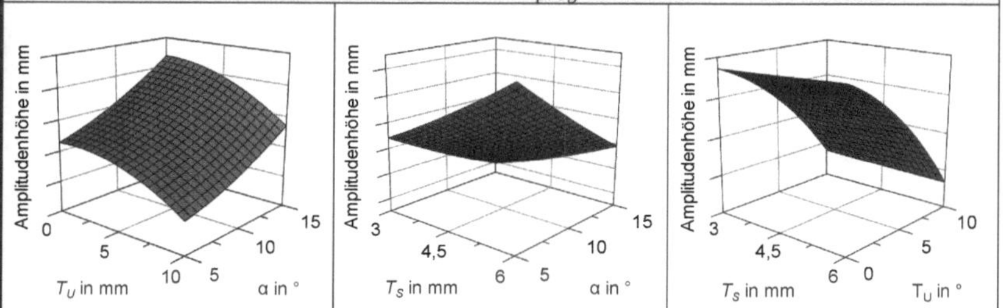

$$Amplitudenhöhe = 34{,}84 - 0{,}1915\alpha + 0{,}1571T_U + 0{,}830T_S + 0{,}00357\alpha^2 -$$
$$0{,}00709T_U^2 + 0{,}0503T_S^2 - 0{,}00704\alpha T_U - 0{,}0318\alpha T_S - 0{,}0321T_U T_S$$

R^2= 77,90 % R^2_{prog}= 57,36%

Abbildung 54 Wirkungsflächendiagramme des CCD-Versuchsplans

Aus den Wirkungsflächendiagrammen geht hervor, dass die Wirkzusammenhänge nichtlineare Effekte beinhalten. So wird bspw. für den Zusammenhang des Freiwinkels mit der Ungleichteilung bzw. der Stirnschnitttiefe bei der statischen Betrachtung ein quadratischer Effekt deutlich. Die Wahl der Versuchspläne, die in Unterabschnitt 5.4.1 beschrieben wird, wird somit bestätigt, da das Modell diese nichtlinearen Wirkzusammenhänge zielsicher abbildet. Dies wird auch aus dem hohen R^2-Werten deutlich, mit welchen die Modellgüte anhand der vom Modell erklärten Streuung der Antwortvariable beschrieben wird. Hier erreicht insbesondere das Modell für die Beschreibung der Lage der ersten Eigenfrequenz einen R^2-Wert von 93,58 %, was als sehr gut einzustufen ist. Das Modell zur statischen Betrachtung der maximalen Durchbiegung wird mit einem R^2-Wert von 85,58 % ebenfalls gut beschrieben, die Modellgüte für die Amplitudenhöhe der ersten Eigenfrequenz ist mit 77,90 % noch hinreichend genau. Die Prognosefähigkeit der Modelle, die durch den R^2_{prog}-Wert beschrieben werden, wird für die Modelle der maximalen Durchbiegung und der Lage der ersten Eigenfrequenz ebenfalls als gut eingestuft. Lediglich die Prognosefähigkeit des Modells der Amplitudenhöhe der ersten Eigenfrequenz wird als ausreichend eingestuft. Der vergleichsweise niedrige R^2_{prog}-Wert wird mit den Ergebniswerten aus der Simulation begründet, welche eine geringere Variation aufweisen, was eine präzise Modellierung der Beziehung zwischen Faktoren und Antwortgröße bzw. der Prognose letzterer erschwert. Die nachfolgende Tabelle 9 fasst die Einflüsse in Form der optimalen Einstellung der untersuchten Faktoren auf die betrachteten Zielgrößen zusammen.

Tabelle 9 Zusammenhänge der untersuchten Faktoren und Antwortgrößen im CCD-Versuchsplan

Faktor / Zielgröße	Optimale Einstellung für		
	Freiwinkel α	Ungleichteilung T_U	Stirnschnitttiefe T_S
Maximale Durchbiegung	−	+ − *	−
Lage der ersten Eigenfrequenz	(●)	+	+
Amplitudenhöhe der ersten Eigenfrequenz	(●)	(●)	(●)

+ Optimale Einstellung bei hoher Faktorstufeneintellung

− Optimale Einstellung bei niedriger Faktorstufeneinstellung

(●) Optimale Einstellung liegt zwischen getesteten Faktorstufen

* Fallabhängig kann hohe oder niedrige Faktorstufeneinstellung optimal sein

Es wird ersichtlich, dass die Zielgröße *maximale Durchbiegung* durch Faktoreinstellungen begünstigt wird, die dem Fräswerkzeug Stabilität durch zusätzliches Werkstoffvolumen verleihen. Ein klein gewählter Freiwinkel resultiert in einem größeren Keilwinkel und eine geringere Stirnschnitttiefe beeinflusst die Stabilität der Stirnseite des Fräswerkzeugs positiv. Die Ungleichteilung stellt einen Sonderfall da, da diese ein konträres Verhalten bei der Wahl unterschiedlicher Freiwinkel aufweist. Während sich bei klein gewählten Freiwinkeln eine starke

Ungleichteilung vorteilhaft erweist, erzielen bei groß gewählten Freiwinkeln gleichverteilte Schneiden die geringste *maximale Durchbiegung*. Die Zusammenhänge verhalten sich überwiegend linear.

Für die *Lage der ersten Eigenfrequenz* zeigt sich, dass sich ein tieferer Stirnschnitt und eine möglichst große Ungleichteilung positiv auf das dynamische Verhalten auswirken. Letzteres deckt sich mit bereits bekannten Erkenntnissen aus der Literatur, wie bspw. [NIE22, S. 7796]. Für den Freiwinkel liegt ein stärkerer quadratischer Zusammenhang zu Grunde. Tendenziell sind hier ebenfalls größere Winkel vorteilhaft, jedoch liegt die optimale Einstellung mit zunehmender Tiefe des Stirnschnitts niedriger.

Der Zusammenhang zwischen der *Amplitudenhöhe der ersten Eigenfrequenz* und den Zielgrößen liegt für alle drei Fälle in quadratischer Form vor. Die optimale Faktorstufeneinstellung liegt dabei bezogen auf die Spannbreite des untersuchten Bereichs jeweils tendenziell mittig.

5.5.3 Ableitung optimierter Werkzeuggeometrien

Zur technischen Untersuchung in der anschließenden experimentellen Erprobung wurden insgesamt drei optimierte Werkzeuggeometrien definiert. Als Grundlage dienten hierzu die Erkenntnisse aus dem Screening- bzw. dem CCD-Versuchsplan. Die Optimierung erfolgte erneut mit der Software Minitab®, Version 21.4.3. Genutzt wurde hierzu die Funktion der Zielgrößenoptimierung, welche die Zielgrößen gemäß ihrer Gewichtung aus Tabelle 7 auf Basis der ermittelten Modellgleichungen optimiert.

Die Faktoren Freiwinkel, Ungleichteilung und Stirnschnitttiefe werden auf Basis des CCD-Versuchsplans optimiert, die restlichen auf Basis des Screening-Versuchsplans. Dies ist möglich, da sich die in Unterabschnitt 5.5.1 dargestellten Zusammenhänge sowie die Ergebnisse der verschiedenen Versuchspläne – mit Ausnahme einer signifikanten Wechselwirkung – als weitgehend unabhängige Faktoren erwiesen haben. Die signifikante Wechselwirkung liegt bei der Kombination aus Spanwinkel und Stirnschnitttiefe für die Zielgröße der *maximalen Durchbiegung* vor und wird in Abbildung 55 grafisch dargestellt. Sie war als Nebenbedingung für die Optimierung zu berücksichtigen.

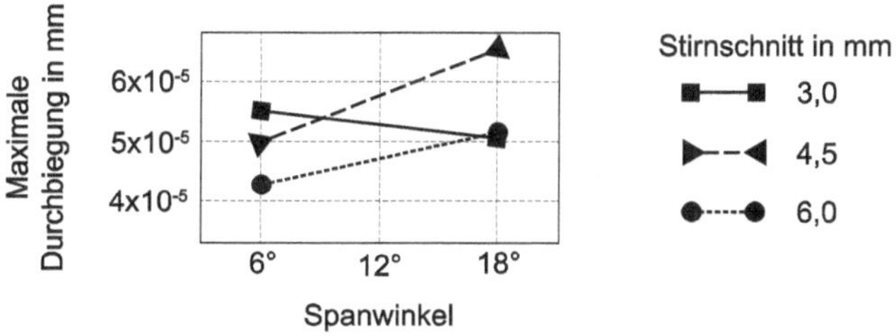

Abbildung 55 Wechselwirkungsdiagramm für die Faktoren Spanwinkel und Stirnschnitttiefe (Zielgröße *maximale Durchbiegung*)

Tabelle 10 zeigt die drei errechneten Zusammensetzungen der Werkzeuggeometrien, die in den nächsten Schritten fertigungstechnisch hergestellt und experimentell untersucht wurden. Sowohl eine Optimierung mit als auch ohne Nebenbedingungen bzgl. der in Abbildung 55 dargestellten Wechselwirkung führte zum selben Ergebnis. Dies ist insofern plausibel, da ein möglichst tiefer Stirnschnitt die optimale Faktoreinstellung darstellt, welcher ebenfalls in Verbindung mit verschiedenen Faktoreinstellungen des Spanwinkels stets zu der geringsten maximalen Durchbiegung führt.

Tabelle 10 Optimierte Werkzeuggeometrien für die weiteren Untersuchungen

Geometrienummer	Spanwinkel in °	Keilwinkel in °	Freiwinkel in °	Drallwinkel in °	Schneidenzahl	Ungleichteilung in °	Kerndurchmesser in %	Stirnschnitttiefe in mm
1	5,00	80,00	5,00	50,00	3	0,00	60,00	5,86
2	17,20	67,79	5,01	20,17	3	5,79	60,00	6,00
3	5,00	79,08	5,92	20,36	2	0,00	60,00	6,00

6 Fertigung von Vollmaterialschaftfräsern aus Gesteinsverbundwerkstoff

In diesem Kapitel werden die Prozessschritte zur technischen Umsetzung und Herstellung von Vollmaterialschaftfräsern aus Gesteinsverbundwerkstoff[30] mit den im vorherigen Kapitel 5 ermittelten optimalen Werkzeuggeometrien beschrieben. Die nachfolgende Abbildung 56 fasst die Prozessschritte - und somit den Aufbau dieses Kapitels - grafisch zusammen.

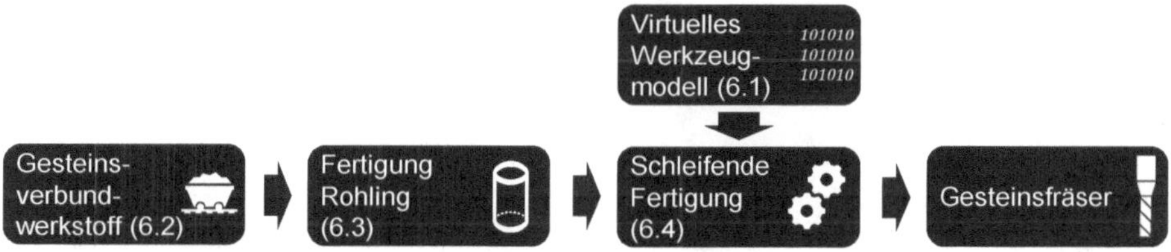

Abbildung 56 Prozesskette zur technischen Umsetzung und Fertigung von Gesteinsfräswerkzeugen

6.1 Schleifsimulation zur Erzeugung der virtuellen Werkzeugmodelle

Als Grundlage zur Herstellung der Gesteinsfräswerkzeuge dient eine Schleifsimulation, welche mit der Software TD WinNut, Version 24.1001.002 der ISBE GmbH, durchgeführt wurde. Dieses Vorgehen wurde ebenfalls bereits zur Erstellung der virtuellen Werkzeugmodelle als Input für die FE-Simulation angewendet, vergleiche Abschnitt 5.3. Im Rahmen der simulativen Untersuchung in Kapitel 5 wurden als Output der Schleifsimulation virtuelle Werkzeugmodelle in Form von .stp-Dateien benötigt. Für die Fertigung der Gesteinsfräswerkzeuge werden die Werkzeugdaten in Form von Schleifbahnen benötigt, welche als Maschinencode an die genutzte Werkzeugmaschine übertragen wurden. Die Modellierung eines Fräswerkzeugs erfolgte dabei anhand von vier Schritten:

- Modellierung der Außenkontur
- Modellierung der Nutengeometrie und der eingesetzten Schleifscheiben
- Modellierung der Spitzengeometrie
- Simulation des Schleifprozesses

Die **Modellierung der Außenkontur** erfolgte für alle simulativ zu untersuchenden bzw. zu fertigenden Fräswerkzeuge analog, da diese auf derselben Grundlage aufbauen müssen, um in den Untersuchungen vergleichbar zu sein. Alle Fräswerkzeuge weisen einen Durchmesser von 16 mm und eine Länge von 91 mm auf. Diese sowie die restlichen Abmaße, welche in der

[30] Im Folgenden aufgrund der Lesbarkeit als *Gesteinsfräswerkzeuge* bezeichnet

nachfolgenden Abbildung 57 dargestellt werden, entsprechen dabei denen des ausgewählten Referenzfräswerkzeugs. Somit wurde sowohl eine Vergleichbarkeit als auch das Verwenden repräsentativer Werte sichergestellt.

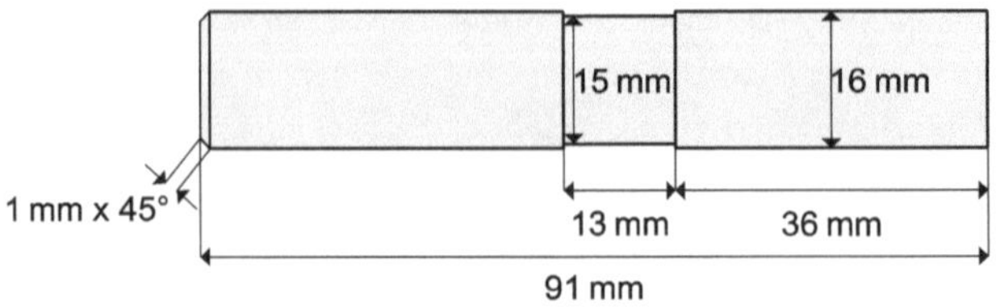

Abbildung 57 Abmaße der Außenkontur

Die **Modellierung der Nutengeometrie** erfolgte für jedes Fräswerkzeug anhand einer Hauptnut, welche in Abhängigkeit der Schneidenzahl bzw. beim Vorliegen einer Ungleichteilung entsprechend repliziert wird. Für eine Vergleichbarkeit verschiedener Geometrien sowie der Identifikation der jeweiligen Einflüsse der variablen Größen, ist hierbei ein einheitliches Vorgehen beim Variieren der zu verändernden Größen und eine einheitliche Gestaltung der nicht zu verändernden Größen, wie bspw. dem Zahnrücken und dem Nutgrund, entscheidend. So sind zur Modellierung eines einheitlichen Zahnrückens bei einem variablen Freiwinkel bspw. zwei radiale Hinterschliffe und somit die Erzeugung von zwei Freiwinkeln nötig. Während der erste Freiwinkel α_1 die variable Größe darstellt, bleibt der zweite Freiwinkel α_2 stets konstant. Die Messpunkte zur Bestimmung des Winkels sind dabei für die finale Form entscheidend und werden für sämtliche betrachtete Werkzeugvarianten konstant gehalten. Dieser Umstand wird in Abbildung 58 (links) dargestellt. Ebenso gilt für den Spanwinkel ein konstanter Messpunkt, welcher 0,8 mm von der Schneidkante in radialer Richtung liegt. Abbildung 58 (rechts) stellt die Modellierung der Nutengeometrie in WinNut dar, konkret für ein dreischneidiges Fräswerkzeug mit Ungleichteilung. Zur Modellierung der Ungleichteilung wurde hierzu der erste Öffnungswinkel, welcher auch als Relativwinkel bezeichnet wird, um den entsprechenden Grad der Ungleichteilung erhöht, der zweite reduziert und der dritte konstant gehalten. Für die im Rahmen der FE-Simulation erzeugten vierschneidigen Fräswerkzeuge wurde der erste Öffnungswinkel um den Ungleichteilungswinkel reduziert und der gegenüberliegende Öffnungswinkel konstant gehalten. Für zweischneidige Fräswerkzeuge ergibt sich automatisch eine Vergrößerung des ersten bzw. eine Verkleinerung des zweiten Öffnungswinkels in der Höhe des Ungleichteilungswinkels.

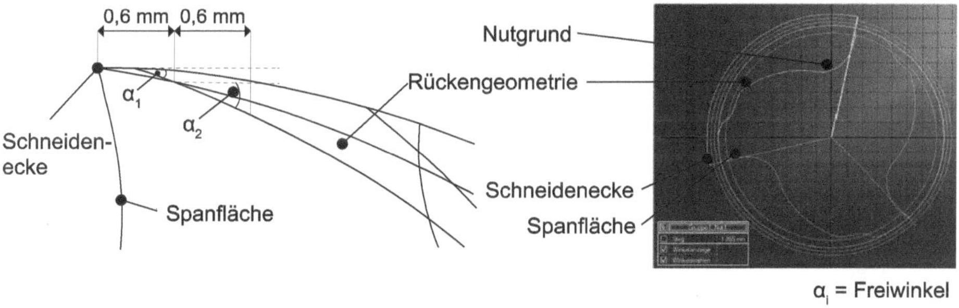

Abbildung 58 Bestimmung der Winkelmaße am Beispiel des Freiwinkels (links) und allgemeine Modellierung der Nutengeometrie (rechts)

Individuell abgerichtete Schleifscheiben mit einer komplexen Kontur ermöglichen zwar einen effizienteren Schleifprozess mit einer reduzierten Anzahl an Schleifbahnen, wirken sich aufgrund der hohen Herstellungskosten jedoch in wirtschaftlicher Hinsicht negativ auf den Gesamtprozess aus. Die Nutengeometrien wurden deshalb in diesem Schritt so modelliert, dass die schleiftechnische Fertigung mit konventionellen Schleifscheiben[31] ermöglicht wird. Für einzelne der untersuchten Geometrien ist jedoch der Einsatz unterschiedlicher Schleifscheiben zur Herstellung eines einzelnen Fräswerkzeugs notwendig – dies gilt insbesondere für Geometrien, die eine Ungleichteilung enthalten.

Zur **Modellierung der Spitzengeometrie** ist zunächst der Stirnfreiwinkel zu definieren. Analog zum Freiwinkel der Umfangsschneiden setzt sich dieser aus zwei Schliffen, bei der Spitzengeometrie als Facette bezeichnet, zusammen. Während der Winkel der von der Schneide aus betrachtet ersten Facette variiert wird, bleibt der Winkel der zweiten Facette konstant bei 23°. Die Facettenbreite wird auf 1 mm festgelegt[32]. Der im Rahmen der simulativen Untersuchung variierte Faktor Stirnschnitttiefe wird zum einen über die Größen Öffnungswinkel, Grundradius und Grundbreite beeinflusst. Diese hängen wiederum von der Schneidenzahl ab und waren deshalb jeweils für zwei-, drei- bzw. vierschneidige Fräswerkzeuge zu definieren. Abbildung 59 veranschaulicht die Zusammenhänge bei der Modellierung der Spitzengeometrie nochmals grafisch.

[31] Eine Standardschleifscheibe des Werkzeugherstellers, bei welchem die Gesteinsfräswerkzeuge im Rahmen dieser Arbeit gefertigt wurden, weist einen Durchmesser von 100 mm, eine Breite von 20 mm, einen Winkel von 45° sowie einen Kantenradius von 0,1° auf. Eine Schleifscheibe wird in diesem Kontext als konventionell eingestuft, sofern sie ohne individuelle Anpassung aus dem Angebot gängiger Hersteller bestellt werden kann.

[32] Der Winkel der zweiten Facette sowie die Facettenbreiten entsprechen den Standardeinstellungen des Werkzeugherstellers für die Herstellung ähnlicher Fräswerkzeuge

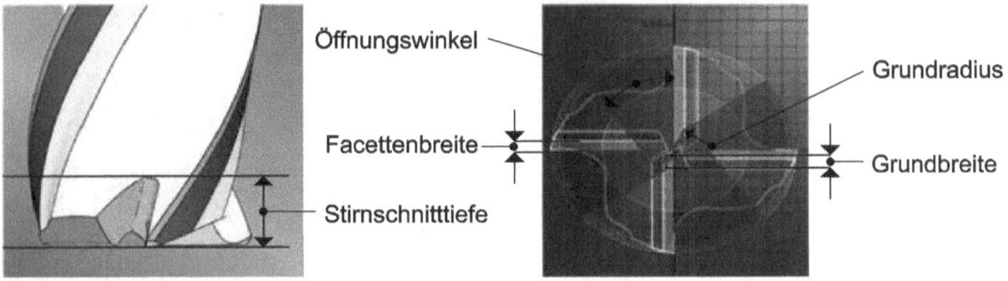

Abbildung 59 Darstellung der Spitzengeometrie (links) und deren allgemeine Modellierung (rechts) in WinNut

Mit der abschließenden **Simulation des Schleifprozesses** wurden die Schleifbahnen der entsprechend eingesetzten Schleifscheiben simuliert. Somit konnte sichergestellt werden, dass die definierte Geometrie fertigungstechnisch herstellbar ist und keine unschleifbaren Hinterschneidungen, Nutenformen oder Details in der Spitzengeometrie vorliegen. Die nachfolgende Abbildung 60 stellt die Schleifsimulation mit Hilfe der verwendeten Software WinNut beispielhaft dar.

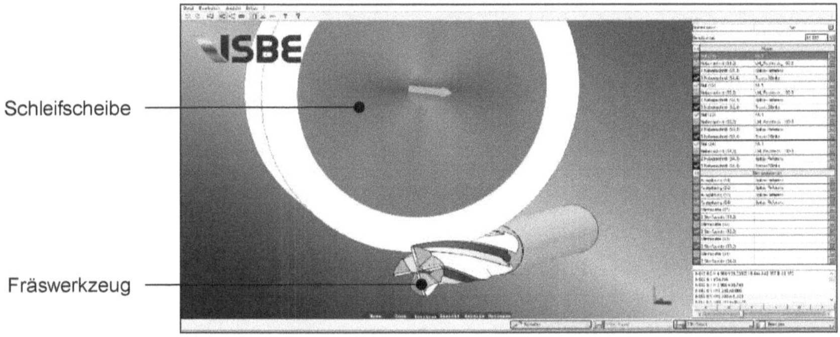

Abbildung 60 Schleifsimulation zur Überprüfung der Schleifbarkeit eines Fräswerkzeugs

6.2 Eingesetzter Gesteinsverbundwerkstoff

Dieser Abschnitt beschreibt die Zusammensetzung des Gesteinsverbundwerkstoffs, aus welchem die Gesteinsfräswerkzeuge hergestellt wurden. Dieser setzt sich aus den folgenden drei Hauptkomponenten zusammen:

- 60 Gew.-% Kaolin (TEC 110)
- 30 Gew.-% Quarz (SILMIKRON 810 – 10/1 MST)
- 10 Gew.-% Feldspat (Microspar 900)

Die Werkstoffkomponente Quarz verleiht dem Gesteinsverbundwerkstoff die benötigte Härte, um sowohl als Grundwerkstoff als auch als Schneidstoff zu fungieren. Quarz weist eine

Mohshärte von 7 auf, was näherungsweise[33] einer Vickershärte von 1.120 HV entspricht [TAY49, S. 721]. Dieser Wert kann zwischen den härtesten Schnellarbeitsstählen und weichsten Hartmetallen mit einem hohen Kobaltgehalt eingeordnet werden [DEN11, S. 169, SCH88, S. 40], vgl. Tabelle 1. Somit wird eine ausreichende Härte des Werkstoffs zum Spanabtrag in den betrachteten Anwendungsfällen sichergestellt.

Feldspat dient als Matrix des Gesteinsverbundwerkstoffs. Mit ca. 1.200 °C [CAR12, S. 4] besitzt Feldspat einen niedrigeren Schmelzpunkt als Quarz, welcher einer Schmelztemperatur von ca. 1.700 °C aufweist [HEL25, S. 5]. Somit kann in einem Sinterprozess ab einer Temperatur von 1.200 °C der Feldspat aufgeschmolzen werden, wodurch er bedingt durch die Kapillarwirkung[34] das poröse Werkstoffgefüge durchdringen kann, Poren verfüllt und eine hohe Verdichtung des Verbundwerkstoffs ermöglicht.

Der Kaolinkomponente kommt im Gesteinsverbundwerkstoff eine formgebende Funktion zu. Während der thermischen Behandlung verdampft der Wasseranteil und Kaolin geht in Metakaolin über [SAL07, S. 267]. Dies trägt zur verbesserten Kornbindung, Verfeinerung des Gefüges und gleichmäßigen Verdichtung des Verbundwerkstoffs bei. Kaolin weist zwar eine geringe Härte auf, trägt jedoch entscheidend zur Formgebung und thermischen Stabilität des Verbundwerkstoffs bei. [FOR85, S. 7 f.]

Die nachfolgende Tabelle 11 schlüsselt die Dichte sowie die Korngrößenverteilung der verwendeten Werkstoffkomponenten auf. Der Medianwert d50 stellt den Wert dar, für welchen 50 % der Partikel kleinere bzw. größere Korngrößen aufweisen, d90 beschreibt die Partikelgröße, bei der 90 % der Partikel kleinere und 10 % der Partikel größere Korngrößen aufweisen.

Tabelle 11 Korngrößenverteilung und Reindichte der Komponenten des Gesteinsverbundwerkstoffs

Werkstoffkomponente	d50 in µm	d90 in µm	Reindichte in g/cm3
Quarzgut SILMIKRON 810 – 10/1 MST	0,50	1,00	2,30 ± 0,01
Kaolin TEC 110	1,30	4,20	2,58 ± 0,01
Microspar 900	0,50	1,00	2,68 ± 0,01

Die Korngrößenverteilung für Quarz und Feldspat weisen dabei eine identische Charakteristik auf, die Korngrößen für Kaolin sind deutlich gröber. Um eine homogene Pulververteilung zu

[33] Eine exakte Umrechnung zwischen den beiden Härteskalen ist nicht möglich, da sie auf unterschiedlichen physikalischen Prinzipien beruhen. Es existieren jedoch empirischen Untersuchungen, auf deren Basis ein näherungsweiser Vergleich möglich ist.

[34] Die Kapillarwirkung lässt sich als Wechselwirkung zwischen einer Flüssigkeit und der Oberfläche in einem Hohlraum beobachten. Durch die wirkende Adhäsionskraft sowie den vorliegenden Oberflächenspannungen steigt die Flüssigkeit im Kapillar nach oben und durchdringt somit den porösen Festkörper [SCH82, S. 1 f.].

erzielen, wurden die Pulver vor der weiteren Verarbeitung gemischt und anschließend gesiebt, wie im nachfolgenden Abschnitt 6.3 beschrieben.

6.3 Fertigung von Rohlingen aus Gesteinsverbundwerkstoff

Zur schleifenden Fertigung eines Gesteinsfräswerkzeugs wird zunächst ein Rohling aus Gesteinsverbundwerkstoff benötigt, dessen Fertigungsprozess in diesem Abschnitt beschrieben wird. Für die Fertigung konventioneller Hartmetallfräser wird ein Rundstab eingesetzt, der durch Strangpressen in Form gebracht wird, siehe Unterabschnitt 2.3.1. Aufgrund des gewählten Fertigungsverfahrens Gesenkpressen wurde im vorliegenden Fall zunächst ein quaderförmiger Rohling aus Gesteinsverbundwerkstoff hergestellt, der durch das Fertigungsverfahren Drehen im nächsten Schritt in eine runde Form gebracht wurde, siehe Abschnitt 6.4. Die nachfolgende Abbildung 63 gibt einen Überblick zum vorliegenden Prozess der Fertigung eines Rohlings aus Gesteinsverbundwerkstoff.

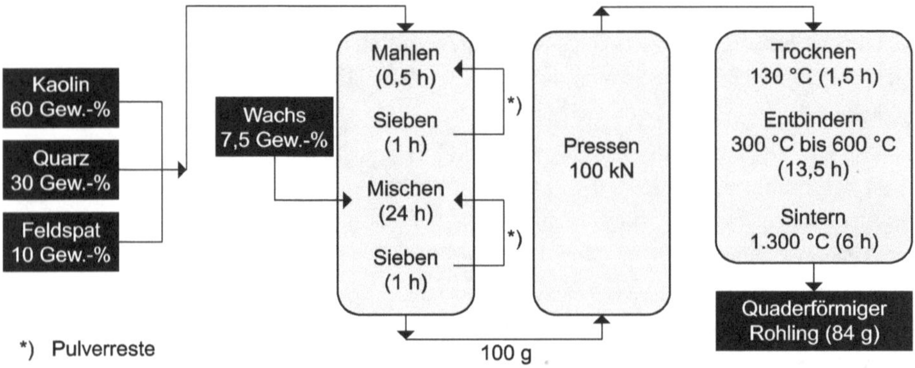

Abbildung 61 Prozess zur Fertigung von Rohlingen aus Gesteinsverbundwerkstoff

Wie im vorherigen Abschnitt 6.2 beschrieben, werden die Gesteinsmehle im Gewichtsverhältnis 60 % (Kaolin) zu 30 % (Quarz) zu 10 % (Feldspat) vermischt. Hierzu wurde eine Planetenmühle vom Typ Pulverisette 6 des Herstellers Fritsch mit 3 mm bis 6 mm großen Kugeln als Mahlkörper eingesetzt. Der 30-minütige Mahlprozess, der mit 300 Umdrehungen pro Minute durchgeführt wurde, dient dazu, Werkstoffagglomerate bestmöglich aufzutrennen. Im Anschluss erfolgt ein 60-minütiger Siebprozess, in welchem große Partikel und Werkstoffagglomerate mit einem Durchmesser größer 125 μm aussortiert wurden. Im nächsten Prozessschritt wurden bezogen auf die bearbeitete Masse an vermischten Gesteinsmehlen 7,5 Gew.-% Paraffinwachs vom Typ Ceridust 2020 TP des Herstellers Clariant als zusätzliches Bindemittel zugegeben. Es folgt ein Mischvorgang auf einem Rollenbock vom Typ U 4.400.FU.EH des Herstellers GermaTec mit 10 mm bis 15 mm großen Kugeln als Rührmedium. Der 24-stündige Vorgang dient zur Homogenisierung und gleichmäßigen Vermengung des Werkstoffgemischs. Durch die kohäsive

Bindungswirkung des Wachses entstehen dabei erneut größere Werkstoffagglomerate. In einem zweiten Siebvorgang wurden im Anschluss solche, mit einem Durchmesser größer 250 µm für die weiteren Prozessschritte aussortiert.

Zur Fertigung eines Rohlings aus Gesteinsverbundwerkstoff werden für die folgenden Prozessschritte 100 g der vermischten Gesteinsmehle benötigt. Dieses wurde mit einer beidseitigen Krafteinleitung von jeweils 50 kN auf einer elektrohydraulischen Vier-Säulen-Presse vom Typ PWV 200 ES des Herstellers Weber zu einem quaderförmigen Block gepresst. Die nachfolgende Abbildung 62 zeigt das dafür konstruierte Formwerkzeug mit Gesenk (links) sowie die verwendete Presse (rechts).

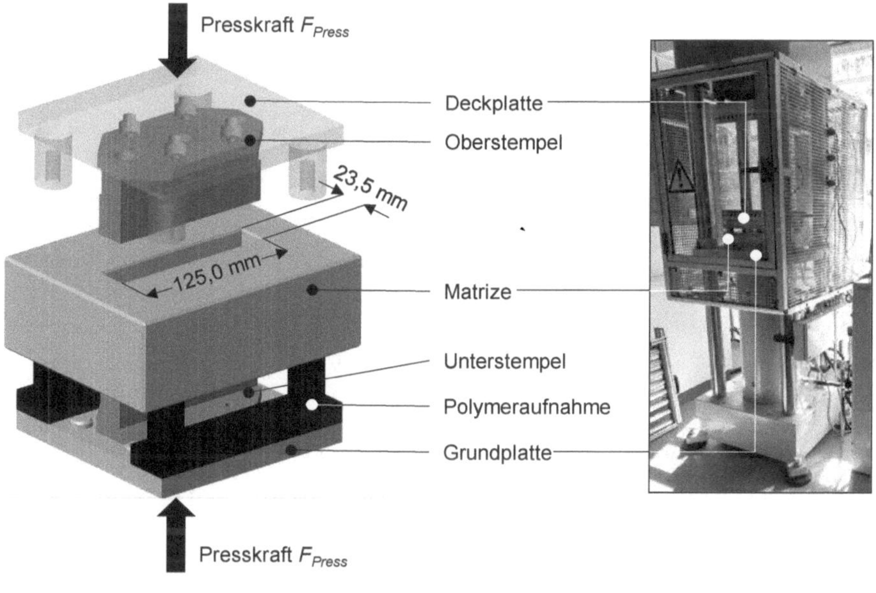

Abbildung 62 Formwerkzeug mit Gesenk (links) und Weber PWV 200 ES Presse (rechts)

Im nächsten Schritt wurden die Blöcke bei 130 °C getrocknet und zwischen 300 °C und 600 °C entbindert. Dabei verbrennt das Paraffinwachs und entweicht als Wasserdampf (H_2O) und Kohlenstoffdioxid (CO_2). Der Entbinderungsprozess erfolgt in einem Muffelofen vom Typ N41/H des Herstellers Nabertherm. Der anschließende Sinterprozess erfolgt in einem Hochtemperaturofen vom Typ HAT 08/18 des Herstellers Nabertherm. Das Sintern erfolgt an Luft, wird bei Temperaturen von bis zu 1.300 °C durchgeführt und dauert insgesamt sechs Stunden. Abbildung 63 zeigt die verwendeten Entbinderungs- und Sinterprofile zur Fertigung eines Rohlings aus Gesteinsverbundwerkstoff. Der Entbinderungs- bzw. Sinterprozess startete jeweils bei Raumtemperatur. Nach den in Abbildung 63 dargestellten kontrollierten Temperatureinstellungen erfolgte das Abkühlen der Blöcke undefiniert durch eine freie Kühlung an Luft.

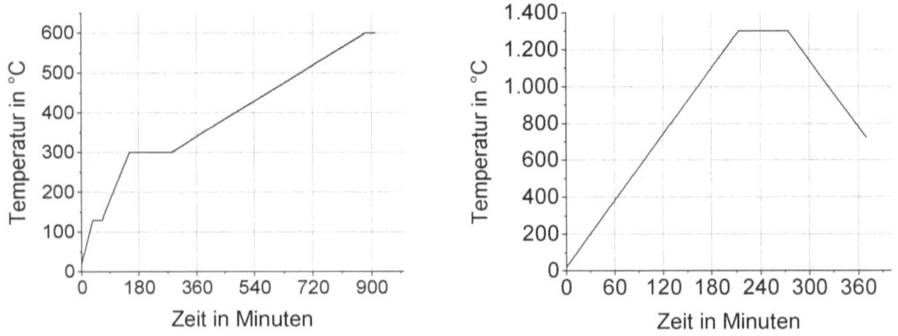

Abbildung 63 Entbinderungs- (links) und Sinterprofil (rechts) zur Fertigung eines Rohlings aus Gesteinsverbundwerkstoff

6.4 Schleifende Fertigung der Werkzeuggeometrie

Die Rohlinge aus Gesteinsverbundwerkstoff liegen nach dem Press-, Trocknungs-, Entbinderungs- und Sintervorgang als Quader vor und können nicht direkt auf einer CNC-Schleifmaschine eingespannt und bearbeitet werden. Deshalb sind diese zunächst in eine zylindrische Form mit einem Durchmesser von 16 mm zu überführen. Dies erfolgte durch Rundschleifen auf einer Universalschleifmaschine vom Typ S11 des Herstellers Deckel. Dieses Vorgehen lässt jedoch nur die Fertigung einer begrenzten Oberflächengüte zu. Die weiteren Bearbeitungsschritte erfolgten auf einer Linearschleifmaschine vom Typ MX7 des Herstellers ANCA. Dabei wurde zunächst die Oberfläche des Zylinders nachbearbeitet, um diese auf das nach der Norm ISO 286 [DIN19b] definierte, benötigte Maß 16h6[35] zu bringen. Abschließend werden die jeweiligen Werkzeuggeometrien gemäß den in der Schleifsimulation definierten Schleifbahnen in den Zylinder geschliffen. Die nachfolgende Abbildung 64 stellt die beschriebenen schleiftechnischen Fertigungsschritte nochmals in grafischer Form dar.

[35] Beim Maß 16h6 bezeichnet „16“ das Nennmaß von 16 mm, „h“ gibt an, dass es sich um eine Welle handelt und „6“ definiert den Toleranzbereich. In diesem Fall liegt lediglich eine positive Toleranz von 0,016 mm vor. Der vorliegende Rohling muss demnach ein Maß von $16{,}000 \leq D \leq 16{,}016$ mm aufweisen.

Abbildung 64 Schleifprozesse zur Herstellung der Werkzeuggeometrie

Dabei ist zu beachten, dass die optimalen Faktoreinstellungen mathematisch auf die zweite Dezimalstelle genau bestimmt wurden, vgl. Unterabschnitt 5.5.3. Eine solch präzise Einstellung der Faktoren ist aus fertigungstechnischer Sicht jedoch mit einem enorm hohen Aufwand verbunden, der in keiner Relation zum erwartbaren Nutzen steht. Sämtliche Winkel wurden daher auf ganze Zahlen auf- bzw. abgerundet, die Stirnschnitttiefe kann mit vertretbarem Aufwand bis auf eine Nachkommastelle genau gefertigt werden.

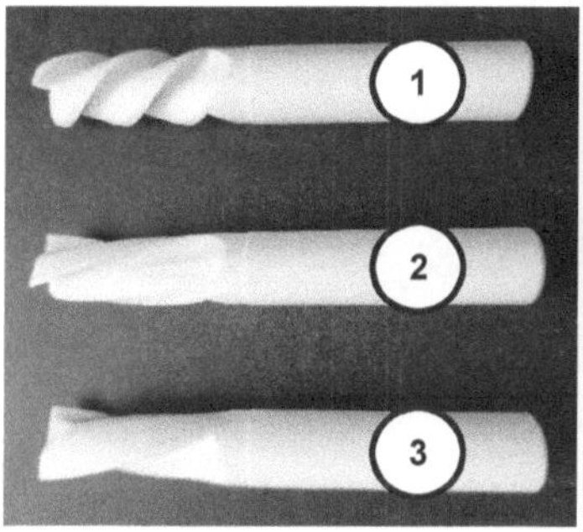

Geometrienummer	Spanwinkel in °	Keilwinkel in °	Freiwinkel in °	Drallwinkel in °	Schneidenzahl	Ungleichteilung in °	Kerndurchmesser in %	Stirnschnitttiefe in mm
1	5	80	5	50	3	0	60	5,9
2	17	68	5	20	3	6	60	6
3	5	79	6	20	2	0	60	6

Abbildung 65 Geschliffene Fräswerkzeuge mit tatsächlichen Geometrien

7 Experimentelle Erprobung der Vollmaterialschaftfräser aus Gesteinsverbundwerkstoff

In diesem Kapitel werden experimentelle Untersuchungen zur Erprobung der geometrisch optimierten und anschließend gefertigten Gesteinsfräswerkzeuge sowie dem VHM-Referenzfräswerkzeug beschrieben. Diese finden sowohl im Labor- als auch im industriellen Einsatzumfeld statt. Die Untersuchungen beinhalten Messungen an den Fräswerkzeugen, In-Prozess-Messungen sowie Analysen der Fräswerkzeuge und Werkstücke nach dem Zerspanprozess, wobei unterschiedliche Messinstrumente zum Einsatz kommen. Da sich deren Einsatz je nach Untersuchungen zum Teil wiederholt, werden die eingesetzten Messinstrumente vorab im Abschnitt 7.1 beschrieben. Die nachfolgende Abbildung 66 fasst die durchgeführten Untersuchungen und eingesetzten Messinstrumente zusammen.

Abbildung 66 Übersicht zu den durchgeführten experimentellen Untersuchungen

7.1 Verwendete Messinstrumente

7.1.1 Experimentelle Modalanalyse

Der Messaufbau für eine experimentelle Modalanalyse unter Einsatz eines Laser-Doppler-Vibrometers wurde bereits in Unterabschnitt 5.2.3 beschrieben. Der Messaufbau und das verwendete Messinstrument für die experimentellen Untersuchungen entsprechen im Wesentlichen den bereits beschriebenen. Die Einspannung erfolgte in diesem Fall jedoch nicht in einer CNC-Drehmaschine, welche in den vorherigen Versuchen aufgrund der steiferen Einspannung zur Ermittlung der Eigenmoden genutzt wurde, sondern in einem 5-Achs-CNC-Fräsbearbeitungszentrum, vgl. hierzu Abschnitt 7.2, womit eine realistische Einsatzbedingung geschaffen wurde. Darüber hinaus werden nun fertige Fräswerkzeuge anstatt quaderförmiger Werkstoffproben vermessen.

7.1.2 Messung der auftretenden Prozesskräfte

Zur Messung der auftretenden Prozesskräfte wurden zwei sensorische Werkzeughalter eingesetzt. Zum einen ein kabelloses rotierendes Zerspankraft-Dynamometer (RCD) des Herstellers Kistler, zum anderen ein Werkzeughalter vom Typ SPIKE® des Herstellers pro-micron. Beide Messgeräte ermöglichen das Messen der auftretenden Prozesskräfte während des Zerspanprozesses an der Werkzeugschneide in Form von Kräften und Biegemomenten in x- und y-Richtung aus Sicht des Koordinatensystems der Werkzeugmaschine, der Kraft in axialer Richtung des eingesetzten Fräswerkzeugs sowie des Torsionsmomentes am Fräswerkzeug. Dabei erfolgt die Messung des Zerspankraft-Dynamometers durch einen eingebauten piezoelektrischen vier-Komponenten-Sensor [KIS24, S. 1], der SPIKE® arbeitet hingegen mit eingebauten Dehnmessstreifen [MÜC22]. Letztere ermöglichen beim Einsatz des SPIKE® eine Messfrequenz von 1.600 Hz, während das Zerspankraft-Dynamometer mit einer Messfrequenz von 10.000 Hz arbeitet. Aus diesem Grund wurde wenn möglich das Zerspankraft-Dynamometer eingesetzt, was in sämtlichen experimentellen Untersuchungen im Laborumfeld möglich war. Im Rahmen der Erprobungen im industriellen Einsatzfeld, war der Einsatz des Zerspankraft-Dynamometers aufgrund der Bauweise der genutzten CNC-gesteuerten Werkzeugmaschinen, nicht immer möglich, weshalb hierbei zum Teil auf den SPIKE® zurückgegriffen wurde. Trotz der unterschiedlichen Messprinzipien ist der prinzipielle Messaufbau für den Einsatz beider Messgeräte identisch und wird in nachfolgender Abbildung 67 schematisch dargestellt.

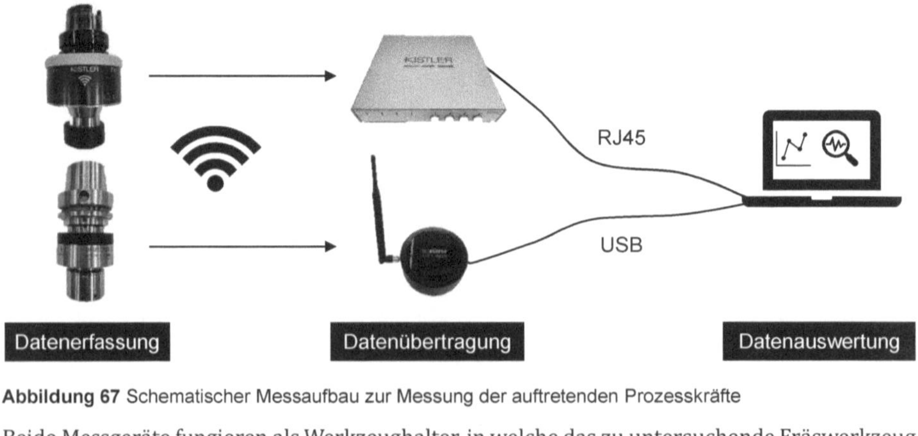

Abbildung 67 Schematischer Messaufbau zur Messung der auftretenden Prozesskräfte

Beide Messgeräte fungieren als Werkzeughalter, in welche das zu untersuchende Fräswerkzeug eingespannt wird, und werden direkt an der Maschinenspindel eingebaut. Die Datenübertragung erfolgt jeweils drahtlos an eine gerätespezifische Empfängereinheit (Reader). Diese ist wiederum mit einem Messrechner verbunden, an welchem die Messdaten mitgeloggt werden. Diese werden sowohl visualisiert, damit eine echtzeitnahe Betrachtung des Verlaufs der Prozesskräfte ermöglicht wird, als auch für eine spätere Analyse numerisch abgespeichert. Der

Einsatz der sensorischen Werkzeughalter ermöglicht einerseits die Analyse des Einsatzverhaltens eines Fräswerkzeugs über einen längeren Zeitraum im Zerspanprozess [RIE17], des Einflusses verschiedener Prozessparameterkombinationen [HAV16, S. 102] oder der Auswirkung unterschiedlicher Werkzeuggeometrien.

7.1.3 Messung der Werkstückqualität anhand der Oberflächenrauheit

Aus fertigungstechnischer Sicht ist die Erzeugung einer idealen Form oder ideal glatten Oberfläche nicht möglich. Die Gestalt von Oberflächen mit spanenden Fertigungsverfahren hergestellter Bauteile weisen stets Ungenauigkeiten in Form von Lage- und Formabweichung, Oberflächenwelligkeit und -rauheit auf. Es ist lediglich möglich diese auf ein, je nach Anwendungsfall angemessenes, Maß zu reduzieren. Durch taktile und optische Messverfahren sowie unter Einsatz entsprechender Filter können diese in Form verschiedener Profile ermittelt werden. Nach der Norm DIN EN ISO 21920-2 werden dabei Primär-, Welligkeits- und Rauheitsprofil unterschieden [DIN22b]. Seit Jahrzehnten etablierte Kenngrößen, mit welchen die Rauheit von Bauteiloberflächen, die durch spanende Fertigungsverfahren erzeugt wurden, bestimmt werden, sind insbesondere der Mittenrauwert R_a sowie die gemittelte Rautiefe R_z. In der jüngeren Vergangenheit ist jedoch eine zunehmende Anwendung von flächenhaften Kenngrößen zu beobachten [JIA07, S. 2072, LEA13, 6 f., PEH11, S. 457]. Diese enthalten einerseits einen größeren Informationsgehalt [EIF19, S. 90] und unterliegen andererseits auch geringeren zufälligen Messschwankungen [SCH21b, S. 464]. Begriffe und Kenngrößen zur flächenhaften Beschreibung der Rauheit von Bauteiloberflächen werden in der Norm DIN EN ISO 25178-2 [DIN23b] beschrieben.

Für die experimentellen Untersuchungen im Rahmen dieser Arbeit kam ein 3D-Profilometer vom Typ VR5200 des Herstellers Keyence zum Einsatz. Dieses arbeitet mit Hilfe des Streifenlichtprojektionsverfahrens. Dabei wird das Messobjekt aus einer Richtung mit einem periodischen Sinuslicht beleuchtet und aus einer anderen Richtung beobachtet. Abhängig von der Verformung des äquidistanten Streifenmusters, entsprechend der Geometrie des Objekts, kann das System die 3D-Koordinaten für jedes Pixel mittels Triangulation berechnen [MAR21, S. 273 f.]. Die nachfolgende Abbildung 68 zeigt das eingesetzte Messgerät und stellt das zu Grunde liegende Messprinzip der Streifenlichtprojektion schematisch dar.

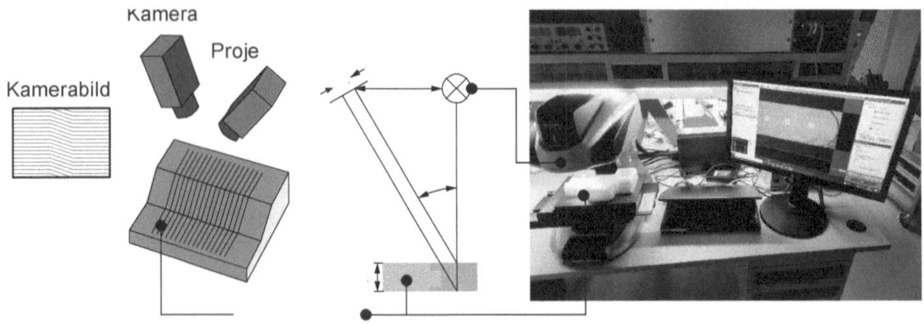

Abbildung 68 Oberflächenmessung und Messprinzip der Streifenlichtprojektion, eigene Darstellung in Anlehnung an [KEF18, S. 217]

7.1.4 Messung des Werkzeugverschleißes

Die messtechnische Erfassung des Werkzeugverschleißes erfolgte mit einer Universalmessmaschine vom Typ edgeControl des Herstellers Zoller. Betrachtet wurden dabei die in Unterabschnitt 2.1.6 beschriebenen Verschleißformen: die Verschleißmarkenbreite an der Freifläche, der Kolkverschleiß an der Spanfläche sowie Ausbrüche an den Schneidkanten. Durch berührungslose Messung und automatischer Ausrichtung des Sensors an die zu analysierende Werkzeugfläche bzw. -schneide konnte eine wiederholgenaue Messung je Fräswerkzeug bzw. je einzelner Werkzeugschneide sichergestellt werden. Die nachfolgende Abbildung 69 stellt die Vermessung eines Fräswerkzeugs sowie das dazugehörige Messprogramm, welches für jede untersuchte Werkzeuggeometrie separat erstellt wurde, beispielhaft dar.

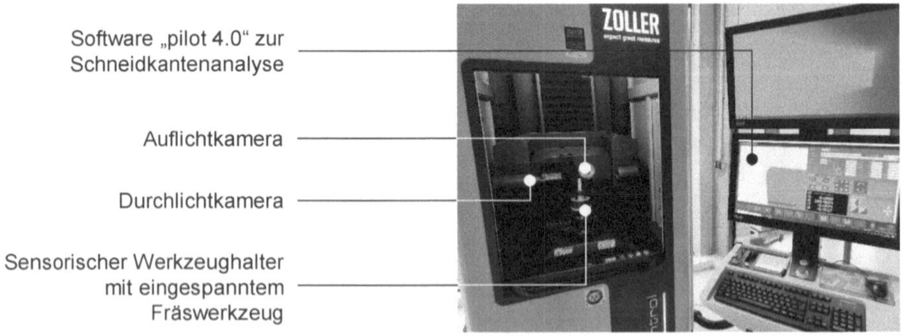

Abbildung 69 Verschleißmessung eines Gesteinsfräswerkzeugs mit dazugehörigem Messprogramm

7.2 Experimentelle Untersuchungen im Laborumfeld

Sämtliche experimentelle Untersuchungen im Laborumfeld wurden auf einem 5-Achs-CNC-Bearbeitungszentrum vom Typ DMU 50 eVolution des Herstellers Deckel Maho Gildemeister (DMG) durchgeführt. Als Werkstück-Spannmittel kam für alle durchgeführten Versuchsreihen ein NC-Hochdruckspannsystem vom Typ Allmatic LC125 des Herstellers ALLMATIC-Jakob Spannsysteme zum Einsatz. Die Halbzeuge in Form von POM-C-Platten wurden dabei mit einer eingestellten Hauptspannkraft von 40 kN eingespannt. Die Halbzeuge wurden auf ein Maß von 200 x 180 x 40 mm vorgefräst, die Ausspannhöhe betrug 30 mm.

Als Werkzeug-Spannmittel wurde der in Unterabschnitt 7.1.2 beschriebene sensorische Werkzeughalter des Herstellers Kistler verwendet. Dieser verfügt über ein integriertes Spannzangenfutter, welches in die maschinenseitig als Hohlschaftkegel (HSK) 63 ausgeführte Werkzeugaufnahme gespannt wurde. Es wurde sichergestellt, dass die Überwurfmutter des Spannzangenfutters für jeden Spannvorgang mit einem Anzugsdrehmoment von 135 Nm fixiert wird. Die Ausspannlänge der eingespannten Fräswerkzeuge betrug für alle untersuchten Varianten jeweils 55 mm, gemessen ab der Stirnfläche der Spannzange des sensorischen Werkzeughalters.

Die nachfolgende Abbildung 70 zeigt das im Rahmen der experimentellen Untersuchungen im Laborumfeld eingesetzte 5-Achs-CNC-Bearbeitungszentrum mit einem im sensorischen Werkzeughalter eingespannten Gesteinsfräswerkzeug. Weiterhin werden einige relevante technische Spezifikationen der Maschine aufgeführt.

Technisches Merkmal	Ausprägung
Baujahr	2004
Gewicht in kg	6.500
Steuerung	Sinumerik 840 D
Verfahrwege in X-, Y- und Z-Richtung in mm	500 / 420 / 380
Werkzeugaufnahme	HSK 63
Max. Spindeldrehzahl in 1/min	18.000
Spindeldrehmoment bei 40 % ED in Nm	130
Antriebsleistung bei 40 % ED in kW	25

Abbildung 70 Eingesetztes 5-Achs-CNC-Bearbeitungszentrum mit technischen Spezifikationen

7.2.1 Experimentelle Modalanalyse

Die Untersuchung des dynamischen Verhaltens der Fräswerkzeuge erfolgte erneut anhand einer experimentellen Modalanalyse. Die benötigte experimentelle Messung erfolgte mit einem Laser-Doppler-Vibrometer des Herstellers Polytec, dessen Funktionsweise bereits in Unterabschnitt 5.2.3 beschrieben wurde. Die Fräswerkzeuge wurden für die Untersuchung in der

Werkzeugaufnahme des zuvor beschriebenen 5-Achs-CNC-Bearbeitungszentrums vom Typ DMU 50 eVolution des Herstellers DMG eingespannt, um realitätsnahe Einsatzbedingungen zu gewährleisten. Die nachfolgende Tabelle 12 sowie Abbildung 71 zeigen die ermittelten ersten Biegeeigenfrequenzen f_{B1} sowie die dazugehörigen Amplitudengrößen in Form der dynamischen Nachgiebigkeit *N*.

Tabelle 12 Lage der ersten Biegefrequenz f_{B1} und dynamische Nachgiebigkeit *N* der untersuchten Fräswerkzeuge

Fräswerkzeug	Erste Biegeeigenfrequenz f_{B1}		Dynamische Nachgiebigkeit *N*	
	in Hz	Änderung in %	in µm/N	Änderung in %
Referenz (VHM)	2.825	-	0,00466	-
Geometrie 1 (Gestein)	3.923	+38,87	0,00679	+45,71
Geometrie 2 (Gestein)	4.032	+42,73	0,00744	+59,61
Geometrie 3 (Gestein)	4.066	+43,93	0,00749	+60,73

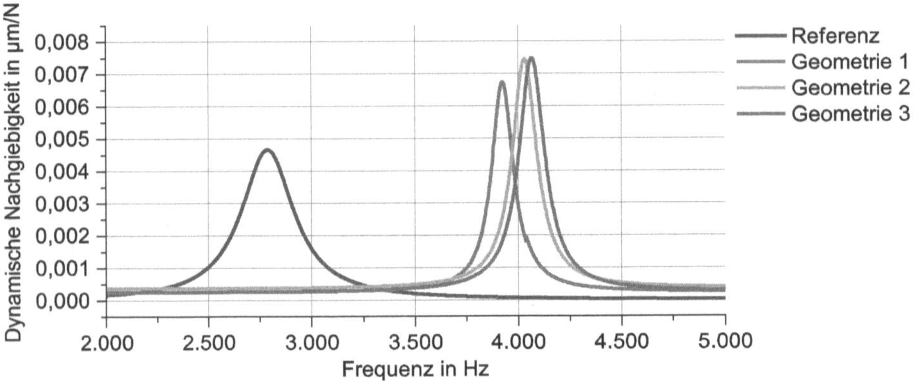

Abbildung 71 Dynamische Nachgiebigkeiten der untersuchten Fräswerkzeuge anhand der ersten Biegeeigenfrequenzen

Es kann festgestellt werden, dass die Gesteinsfräswerkzeuge geometrieunabhängig eine Erhöhung der ersten Biegeeigenfrequenz f_{B1} gegenüber dem VHM-Referenzfräswerkzeug aufweisen. Die höchste Biegeeigenfrequenz f_{B1} weist dabei die Gesteinsfräsergeometrie 3 auf, welche bei 4.066 Hz und somit 43,93 % höher liegt als beim VHM-Referenzfräswerkzeug. Insgesamt liegen die ersten Biegeeigenfrequenzen f_{B1} der Gesteinsfräsergeometrien innerhalb eines Frequenzspektrums von 143 Hz in einer ähnlichen Größenordnung. Die erhöhten Biegeeigenfrequenzen f_{B1} belegen ein für das dynamische Verhalten vorteilhaftes Masse- zu Steifigkeitsverhältnis der Gesteinsfräswerkzeuge. Dieses ist bspw. auf die höheren Kerndurchmesser der Gesteinsfräsergeometrien zurückzuführen. Entgegengesetzt verhält sich die dynamische Nachgiebigkeit *N* in

Form der Amplitudengrößen. Die Gesteinsfräswerkzeuge zeigen unabhängig von ihrer Geometrie größere Amplituden als das VHM-Referenzfräswerkzeug. Die Geometrie 1 weist unter den gesteinsfräswerkzeugen die geringste dynamische Nachgiebigkeit N auf – mit einem Wert von 0,679 µm/N, was einer Steigerung von 45,71 % gegenüber dem VHM-Referenzfräswerkzeug entspricht. Dies ist insbesondere auf einen schlechteren Dämpfungsgrad ζ der Gesteinsfräswerkzeuge zurückzuführen, vgl. Abbildung 14, dessen Bestimmung im Folgenden beschrieben wird.

Hierzu wurden die betrachteten Fräswerkzeuge mit einem Impulshammer angeregt und die gemessene Abklingkurve in Form des gemessenen Geschwindigkeitssignals im Zeitbereich betrachtet. Auf Basis dieses Signals erfolgt die Berechnung anhand der exponentiellen Abklingfunktion $f_a(t)$ mittels der nachfolgenden Gleichung 7-1 [BEI24, S. 51 f.]:

$$f_a(t) = \pm A e^{-\delta t} + C \tag{7-1}$$

mit A, C = Koeffizienten

δ = Abklingkoeffizient

Der Dämpfungsgrad ζ kann unter Einbeziehung des logarithmischen Dekrements Λ mittels der nachfolgenden Gleichung 7-2 berechnet werden [BEI17, S. 2].

$$\zeta = \frac{\Lambda}{\sqrt{(2\pi)^2 + \Lambda^2}} \tag{7-2}$$

mit Λ = logarithmisches Dekrement

Die nachfolgende Abbildung 72 zeigt die exponentielle Abklingfunktion $f_a(t)$ beispielhaft für das abklingende Geschwindigkeitssignal der Gesteinsfräsergeometrie 2 sowie die ermittelten Dämpfungsgrade ζ für alle untersuchten Fräswerkzeuge.

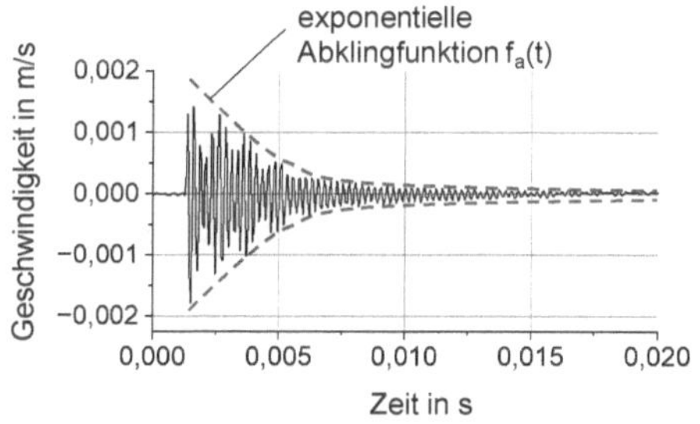

Fräswerkzeug	Dämpfungsgrad ζ	Änderung in %
Referenz (VHM)	0,0904	-
Geometrie 1 (Gestein)	0,0587	-35,07
Geometrie 2 (Gestein)	0,0568	-37,17
Geometrie 3 (Gestein)	0,0589	-34,85

Abbildung 72 Beispielhafte Abklingkurve der Gesteinsfräsergeometrie 2 und ermittelte Dämpfungsgrade der untersuchten Fräswerkzeuge

Analog zu den ermittelten dynamischen Nachgiebigkeiten N, weisen die Gesteinsfräswerkzeuge geometrieunabhängig auch einen niedrigeren Dämpfungsgrad ζ auf. Die Gesteinsfräsergeometrien 1 und 3 liegend dabei mit Dämpfungsgraden ζ von 0,059 ca. 35 % unter dem ermittelten

Wert für das VHM-Referenzfräswerkzeug, Gesteinsfräsergeometrie 2 weist mit 0,057 den niedrigsten Dämpfungsgrad ζ auf[36].

Die ermittelten erhöhten dynamischen Nachgiebigkeiten N in Verbindung mit den niedrigeren Dämpfungsgraden ζ der Gesteinsfräswerkzeuge im Vergleich zum VHM-Referenzfräswerkzeug wirken sich insbesondere dann kritisch auf den Zerspanprozess aus, wenn dessen Arbeitsfrequenz nahe an der ermittelten Eigenfrequenz des entsprechenden Fräswerkzeugs liegt. Diese hängt u. a. entscheidend von der Zahneingriffsfrequenz f_z und der Drehfrequenz f_d ab, die anhand der Gleichungen 7-3 bzw. 7-4 berechnet werden [WEC06, S. 400].

$$f_z = \frac{n \cdot z}{60} \tag{7-3}$$

$$f_d = \frac{n}{60} \tag{7-4}$$

mit n = Drehzahl
z = Zähnezahl

Diese liegen für die im Rahmen dieser Arbeit betrachteten Bearbeitungsparameter zwischen 133 Hz und 400 Hz. Somit liegt mit einem Gesteinsfräswerkzeug insgesamt zwar ein weniger gedämpftes System im Vergleich zu einem VHM-Fräswerkzeug vor, dessen erhöhte Eigenfrequenz das Eintreten des Resonanzfalls jedoch deutlich unwahrscheinlicher macht und größeren Spielraum bei der Einstellung der Prozessparameter und Schnittgrößen zulässt.

7.2.2 Erprobung anhand gestufter Versuchsplatten

Zur Beschreibung von Zerspanprozessen können sog. Stabilitätskarten herangezogen werden, welche entweder rechnerisch oder experimentell ermittelt werden können. Dabei wird der Verlauf der Grenzschnitttiefe $a_{p,\,grenz}$ über die Spindeldrehzahl n aufgetragen [BAU14, S. 8]. Eine gängige[37] experimentelle Vorgehensweise ist die Bearbeitung gestufter Versuchsplatten, bei welchen die Schnitttiefe a_p durch die Abstufung in diskreten Schritten zunimmt. Dazu werden mehrere Bahnen mit unterschiedlichen Prozessparameterkombinationen orthogonal zu den vorab präparierten Stufen gefräst, wodurch sich mit wenigen Schnitten das Werkzeugverhalten für eine Vielzahl an Kombinationen aus Vorschubgeschwindigkeit v_f, Drehzahl n und Schnitttiefe a_p bestimmten lässt.

Als Werkstück wurden rechteckige Platten mit den Abmessungen 200 x 180 x 50 mm definiert. Als Werkstoff wurde schwarzes POM-C verwendet, vgl. hierzu Abschnitt 4.4. Die Höhe der Stufen – und somit die diskrete Zunahme der Schnitttiefe Δa_p – beträgt 1,0 mm. Die orthogonalen

---

[36] Die ermittelten Dämpfungsgrade unterscheiden sich somit aufgrund der vorliegenden Einspannung signifikant von den in Unterabschnitt 5.2.3 ermittelten Dämpfungsgraden bei frei schwingenden Werkstoffproben.

[37] Vergleiche bspw. die Arbeiten von BAUER [BAU14] und THORENZ [THO21].

Bahnen sollen nicht als Nuten mit vollradialem Ende und somit vollständiger Werkzeugzustellung, sondern mit einer Schnittbreite a_e von 25 % des Werkzeugdurchmessers erfolgen. Da das Verschleißverhalten der Gesteinsfräswerkzeuge noch nicht bekannt ist, soll somit sichergestellt werden, dass ein eine fortlaufende Zunahme des Werkzeugverschleißes, die Messergebnisse möglichst nicht beeinflusst. Um eine solche seitliche Bearbeitung ermöglichen zu können, werden neben den Stufen noch vier Nuten bei der Vorbereitung der Versuchsplatte eingebracht. Dies ermöglicht in der Versuchsdurchführung das Fräsen von insgesamt bis zu zehn Bahnen pro gestufter Versuchsplatte im Gleichlauf. Dieser Umstand wird in der nachfolgenden Abbildung 73 grafisch dargestellt.

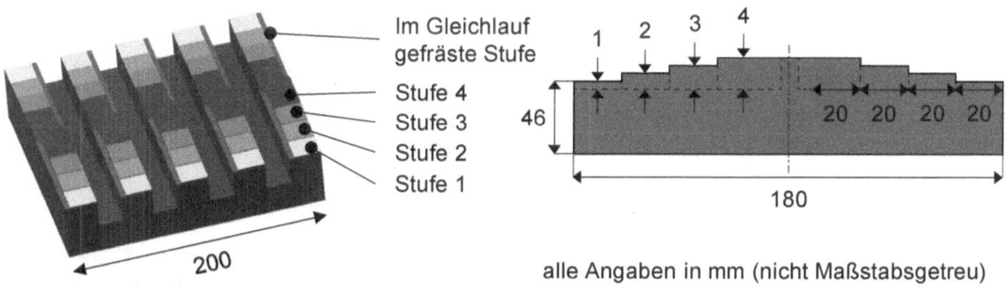

Abbildung 73 3D-CAD-Modell und Abmaße der gestuften Versuchsplatten zur Versuchsdurchführung

Es wurden jeweils fünf Kombinationen mit konstanter Drehzahl n und variierender Vorschubgeschwindigkeit v_f sowie fünf Kombinationen mit konstanter Vorschubgeschwindigkeit v_f und variierender Drehzahl n getestet. Erstere wurde dabei in einem Bereich von 400 mm/min bis 1.200 mm/min variiert, letztere in einem Bereich von 4.000 1/min bis 8.000 1/min. Da sowohl zwei- als auch dreischneidige Fräswerkzeuge untersucht wurden, war zudem sicherzustellen, dass jeweils ein konstanter Zahnvorschub f_z Anwendung fand, um vergleichbare Ergebnisse zu generieren. Hierzu wurde die Vorschubgeschwindigkeit v_f für die zweischneidige Gesteinsfräsergeometrie 3 dementsprechend nach unten angepasst. Insgesamt wurden sowohl das in Abschnitt 4.4 definierte Referenzfräswerkzeug als auch die in Unterabschnitt 5.5.3 abgeleiteten Gesteinsfräsergeometrien hinsichtlich der auftretenden Prozesskräfte, der generierten Oberflächenrauheiten sowie der auftretenden Werkzeugverschleißerscheinungen untersucht.

Auswertung der Prozesskraftmessung

Die während der Bearbeitung eines Werkstücks entstehenden Prozesskräfte geben Rückschlüsse auf das Einsatzverhalten des entsprechenden Fräswerkzeugs hinsichtlich Schnitt- bzw. Energieeffizienz sowie des grundsätzlichen dynamischen Verhaltens. Die bei der Bearbeitung der gestuften Versuchsplatte entstehenden Prozesskräfte wurden mit dem in Unterabschnitt 7.1.2 beschriebenen Zerspankraft-Dynamometer des Herstellers Kistler gemessen. Dabei wurde sowohl das Torsionsmoment M_T als auch die resultierende Kraft an der Werkzeugschneide in der Arbeitsebene F_{xy} erfasst. Bei der Erfassung und Analyse der Messdaten war zu berücksichtigen, dass der Zerspanprozess mit der Gesteinsfräsergeometrie 3 durch die reduzierte Vorschubgeschwindigkeit v_f eine abweichende Signalform aufweist. Dieser Umstand wird in der nachfolgenden Abbildung 74 beispielhaft aufgezeigt.

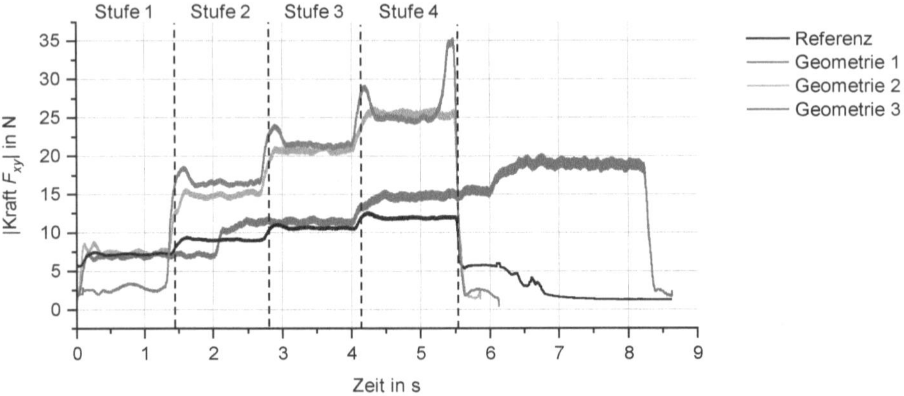

Abbildung 74 Messung der Kraft F_{xy} für die Bearbeitung der gestuften Versuchsplatten bei Drehzahl n = 8.000 1/min und Vorschub v_f = 900 mm/min (600 mm/min); geglättetes Messsignal (gleitender Durchschnitt) über jeweils 100 Messpunkte

Insgesamt wurden bedingt durch den Aufbau der gestuften Versuchsplatte für jedes eingesetzte Fräswerkzeug 36 Prozessparameterkombinationen[38] aufgenommen und ausgewertet. Tabelle 13 fasst die Ergebnisse über alle Prozessparameerkombinationen hinweg zusammen. Die vollständigen einzelnen Messwerte können Anhang 16.6 entnommen werden.

Tabelle 13 Arithmetisches Mittel des Torsionsmomentes M_T und der Kraft F_{xy} über alle gefrästen Stufen hinweg

Fräswerkzeug	|Torsionsmoment M_T|		|Kraft F_{xy}|	
	Arith. Mittel in Nm	Änderung in %	Arith. Mittel in N	Änderung in %
Referenz (VHM)	0,132	-	11,27	-
Geometrie 1 (Gestein)	0,102	-22,72	12,64	+12,16
Geometrie 2 (Gestein)	0,076	-42,42	16,06	+42,50
Geometrie 3 (Gestein)	0,220	+66,67	11,42	+1,33

Es ist zu beobachten, dass sich die Gesteinsfräsergeometrien sehr unterschiedlich verhalten. Geometrie 1 und 2 weisen ein geringeres Torsionsmoment M_T, dafür jedoch eine höhere Kraft F_{xy} auf. Geometrie 2 zeigt in beiden Fällen eine Veränderung von über 42 % und somit eine

[38] Neun unterschiedliche Kombinationen aus Drehzahl n und Vorschub v_f bei jeweils vier verschiedenen Schnitttiefen a_p.

besonders starke Ausprägung. Das geringere Torsionsmoment M_T deutet auf eine geringe Reibung bei der Spanbildung hin, z. B. bedingt durch scharfe Schneidkanten und eine gute Spanabführung. Das geringere Torsionsmoment M_T ist zudem auf ein vorteilhaftes dynamisches Verhalten der Geometrien zurückzuführen, durch welches geringere Lastspitzen, insbesondere bei Geometrie 1, erzeugt werden. Eine mögliche Ursache für das erhöhte Torsionsmoment M_T für Geometrie 3 liegt in der Kombination aus geringem Freiwinkel, der zu verstärkter Reibung im Schnittprozess führt, sowie geringem Spanwinkel mit gleichzeitig kleinem Drallwinkel, was zu einem erschwerten Abtransport der erzeugten Späne führt.

Die höheren Kräfte F_{xy} können für alle Geometrien zu einem Teil auf die fortschreitenden Verschleißerscheinungen zurückzuführen, welche zu Unregelmäßigkeiten an der Schneidkante führen. Dadurch wird der Werkstoff teilweise gequetscht und es kommt zu einer Bildung von langen und ungünstig geformten Spänen. Ein geringer Freiwinkel führt ebenfalls zu einer größeren Kontaktfläche zwischen Werkzeug und Werkstück und somit zu erhöhten Schnittkräften. Folglich kann für Geometrie 3, welche über den größten Freiwinkel verfügt, die geringste Erhöhung der Schnittkraft F_{xy} von lediglich 1,33 % festgestellt werden.

Auswertung der Oberflächenmessung

Die Quantifizierung der Oberflächenrauheit erfolgte wie in Unterabschnitt 7.1.3 beschrieben anhand einer flächenhaften optischen Messung und der Bestimmung des Kennwertes der mittleren arithmetischen Höhe S_a nach der Norm DIN EN ISO 25178-2 [DIN23b]. Bei der Vermessung der gefrästen Oberfläche bei jeder Prozessparameterkombination wurde ein Gaußfilter nach der Norm DIN EN ISO 16610-21 [DIN13] – im Rahmen flächenhafter Oberflächenvermessung als L-Filter bezeichnet – verwendet. Dieser orientiert sich anhand der Grenzwellenlänge λ_c und wurde auf einen Wert von 0,8 mm gesetzt. Dieser Wert bildet außerdem die Basis der verwendeten Messfelder, welche in quadratischer Form mit einer Seitenlänge in Höhe der Grenzwellenlänge λ_c zu wählen sind [DIN12, S. 6–10]. Die Platzierung der Messfelder erfolgte jeweils in Fräsrichtung gesehen zu Beginn einer jeden Stufe, da die Oberfläche am Ende jeder Stufe bereits durch die Bearbeitung der darauffolgenden Stufe beeinflusst werden kann. Tabelle 14 fasst die Ergebnisse der Messung aggregiert für jede Stufe bzw. jede Schnitttiefe a_p durch die Bildung des arithmetischen Mittels der jeweils vier Werte zusammen. Die vollständigen einzelnen Messwerte können Anhang 16.6 entnommen werden.

Tabelle 14 Mittlere arithmetische Höhe S_a für die Bearbeitung der gestuften Versuchsplatte

Fräswerkzeug	Mittlere arithmetische Höhe S_a in µm					Änderung
	Stufe 1 a_p = 1 mm	Stufe 2 a_p =2 mm	Stufe 3 a_p = 3 mm	Stufe 4 a_p = 4 mm	Mittelwert	in %
Referenz (VHM)	1,167	1,648	1,636	1,902	1,588	-
Geometrie 1 (Gestein)	0,852	0,694	0,574	0,608	0,682	-57,05
Geometrie 2 (Gestein)	1,066	1,091	1,032	1,128	1,079	-32,05
Geometrie 3 (Gestein)	1,021	1,152	1,021	1,037	1,058	-33,38

Es zeigt sich, dass alle drei Gesteinsfräsergeometrien bessere Oberflächen erzeugen als das VHM-Referenzfräswerkzeug. Insbesondere ist dabei Geometrie 1 hervorzuheben, bei welcher im Durchschnitt um 57,05 % geringere Werte für S_a gemessen wurden. Dies wird zum einen mit den scharfen Schneidkanten und der guten Spanabführung begründet, welche auch zu reduzierten Torsionsmomenten M_T bei den Gesteinsfräswerkzeugen führt. Da jedoch auch Geometrie 3 zu besseren Oberflächen führt, wird auch für den Effekt von teilweise gequetschtem Werkstoff eine positive Auswirkung auf die Oberflächenrauheit vermutet, auch wenn dieser eine Erhöhung der Prozesskräfte mit sich bringt. Ein zusätzlicher Einflussfaktor wird in den gemeinsamen Geometrieelementen der Gesteinsfräsergeometrien vermutet. Dies sind sowohl ein größerer Kerndurchmesser als auch ein tieferer Stirnschnitt im Vergleich zum VHM-Referenzfräswerkzeug.

Auswertung der Werkzeugverschleißmessung

Pro gestufter Versuchsplatte wurden zwei Fräswerkzeuge eingesetzt, jeweils eines bei konstanter Drehzahl n sowie eines unter konstanter Vorschubgeschwindigkeit v_c. Somit konnten die Verschleißerscheinungen für jedes Fräswerkzeug nach jeweils fünf gefrästen Stufen mit der in Unterabschnitt 7.1.4 beschriebenen Universalmessmaschine vom Typ edgeControl des Herstellers Zoller beurteilt werden. Betrachtet wurden dabei die Spanfläche, die Freifläche und die Stirnseite jeder Werkzeugschneide. Die nachfolgende Abbildung 75 gibt einen Überblick der zu beobachtenden Verschleißerscheinungen.

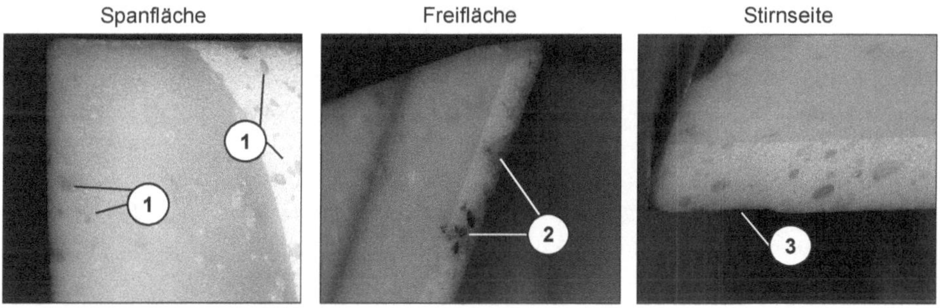

① Kolkverschleiß und offene Porosität des Gesteinsverbundwerkstoffs
② Verschleißmarkenbreite und Ablagerungen des Werkstoffs in offenen Poren
③ Schneidkantenausbruch

Abbildung 75 Verschleißerscheinungen an Gesteinsfräswerkzeugen

Die Interpretation des Verschleißbildes ist dabei nicht in allen Fällen eindeutig möglich. Wie Abbildung 75 zu entnehmen, kann es sich bei den erkennbaren Auffälligkeiten auf der Spanfläche sowohl um Kolkverschleiß als auch um Werkstofffehler in Form von offener Porosität des Gesteinsverbundwerkstoffs handeln. Der Freiflächenverschleiß kann grundsätzlich durch die Breite der entstehenden Verschleißmarke *VB* quantifiziert werden. Durch Ablagerungen des bearbeiteten schwarzfarbigen Werkstoffs in den offenen Poren des Gesteinsverbundwerkstoffs, ist auch die Verschleißmarkenbreite nicht immer eindeutig quantifizierbar. Eindeutig identifizier und messbar sind hingegen Ausbrüche an der Schneidkante, wie im rechten Bild der Abbildung 75 erkennbar. Insgesamt kann festgehalten werden, dass Span- und Freiflächenverschleiß nur in einem geringen Ausmaß beobachtet werden können und aufgrund des sprödharten Verhaltens des Gesteinsverbundwerkstoffs die überwiegende Verschleißart *Ausbrüche an der Schneidkante* darstellt. Die genauere Quantifizierung der Verschleißerscheinungen erfolgt anhand von Abzeiloperationen, welche im nachfolgenden Unterabschnitt 7.2.3 beschrieben werden.

7.2.3 Erprobung anhand von Abzeiloperationen

Nachdem im vorhergehenden Unterabschnitt 7.2.2 bereits die grundsätzlich auftretenden Verschleißerscheinungen an den Gesteinsfräswerkzeugen erläutert wurden, soll darauf aufbauend deren Entwicklung über einen längeren Bearbeitungszeitraum betrachtet werden. Hierzu wurden einfache Abzeiloperationen durchgeführt, die im Folgenden näher beschrieben werden.

Als Werkstück diente erneut ein Block aus dem Kunststoff POM-C mit den Abmaßen 200 x 180 x 50 mm. Aufgrund der im vorherigen Unterabschnitt 7.2.2 beschriebenen Problematik bzgl. der Verschleißbeurteilung beim Einsatz von schwarzem POM-C, wurde für die Abzeiloperationen auf weiß gefärbtes POM-C zurückgegriffen. Die Werkstoffeigenschaften werden durch dessen Einfärbung nicht beeinflusst, die Beurteilung des Verschleißverhaltens ist dabei jedoch präziser möglich[39]. Durch die Abmaße des Werkstücks ergibt sich ein Bearbeitungsweg von 0,18 m pro abgezeilter Bahn. Die Prozessparameter wurden anhand der vorherigen Untersuchungen anhand der gestuften Versuchsplatten gewählt. Schnittwerte und Prozessparameter wurden dabei so gewählt, dass sie der Kombination entsprechen, mit denen beim Fräsen der gestuften Versuchsplatten im Durchschnitt die besten Werte bezüglich Prozesskräfte und Oberflächenrauheit gemessen werden konnten. Tabelle 15 listet diese im Nachfolgenden auf. Da es sich bei der Gesteinsfräsergeometrie 3 um ein zweischneidiges Fräswerkzeug handelt, wurde auch hier der Vorschub für diese reduziert, um zu den restlichen dreischneidigen Fräswerkzeugen einen gleichbleibenden Zahnvorschub f_z zu gewährleisten.

Tabelle 15 Prozessparameter und Schnittwerte für die Abzeiloperationen

Vorschub v_f in mm/min	Zahnvorschub f_z in mm	Drehzahl n in 1/min	Schnittbreite a_e in mm	Schnitttiefe a_p in mm	Fräsrichtung
600 / 900	0,043	7.000	2,0	2,0	Gleichlauf

Ein gängiges Kriterium zur Beurteilung des Verschleißzustandes einer Schneide stellt die Verschleißmarkenbreite *VB* dar, welche an der Freifläche gemessen werden kann. Wie im vorherigen Unterabschnitt 7.2.2 beschrieben, stellt das bedeutendste Verschleißmerkmal für die Gesteinsfräswerkzeuge jedoch Ausbrüche an der Schneidkante dar. Deshalb wird im Rahmen der Verschleißuntersuchung anhand von Abzeiloperationen die allgemeine maximale Verschleißerscheinung als Kriterium zur Verschleißbeurteilung definiert. Diese kann dabei sowohl eine Verschleißmarkenbreite *VB*, einen Ausbruch an einer Schneidkante oder einen Kolkverschleiß darstellen. Für Verschleißunteruschungen wird als Abbruchkriterium ein zulässiger Maximalwert für das betrachtete Verschleißkriterium definiert, bei dessen Überschreiten die Schneide als verschlissen gilt. Für Werkzeuge aus Hartmetall liegen diese in der Regel zwischen 0,2 mm und 0,4 mm, bei Schneidkeramiken bei 0,3 mm [DEN11, S. 149]. Da der im Rahmen dieser Arbeit untersuchte Gesteinsverbundwerkstoff aufgrund dessen sprödharten Verhalten Ähnlichkeiten zu einer Schneidkeramik aufweist, wurde für die Verschleißuntersuchungen anhand von Abzeiloperationen die maximal zulässige Verschleißerscheinung auf eine Breite von 0,3 mm festgelegt. Dies gilt ebenso für das VHM-Referenzfräswerkzeug. Abbildung 76 stellt die Verschleißentwicklung der Gesteinsfräswerkzeuge mit ihren unterschiedlichen Geometrien sowie des VHM-Referenzfräswerkzeugs anhand der maximalen Verschleißerscheinung an einer Schneide über den Standweg grafisch dar.

[39] Da die Rauheit der gefrästen Oberfläche im Rahmen der Abzeiloperationen nicht vermessen wird, ist der Nachteil der reflektierenden Oberfläche bei weißem POM-C hier irrelevant.

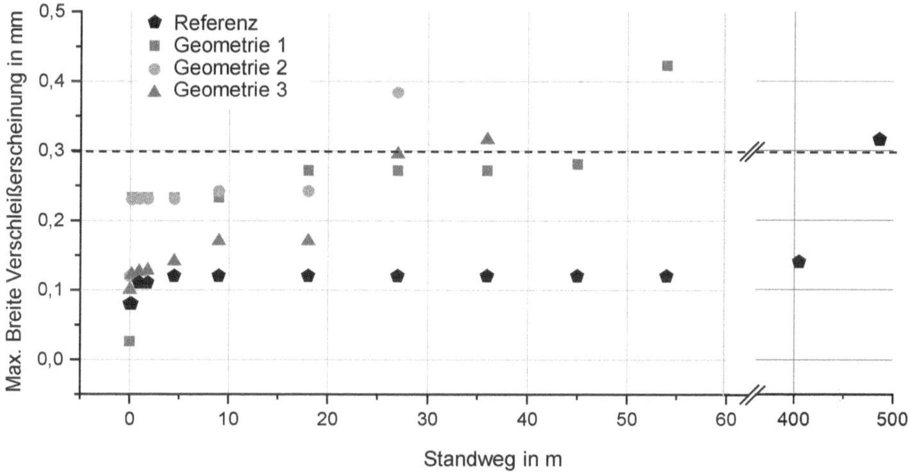

Abbildung 76 Standwege des VHM-Referenzfräswerkzeugs und der Gesteinsfräsergeometrien bei den Abzeiloperationen

Zunächst ist ersichtlich, dass alle Fräswerkzeuge bereits vor dem Einsatz geringfügige Verschleißerscheinungen von bis zu 0,12 mm Breite aufwiesen. Diese sind für durch Fertigungsungenauigkeiten bedingt und treten bspw. bei den Gesteinsfräswerkzeugen an den Schneidenecken zwischen Stirn- und Umfangsschneiden auf. Die Verschleißentwicklung am VHM-Referenzfräswerkzeug zeigt ein zu erwartendes Bild. Nach einer Initialverschleißphase, in welcher die gemessene Verschleißmarkenbreite *VB* um wenige Hundertstel zunimmt, erfolgt ein langer Standweg ohne erkenntliche Verschleißerscheinungen. Aufgrund der geringen Schneidenbelastung bei der Bearbeitung von Kunststoff tritt eine Verschleißerscheinung an einer einzelnen Schneide erst nach 495 m Standweg auf. Dies wird insbesondere durch die Wärmeentwicklung begründet, die in den letzten Bearbeitungsphasen mit größer werdendem Abstand zwischen den Messpunkten zur Ermittlung der Verschleißerscheinungen entsteht.

Die Gesteinsfräsergeometrien 1 und 2 zeigen ein ähnliches Bild, jedoch entwickeln sich die maximalen Verschleißerscheinungen deutlich schneller und stärker. Zunächst wird ein sprunghafter Anstieg der maximalen Verschleißerscheinung nach den ersten gefrästen Bahnen beobachtet. Dieser entsteht insbesondere durch Ausbrüche an den Ecken, bei denen einzelne Gesteinspartikel oder Agglomerate ausbrechen, die entweder im Press- und Sinterprozess nur unzureichend verfestigt wurden oder beim Werkzeugschleifprozess bereits beschädigt und gelockert wurden. Nachdem sich die Mikrostruktur auf diesem Wege verfestigt hat, stellt sich ein relativ konstantes Verhalten der maximalen Verschleißerscheinung ein, das lediglich mit einem leichten Anstieg einhergeht. Schließlich erfolgt ein sprunghafter Anstieg der maximalen

Verschleißerscheinung über das definierte Abbruchkriterium hinaus, jeweils bedingt durch einen größeren Ausbruch an einer Schneide. Für die Gesteinsfräsergeometrie 1 erfolgte dies nach einem Standweg von 54 m, bei der Gesteinsfräsergeometrie 2 nach einem Standweg von 25,2 m.

Für die zweischneidige Gesteinsfräsergeometrie 3 wird ein differenziertes Verhalten der Entwicklung der maximalen Verschleißerscheinung beobachtet. Diese unterliegt hier keinem sprunghaften Anstieg nach den ersten gefrästen Bahnen, sondern kennzeichnet sich durch einen stetigen Anstieg bis zum Überschreiten des Abbruchkriteriums bei einem Standweg von 36 m. Es wird vermutet, dass die Kombination aus geringem Drallwinkel (20°), großem Keilwinkel (79°) und lediglich zwei Schneiden eine gute Schleifbarkeit und die Herstellung einer zu Beginn stabilen Schneidkante ermöglicht. Diese Geometriekombination erweist sich jedoch während des Zerspanprozesses als weniger stabil als die Gesteinsfräsergeometrien 1 und 2, was durch die kontinuierliche Zunahme der maximalen Verschleißerscheinung deutlich wird. Die vollständigen Messergebnisse sind dem Anhang 16.7 zu entnehmen.

Aufgrund der Erkenntnisse aus den Unterabschnitten 7.2.1 und 7.2.2 sowie aus den Verschleißuntersuchungen, werden die weiteren experimentellen Untersuchungen mit der Gesteinsfräsergeometrie 1 durchgeführt, da mit dieser die besten Ergebnisse der bisher untersuchten Zielgrößen erzielt werden konnten.

7.2.4 Erprobung anhand der entwickelten Referenzbearbeitungsaufgabe

Dieser Unterabschnitt beschreibt die weitere Erprobung des VHM-Referenzfräswerkzeugs und der Gesteinsfräsergeometrie 1. Durch die Bearbeitung der Referenzbearbeitungsaufgabe, deren Entwicklung in Kapitel 4 beschrieben wurde, soll das Werkzeugverhalten bei der Bearbeitung unterschiedlicher geometrischer Elemente in Form der zwölf Features untersucht werden. Betrachtet wurden dabei analog zur Bearbeitung der gestuften Versuchsplatten, vgl. Unterabschnitt 7.2.2, die auftretenden Prozesskräfte während des Zerspanprozesses sowie die Oberflächenrauheit der erzeugten Features. Um sicherzugehen, dass die zunehmende Verschleißerscheinung des Gesteinsfräswerkzeugs die Aussagekraft der Messergebnisse bezogen auf ein einzelnes Feature nicht beeinträchtigt, wurde für das Fräsen eines jeden Features ein neues Gesteinsfräswerkzeug der Geometrievariante 1 eingesetzt. Das VHM-Referenzfräswerkzeug zeigte nur minimale Verschleißerscheinungen und wurde deshalb lediglich nach der Bearbeitung des allgemeinen Außenprofils – und somit nach 56,5 % des gesamten Zerspanvolumens – gewechselt. Die verwendeten Prozessparameter und Schnittgrößen können Tabelle 3 entnommen werden.

Auswertung der Prozesskraftmessung

Die während des Zerspanprozesses bei der Bearbeitung der Referenzbearbeitungsaufgabe wirkenden Prozesskräfte wurden mit dem in Unterabschnitt 7.1.2 beschriebenen Zerspankraft-Dynamometer des Herstellers Kistler aufgenommen. Da die Bearbeitungsoperationen der

Referenzbearbeitungsaufgabe einen komplexeren Charakter als die Bearbeitung der gestuften Versuchsplatten aufweisen, ist die Bildung eines arithmetischen Mittelwertes über die Eingriffsdauer in diesem Fall nur bedingt aussagekräftig. Deshalb wurden zur besseren Vergleichbarkeit die Beträge des Torsionsmomentes M_T und der Kraft F_{xy} über die Dauer der Bearbeitung integriert, wobei die numerische Integration nach der Trapezregel Anwendung fand. Der nachfolgenden Tabelle 16 können die auf diese Weise berechneten Werte für das VHM-Referenzfräswerkzeug und der Gesteinsfräsergeometrie 1 je Feature entnommen werden.

Tabelle 16 Integrierter Betrag der gemessenen Torsionsmomente M_T und Kräfte F_{xy} je Feature für das VHM-Referenzfräswerkzeug und die Gesteinsfräsergeometrie 1

Feature	Integriertes Torsionsmoment M_T			Integrierte Kraft F_{xy}		
	Referenz in Nm·s	Gestein in Nm·s	Änderung in %	Referenz in N·s	Gestein in N·s	Änderung in %
Allgemeines Außenprofil	15,28	36,40	+138,22	434,20	1.797,96	+314,08
Abgerundete Ecke	5,00	4,61	-7,80	59,35	57,80	-2,61
Fase	1,37	0,94	-31,39	24,57	18,86	-23,26
Nut – Ringnut	1,62	1,25	-22,84	37,55	38,69	+3,04
Nut – vollradiales Ende	1,10	1,22	+10,91	34,94	37,71	+7,94
Rundes geschlossenes Profil	1,00	1,24	+24,00	39,59	39,84	+0,62
Stufe	2,12	1,75	-17,45	81,31	99,76	+22,69
Tasche – durchgängiger Boden	24,99	30,04	+20,21	453,39	800,90	+76,65
Tasche – geschlossen	24,45	31,74	+29,82	440,33	816,57	+85,45
Tasche – offen	25,29	47,59	+88,18	435,02	1.201,71	+176,24
Zylinderbohrung – Durchgangsloch	0,59	0,78	+32,20	22,29	28,08	+26,01
Zylinderbohrung – flacher Grund	0,66	0,93	+40,91	21,71	24,33	+12,03

Es lässt sich ein insgesamt differenziertes Bild beobachten. Die größten Diskrepanzen zwischen dem VHM-Referenzfräswerkzeug und dem Gesteinsfräswerkzeug ergeben sich bei den Features mit einem großen Spanungsvolumen, wie dem allgemeinen Außenprofil und den Taschen-Features. Dies ist dem Umstand geschuldet, dass das Gesteinsfräswerkzeug mit zunehmender Bearbeitungsdauer deutlich stärkere Verschleißerscheinungen aufweist als das VHM-Referenzfräswerkzeug, wodurch die wirkenden Momente ansteigen. Bei den übrigen Features ist die Diskrepanz deutlich geringer ausgeprägt. Für vier Features kann durch das Gesteinsfräswerkzeug ein geringerer integrierter Betrag des Torsionsmoments M_T bei der Bearbeitung erzielt werden, was auf die grundsätzlich positiven dynamischen Eigenschaften des Werkstoffs und der Werkzeuggeometrie zurückgeführt werden kann – sofern diese bei der Bearbeitung intakt bleibt. Für die Kraft F_{xy} konnte mit dem Gesteinsfräswerkzeug für zwei Features eine geringere Belastung gemessen werden. Insgesamt weisen die ermittelten Werte im Vergleich zu denen der Bearbeitung der gestuften Versuchsplatte große Diskrepanzen auf, vgl. Unterabschnitt 7.2.2. Dies wird neben der abweichenden Berechnung der Werte insbesondere auf den starken Einfluss der Verschleißerscheinung zurückgeführt.

Auswertung der Oberflächenmessung

Die Quantifizierung der Oberflächenrauheit erfolgte nach demselben Prinzip, wie für die Untersuchung der gestuften Versuchsplatten in Unterabschnitt 7.2.2 beschrieben. Um Schwankungen innerhalb der für diese Untersuchung deutlich größeren Oberfläche eines Features auszugleichen und ein repräsentatives Messergebnis zu erhalten, wurden für jedes Feature jeweils drei Messfelder platziert, von deren Messwerten das arithmetische Mittel gebildet wurde. Die Position der Messfelder sind Anhang 16.8 zu entnehmen. Der nachfolgenden Tabelle 17 können die ermittelten Messwerte je Feature bei der Bearbeitung mit dem VHM-Referenzfräswerkzeug sowie mit der Gesteinsfräsergeometrie 1 entnommen werden.

Tabelle 17 Mittlere arithmetische Höhe S_a je Feature für das VHM-Referenzfräswerkzeug und die Gesteinsfräsergeometrie 1

Feature	Erzeugende Schneiden der Oberfläche	Mittlere arithmetische Höhe S_a		
		Referenz in µm	Gestein in µm	Änderung in %
Allgemeines Außenprofil	Umfang	0,58	1,81	+212,24
Abgerundete Ecke	Umfang	0,85	2,38	+181,35
Fase	Stirn	1,14	0,99	-13,47
Nut – Ringnut	Stirn	1,00	0,68	-32,50
Nut – vollradiales Ende	Stirn	1,09	0,61	-43,83
Rundes geschlossenes Profil	Umfang	4,50	2,86	-39,48
Stufe	Stirn	1,57	0,90	-42,74
Tasche – durchgängiger Boden	Umfang	0,92	2,75	+199,02
Tasche – geschlossen	Stirn	0,66	0,58	-11,99
Tasche – offen	Stirn	1,21	0,95	-21,80
Zylinderbohrung – Durchgangsloch	Umfang	3,67	4,13	+12,51
Zylinderbohrung – flacher Grund	Stirn	1,15	2,38	+106,24

Teilweise sind Parallelen zu den zuvor beschriebenen Prozesskraftmessungen erkennbar. Dies trifft insbesondere für die beiden Features *allgemeines Außenprofil* und *Tasche – durchgängiger Boden* zu. Sowohl für die Prozesskräfte als auch die Oberflächenrauheit ist für diese die höchste

Diskrepanz zwischen VHM-Referenz- und Gesteinsfräswerkzeug zu beobachten. Dies wird insbesondere mit dem hohen Spanungsvolumen und somit größeren Verschleißerscheinungen des Gesteinsfräswerkzeugs begründet, welche sich sowohl negativ auf die auftretenden Prozesskräfte als auch auf die gefertigten Oberflächen auswirken. Weiterhin waren für diese Elemente die Umfangschneiden für die Erzeugung der gemessenen Oberfläche maßgeblich. Tabelle 17 kann entnommen werden, dass von den fünf Features, deren gemessene Oberfläche durch die Umfangschneiden erzeugt wurde, vier für die Bearbeitung mit dem Gesteinsfräswerkzeug deutlich höhere Oberflächenrauheiten aufweisen. Von den sieben mit den Stirnschneiden erzeugten Featureoberflächen ergibt sich ein gegensätzliches Bild – für sechs dieser Features konnten mit dem Gesteinsfräswerkzeug geringere Oberflächenrauheiten erzielt werden.

Damit wurde gezeigt, dass für das Gesteinsfräswerkzeug mit dessen Stirnschneiden bessere Oberflächen erzeugt werden können als mit den Umfangschneiden. Dies wird primär mit deren höherer Kantenstabilität und damit einhergehenden geringeren Verschleißerscheinungen begründet. Die Ergebnisse beim Vergleich der stirnseitig erzeugten Oberflächen zeigen, dass das Gesteinsfräswerkzeug grundsätzlich das Potential besitzt, gleichwertige bzw. bessere Oberflächen zu erzielen als ein konventionelle VHM-Fräswerkzeug. Dies wurde am Feature *Nut – vollradiales Ende* mit einen um 43,83 % geringeren S_a-Wert am deutlichsten gezeigt. Dies wird mit einem verbesserten dynamischen Werkzeugverhalten begründet, welches sowohl durch die optimierte Geometrie als auch durch die Eigenschaften des Gesteinsverbundwerkstoffs, wie bspw. eine geringe Dichte und ein somit geringeres Werkzeuggewicht, bedingt wird.

7.3 Erprobung im industriellen Einsatzumfeld

7.3.1 Anwendungsfall Zerspanung von Kunststoffbauteilen und -halbzeugen

Die Erprobung des Gesteinsfräswerkzeugs im industriellen Einsatzumfeld für den bereits im Laborumfeld betrachteten Anwendungsfall der Zerspanung von Kunststoffbauteilen und -halbzeugen wurde bei der Alfred Schweizer GmbH & Co. KG durchgeführt. Das Unternehmen wurde 1971 im oberfränkischen Seßlach-Gemünda gegründet und ist auf die Präzisionszerspanung von Hochleistungs- und Konstruktionskunststoffen spezialisiert. Die Alfred Schweizer GmbH & Co. KG beliefert dabei weltweit Kunden aus unterschiedlichen Branchen, wie bspw. Maschinenbau, Automotive oder Medizintechnik.

Untersucht wurden der Einsatz des VHM-Referenzfräswerkzeugs und der Gesteinsfräsergeometrie 1 auf einem 5-Achs-CNC-Bearbeitungszentrum vom Typ NMV 5000 DCG des Herstellers MORI SEIKI. Als Werkstoff diente erneut POM-C. Gemessen wurden dabei die entstehenden Prozesskräfte unter Einsatz des in Unterabschnitt 7.1.2 beschriebenen Zerspankraft-Dynamometers des Herstellers Kistler sowie die Oberflächenrauheit anhand des Wertes der mittleren arithmetischen Höhe S_a. Die nachfolgende Abbildung 77 zeigt die Versuchsdurchführung sowie die technischen Daten des genutzten 5-Achs-CNC-Bearbeitungszentrums.

Technisches Merkmal	Ausprägung
Baujahr	2011
Gewicht in kg	12.400
Steuerung	MSX 711 (Fanuc)
Verfahrwege in X-, Y- und Z-Richtung in mm	730 / 510 / 510
Werkzeugaufnahme	SK40 Big Plus
Max. Spindeldrehzahl in 1/min	20.000
Spindeldrehmoment bei 40 % ED in Nm	95
Antriebsleistung bei 40 % ED in kW	18,5

Abbildung 77 Versuchsdurchführung für den Anwendungsfall „Zerspanung von Kunststoffbauteilen und -halbzeugen" und technische Daten des genutzten 5-Achs-CNC-Bearbeitungszentrums

Im Rahmen der in Abschnitt 7.2 beschriebenen Untersuchungen im Laborumfeld hat sich gezeigt, dass die Bearbeitung eines großvolumigen Bauteils mit Gesteinsfräswerkzeugen zwar grundsätzlich möglich ist, die Messergebnisse bei solchen aufgrund der Verschleißentwicklung jedoch nur mit Einschränkungen vergleichbar sind. Deshalb werden im Rahmen der experimentellen Untersuchungen ausgewählte Fräsoperationen, welche Bestandteile von verschiedenen Serienbauteilen darstellen, mit separaten Werkzeugen durchgeführt, vgl. Versuchsdurchführung in Unterabschnitt 7.2.4. Dazu zählen jeweils zwei Stirn- und Umfangsfräsoperationen, um Werkstoffoberflächen vergleichen zu können, die von unterschiedlichen Schneiden erzeugt wurden. Weiterhin wurde eine Bohrzirkularfräsoperation durchgeführt, bei der durch zirkulares Eintauchen des Fräswerkzeugs eine geschlossene Tasche erzeugt wird. Die gewählten Werte hinsichtlich Drehzahl n und Vorschubgeschwindigkeit v_f entsprachen dabei den industriellen Standards für die entsprechende Fräsoperation. Die Schnittwerte wurden leicht reduziert, um der Verschleißentwicklung der Gesteinsfräswerkzeug entgegenzuwirken, damit mess- und vergleichbare Ergebnisse erzielt werden konnten. Tabelle 18 sind die verwendeten Prozessparameter und Schnittwerte sowie die Messwerte der betrachteten Zielgrößen zu entnehmen. Für die Torsionsmomente M_T und die Kräfte F_{xy} wurde jeweils der arithmetische Mittelwert über die Werkzeugeingriffsdauer gebildet.

Tabelle 18 Prozessparameter und Schnittwerte, Ergebnisse der Prozesskraftmessung und Ergebnisse der Oberflächenmessung der industriellen Erprobung des Anwendungsfalls „Zerspanung von Kunststoffbauteilen und -halbzeugen“

	Versuchsnummer / Kenngröße	1.1	1.2	2.1	2.2	3.1
Prozessparameter und Schnittwerte	Fräsoperation	Umfangs-fräsen	Umfangs-fräsen	Stirnfräsen	Stirnfräsen	Bohrzirkular-fräsen
	Drehzahl n in 1/min	6.000	8.000	7.000	7.000	6.000
	Vorschubgeschwindigkeit v_f in mm/min	1.600	2.000	1.600	1.600	800
	Schnittbreite a_e in mm	4,0	2,5	6,0	16,0	variierend
	Schnitttiefe a_p in mm	30,0	30,0	3,0	1,5	4,0
Prozesskraftmessung	VHM-Referenzfräswerkzeug Torsionsmoment M_T in Nm	1,55	1,14	0,60	0,85	0,59
	Gesteinsfräswerkzeug Torsionsmoment M_T in Nm	3,70	2,18	0,59	0,86	0,61
	Veränderung in %	+138,71	+91,23	-1,67	+1,18	+3,39
	VHM-Referenzfräswerkzeug Kraft F_{XY} in Nm	160,23	81,15	70,58	83,33	57,11
	Gesteinsfräswerkzeug Kraft F_{XY} in Nm	310,88	189,04	81,24	92,16	59,77
	Veränderung in %	+94,02	+132,96	+15,10	+10,57	+4,66
Oberflächen-messung	VHM-Referenzfräswerkzeug mit. arithm. Höhe S_a in µm	0,42	0,45	0,67	0,54	0,60
	Gesteinsfräswerkzeug mit. arithm. Höhe S_a in µm	1,26	1,45	0,57	0,50	0,47
	Veränderung in %	+199,76	+237,16	-28,61	-10,40	-31,68

Die Messergebnisse spiegeln die in den Unterabschnitten 7.2.2 und 7.2.4 beschriebenen Erkenntnisse größtenteils wider und lassen sich somit auch auf ein industrielles Einsatzumfeld mit abweichenden Bedingungen hinsichtlich verwendetem Bearbeitungszentrum und Prozessdurchführung übertragen. Wie in den vorherigen Untersuchungen ist festzuhalten, dass Umfangsfräsoperationen mit Gesteinsfräswerkzeugen deutlich höhere Torsionsmomente M_T (durchschnittlich +114,97 %) und Kräfte F_{XY} (durchschnittlich +113,49 %) verursachen als mit dem VHM-Referenzfräswerkzeug. Für die Bohrzirkular- und Stirnfräsoperationen mit geringerer Schnitttiefe a_p liegen die Torsionsmomente M_T jedoch auf einem ähnlichen Niveau. Auch die Kräfte F_{XY} sind für die Gesteinsfräswerkzeuge im Durschnitt lediglich um 10,11 % höher.

Die Ausprägungen der Prozesskräfte spiegeln sich auch bei der Beschaffenheit der vermessenen Werkstückoberflächen wider. Die erzielten S_a-Werte sind sowohl für das VHM-Referenz- als auch für die Gesteinsfräswerkzeuge signifikant niedriger als in den Untersuchungen im Laborumfeld. Dies wird auf die gewählten Prozessparameter und Schnittwerte, insbesondere auf die teils deutlich höheren Schnitttiefen a_p zurückgeführt. Dadurch befindet sich ein größerer Teil der Umfangsschneiden im Eingriff und das Werkzeug wird gleichmäßiger belastet, was zu einer Stabilisierung des Fräsprozesses führt. Ebenso ist ein Einfluss der Bauweise und des daraus resultierenden statischen und dynamischen Stabilitätsverhaltens des genutzten 5-Achs-CNC-Bearbeitungszentrums möglich.

7.3.2 Anwendungsfall Zerspanung von Aluminiumbauteilen und -halbzeugen

Um das Potential der Gesteinsfräswerkzeug für weitere industrielle Anwendungen zu untersuchen, wurde mit der Zerspanung von Aluminium ein weiterer Anwendungsfall im industriellen Einsatzumfeld betrachtet. Die Erprobung fand bei der Biersack Aerospace GmbH & Co. KG statt, die 2004 als Teil der Biersack Gruppe am Stammsitz in Beilngries in Bayern gegründet wurde. Das Unternehmen zählt zu den deutschlandweit führenden Systemlieferanten für die Luft- und Raumfahrtindustrie. Die Bearbeitung von Bauteilen erfolgt dabei auf hochmodernen CNC-Bearbeitungszentren. Zum Jahresbeginn 2025 ging die Biersack Aerospace GmbH & Co. KG in die LR Pure Beilngries GmbH über.

Ziel der Erprobung ist der Vergleich des VHM-Referenzfräswerkzeugs mit der Gesteinsfräsergeometrie 1 beim Einsatz auf einem vierachsigen CNC-Bearbeitungszentrum vom Typ 30HV des Herstellers MATEC. Bearbeitet wurde dabei ein Block aus der Aluminiumlegierung ALMg4.5Mn0.7 (Werkstoffnummer 3.3547). Dieser zeichnet sich zwar durch hohe Festigkeitswerte für naturharte Aluminiumlegierungen aus [THY17], weist aber auch gleichzeitig eine sehr gute Zerspanbarkeit auf [AMC25]. Anwendung findet dieser Werkstoff bspw. in der Automobil- oder Schienenfahrzeugindustrie [THY17]. Betrachtet werden sollen erneut die während des Zerspanprozesses auftretenden Prozesskräfte sowie die Oberflächenrauheit der bearbeiteten Werkstücke. Aufgrund der Bauweise des CNC-Bearbeitungszentrums kann das Zerspankraft-Dynamometer für diese Untersuchung nicht eingesetzt werden. Stattdessen wird aufgrund der kompakteren Bauweise auf den sensorischen Werkzeughalter vom Typ SPIKE® des Herstellers pro-micron zurückgegriffen. Die nachfolgende Abbildung 78 zeigt die Versuchsdurchführung sowie die technischen Daten des genutzten CNC-Bearbeitungszentrums.

Technisches Merkmal	Ausprägung
Baujahr	2011
Gewicht in kg	20.000
Steuerung	Heidenhain iTNC 530
Verfahrwege in X-, Y- und Z-Richtung in mm	3.000 / 1.000 / 1.000
Werkzeugaufnahme	HSK-A63
Max. Spindeldrehzahl in 1/min	15.000
Spindeldrehmoment bei 40 % ED in Nm	100
Antriebsleistung bei 40 % ED in kW	16

Abbildung 78 Versuchsdurchführung für den Anwendungsfall Zerspanung von „Aluminiumbauteilen und -halbzeugen" und technische Daten des genutzten CNC-Bearbeitungszentrums

Zur Untersuchung der betrachteten Zielgrößen wurden wie für den im vorherigen Unterabschnitt 7.3.1 beschriebenen industriellen Anwendungsfall erneut drei verschiedene Fräsoperationen durchgeführt. Es wurden ebenfalls jeweils zwei verschiedene Kombinationen von Prozessparametern für die Umfangs- und Stirnfräsoperation und eine für die Bohrzirkularfräsoperation getestet. Aufgrund der zu erwartenden geringeren Standzeit der Gesteinsfräswerkzeug als für die Zerspanung von Kunststoffbauteilen und -halbzeugen, wurden konservative Einstellwerte für Schnitttiefe a_p und Schnittbreite a_e verwendet. Die Einstellungen für die Drehzahl n und der Vorschubgeschwindigkeit v_f entsprechen den Empfehlungen des Herstellers des VHM-Referenzfräswerkzeugs für den industriellen Einsatz. Die vollständigen verwendeten Prozessparameter und Schnittwerte sowie die Ergebnisse der Prozesskraft- und Oberflächenmessungen werden in Tabelle 19 aufgeführt.

Es ist erneut zu beobachten, dass die Gesteinsfräswerkzeuge beim Umfangsfräsen sowohl hinsichtlich des Torsionsmomentes M_T als auch der Kraft F_{xy} höheren Belastungen während der Bearbeitung ausgesetzt sind als das VHM-Referenzfräswerkzeug. So werden durch die Gesteinsfräswerkzeuge durchschnittlich ein um 17,88 % höheres Torsionsmoment M_T und eine um durchschnittlich 23,32 % höhere Kraft F_{XY} erzeugt. Beim Stirnfräsen liegen die Messergebnisse für beide erprobten Fräswerkzeuge sehr nahe beieinander. Die Gesteinsfräswerkzeuge erzielen für fas Stirnfräsen sogar bessere Ergebnisse als das VHM-Referenzfräswerkzeug und erzeugen im Mittel ein um 3,68 % geringeres Torsionsmoment M_T und eine um 5,36 % geringere Kraft F_{XY} während der Bearbeitung. Ein ambivalentes Gesamtbild ergibt sich bei der Bohrzirkularfräsbearbeitung. Hier ist das resultierende Torsionsmoment M_T für das Gesteinsfräswerkzeug geringer als das des VHM-Referenzfräswerkzeugs, während das Ergebnis für die Kraft F_{XY} konträr ausfällt. Dies kann insbesondere durch die sehr geringe Schnitttiefe a_p während des Eintauchvorgangs erklärt werden. Diese führt dazu, dass vor allem die Stirnschneiden Werkstoff abtragen, wodurch hauptsächlich radiale Kräfte entstehen, die zu einer erhöhten Kraft F_{XY}

führen. Durch den schnellen Verschleiß der Umfangschneiden entstehen weiterhin kaum Umfangskräfte und es entsteht ein sehr geringes Torsionsmoment M_T.

Tabelle 19 Prozessparameter und Schnittwerte, Ergebnisse der Prozesskraftmessung und Ergebnisse der Oberflächenmessung der industriellen Erprobung des Anwendungsfalls „Zerspanung von Aluminiumbauteilen und -halbzeugen"

	Versuchsnummer Kenngröße	1.1	1.2	2.1	2.2	3.1
Prozessparameter und Schnittwerte	Fräsoperation	Umfangsfräsen	Umfangsfräsen	Stirnfräsen	Stirnfräsen	Bohrzirkularfräsen
	Drehzahl n in 1/min	7.000	4.000	4.000	4.000	6.000
	Vorschubgeschwindigkeit v_f in mm/min	600	400	400	400	400
	Schnittbreite a_e in mm	1,0	0,5	8,0	16,0	Variierend
	Schnitttiefe a_p in mm	20,0	30,0	1,0	0,5	1,0
Prozesskraftmessung	VHM-Referenzfräswerkzeug Torsionsmoment M_T in Nm	0,20	0,18	0,13	0,15	0,09
	Gesteinsfräswerkzeug Torsionsmoment M_T in Nm	0,25	0,22	0,13	0,14	0,08
	Veränderung in %	+23,68	+19,44	+1,53	-7,94	-10,23
	VHM-Referenzfräswerkzeug Kraft F_{XY} in Nm	1,98	0,99	0,91	0,93	0,67
	Gesteinsfräswerkzeug Kraft F_{XY} in Nm	2,64	1,24	0,81	0,94	0,91
	Veränderung in %	+33,21	+24,85	-11,09	+0,75	+36,17
Oberflächen-messung	VHM-Referenzfräswerkzeug mit. arithm. Höhe S_a in µm	2,69	2,22	1,87	1,98	2,45
	Gesteinsfräswerkzeug mit. arithm. Höhe S_a in µm	4,01	4,25	1,90	1,95	2,40
	Veränderung in %	+49,13	+91,54	+1,71	-1,76	-3,88

Die Ergebnisse der Oberflächenmessungen ergeben ein zu den Prozesskraftmessungen vergleichbares Gesamtbild. Beim Umfangsfräsen erzielt das VHM-Referenzfräswerkzeug deutlich bessere Ergebnisse als die Gesteinsfräswerkzeuge. Im Durchschnitt wird ein um 40,6 % niedriger S_a-Wert gemessen. Wie bei den Prozesskraftmessungen liegen auch bei den Stirnfräsoperationen die Messwerte deutlich näher beieinander. Im Durchschnitt liegen die Messwerte für das Gesteinsfräswerkzeug um 0,1 % niedriger als die des VHM-Referenzfräswerkzeugs. Bei der Bohrzirkularfräsbearbeitung, bei der die gemessene Oberfläche ebenfalls mit den Stirnschneiden erzeugt wurde, konnte mit dem Gesteinsfräswerkzeug ein um 3,9 % besserer S_a-Wert für die Oberfläche erzielt werden.

8 Umwelt- und Ressourcenwirkungen anhand einer Ökobilanz

Abschließend soll das entwickelte Gesteinsfräswerkzeug dem VHM-Referenzfräswerkzeug in einer vergleichenden ökologischen Bewertung gegenübergestellt werden. Dies erfolgte anhand einer vergleichenden Ökobilanz, auch als Lebenszyklusanalyse (engl. Life Cycle Assessment, LCA) bezeichnet, deren Methodik in den Grundzügen in der Norm DIN EN ISO 14040 [DIN21a] sowie im Detail in der Norm DIN EN ISO 14044 [DIN21b] definiert wird. Die Methodik beruht dabei auf einem Lebensweganansatz. Es werden damit sämtliche stofflichen und energetischen In- und Outputs sowie deren Umweltauswirkungen von der Gewinnung der Rohstoffe, über deren Verarbeitung, die Herstellung, Nutzung bis zur Entsorgung des betrachteten Produktes erfasst und beurteilt [FRI20, S. 11]. Eine Ökobilanz wird in die vier Phasen *Festlegung des Ziels und des Untersuchungsrahmens*, *Aufstellen der Sachbilanz*, *Wirkungsabschätzung* sowie *Ergebnisinterpretation* unterteilt, an welchen sich der Aufbau dieses Kapitel im Folgenden orientiert.

8.1 Festlegung des Ziels und des Untersuchungsrahmens

Ziel dieser Betrachtung ist eine vergleichende Ökobilanz zwischen den im Rahmen dieser Arbeit betrachteten VHM-Referenzfräswerkzeug und der Gesteinsfräsergeometrie 1 für den Anwendungsfall der Zerspanung eines Kunststoffblocks. Die Ökobilanz wird in Übereinstimmung mit den Normen DIN EN ISO 14040 [DIN21a] und DIN EN ISO 14044 [DIN21a] durchgeführt. Es wird der Ansatz „von der Wiege bis zur Bahre“ (engl. cradle to grave) verwendet, und somit die Lebenszyklusphasen von der Rohstoffgewinnung bis zur Entsorgung eines Fräswerkzeugs (end of life) berücksichtigt. Es sollen sowohl sämtliche Umwelteinflüsse der betrachteten Fräswerkzeuge quantifiziert als auch die Potentiale zur weiteren Reduzierung dieser aufgezeigt werden.

Da die beiden zu vergleichenden Fräswerkzeuge ein unterschiedliches Verhalten im Zerspanprozess, insbesondere hinsichtlich ihres Standweges, aufweisen, wurde als Vergleichsgröße das Spanungsvolumen gewählt. Analog zu den durchgeführten experimentellen Untersuchungen, wurde POM-C hierzu als zu zerspanender Werkstoff betrachtet. Als funktionelle Einheit wurde ein Spanungsvolumen von 216 cm^3 definiert, was der Lebensdauer eines Gesteinsfräswerkzeugs anhand der durchgeführten Untersuchungen zum Werkzeugstandweg entspricht, siehe Unterabschnitt 7.1.4.

Das Produktsystem setzt sich aus mehreren individuellen Prozessen zusammen, kann für beide betrachtete Fräswerkzeuge jedoch auf die Lebenszyklusphasen Materialgewinnung und -aufbereitung, Herstellung des Rohlings, Herstellung des Fräswerkzeugs, Nutzungsphase und End-of-Life-Phase zusammengefasst werden. Zwischen den Lebenszyklusphasen finden zusätzliche Transportprozesse statt. Der Lebenszyklus der beiden Schaftfräser unterscheidet sich insbesondere in den Phasen bis einschließlich der Herstellung des Fräswerkzeugs. Die Nutzungsphase gestaltet sich für beide Fräswerkzeuge identisch. Während die Gesteinsfräswerkzeuge in der End-of-Life-Phase entsorgt werden, wird ein Teil der VHM-Fräswerkzeuge einem Recyclingprozess zugeführt. Die nachfolgende Abbildung 79 veranschaulicht die Gemeinsamkeiten und Unterschiede im Lebenszyklus beider Fräswerkzeuge.

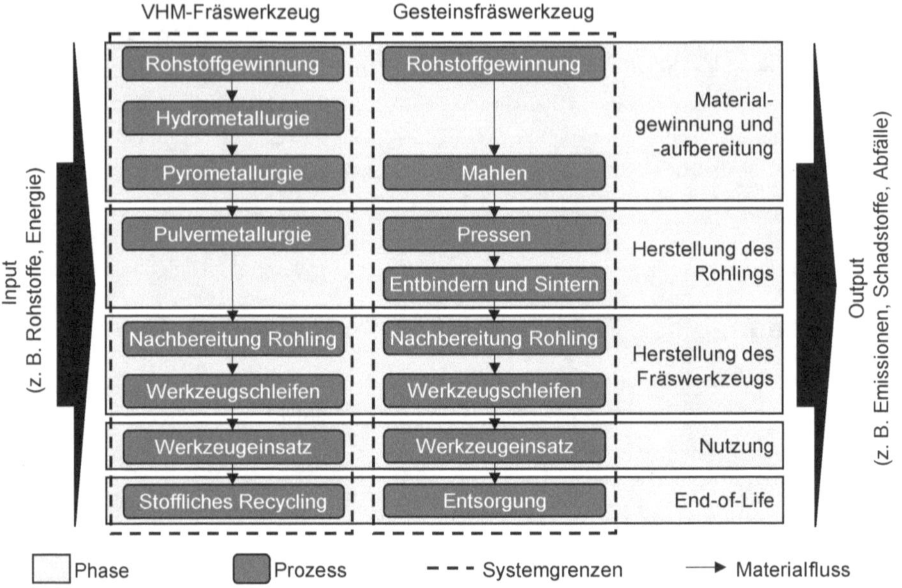

Abbildung 79 Produktsystem den zu vergleichenden VHM-Referenzfräswerkzeugen und Gesteinsfräswerkzeugen

Die geografischen Systemgrenzen variieren je nach Prozessschritt. Einerseits wird ein möglichst globaler Geltungsbereich angestrebt. Einige Daten aus der Sachbilanz, vgl. Unterabschnitt 8.2, beziehen sich jedoch auf einen bestimmten geografischen Geltungsbereich. Für die Prozessschritte zur Herstellung von Hartmetall sind bspw. globale Datensätze verfügbar. Die Daten zur Materialgewinnung und -aufbereitung für das Gesteinsfräswerkzeug beziehen sich hingegen auf die europäische Region. Aufgrund der begrenzten Verfügbarkeit von Sekundärdaten über die Herstellung- und Nutzungsphasen wurden diese weitestgehend als Primärdaten erhoben. Hierzu wurden die Daten zur Phase Herstellung der Fräswerkzeuge bei deutschen Werkzeugherstellern erhoben. Die Daten zur Herstellung des Rohlings für das Gesteinsfräswerkzeug und zur Nutzungsphase der beiden Fräswerkzeuge wurden an der Universität Bayreuth erhoben. Der Anwendungsbereich für die Herstellungs- und Nutzungsphase der Fräswerkzeuge ist somit Deutschland. Für die Modellierung der Ökobilanz wurde die Software SimaPro, Version 9.5 verwendet. Sekundäre Daten wurden hierzu aus der Datenbank ecoinvent v.3.9.1 bezogen.

8.2 Aufstellen der Sachbilanz

Die Sachbilanz bildet die Grundlage für die Bewertung der Umweltauswirkungen des Lebenszyklus eines Produkts. Alle relevanten stofflichen und energetischen Inputs und Outputs des betrachteten Produktsystems werden dabei erfasst und quantifiziert [DIN21a, S. 22]. Im Folgenden wird die Sachbilanz für die einzelnen Lebenszyklusphasen aus Abbildung 79 beschrieben. Die vollständigen, auf die funktionelle Einheit bezogenen Sachbilanzen für beide Fräswerkzeuge sind dem Anhang 16.9 zu entnehmen. Aufgrund der unterschiedlichen Werkzeugstandstandwege ist zu beachten, dass sich die Werte in Anhang 16.9, welche als Berechnungsgrundlage dienen, auf die Herstellung, Nutzung und Entsorgung von einem Gesteinsfräswerkzeug und 0,11 VHM-Fräswerkzeugen beziehen. Dieser Faktor stellt das Verhältnis der Werkzeugstandwege dar, welche im Rahmen der Abzeiloperationen in Unterabschnitt 7.2.3 ermittelt wurden. Die nachfolgenden Beschreibungen beziehen sich zur besseren Anschaulichkeit jedoch jeweils auf die Herstellung eines kompletten Werkzeugs.

8.2.1 Phasen Materialgewinnung und -aufbereitung sowie Herstellung des Rohlings

Für die Hauptkomponenten von Hartmetall, Wolframcarbid und Kobalt, stehen geeignete Datensätze in der ecoinvent-Datenbank zur Verfügung. Diese fassen die Prozesse der Materialgewinnung (Bergbau), Hydrometallurgie und Pulvermetallurgie zusammen. Durch die Gewichtung der Arbeiten von MA ET AL. [MA17] (Wolframcarbid-Produktion in China) und FURBERG ET AL. [FUR19] (Wolframcarbid-Produktion im Rest der Welt, ohne China) auf der Grundlage des Anteils am weltweiten Produktionsvolumen von Wolframcarbid[40] kann ein Datensatz mit globaler Reichweite gebildet werden. Im Rahmen des pulvermetallurgischen Verfahrens werden Wolframcarbid- und Kobaltpulver mit einem organischen Lösungsmittel (Heptan, Hexan) und Paraffinwachs [LAS99, S. 347] gemischt und auf die gewünschte Partikelgröße gemahlen [MEH14, S. 220 f.]. Anschließend werden die Partikel durch Sprühtrocknung bei 100-130 °C unter Zugabe von Stickstoff (N_2) granuliert [LAS99, S. 347, MEH14, S. 224]. Das Pulvergranulat wird dann in Form gepresst [LAS99, S. 348] und gesintert [GER14, S. 237]. Die Berechnung der Werte für Energieverbrauch und Additive in der Sachbilanz basiert auf der Arbeit von FURBERG ET AL. [FUR19].

Die Hauptkomponenten für den Gesteinsverbundwerkstoff sind die Minerale Kaolin, Feldspat und Quarz. Für jede dieser Komponenten kann der ecoinvent-Datenbank ein global gültiger Datensatz entnommen werden. Diese beinhalten alle relevanten Daten zu den Abbauprozessen der Materialien, wie bspw. Energie zum Betreiben der benötigten Maschinen sowie Daten zu internationalen Transportprozessen. Während des Mahlprozesses wird das Gesteinsgranulat

[40] China ist mit einem Anteil von ca. 80 % weltweit der mit Abstand größte Wolframproduzent [USG24, S. 191].

mit Wasser befeuchtet, um die entstehende Reibung zu verringern. Darüber hinaus wird Strom für den Betrieb der Walzwerke, Diesel für die innerbetriebliche Transportprozesse und Wärme für die Beheizung der Produktionsanlagen verwendet [KEL07, S. 30].

Zur Herstellung der Rohlinge an der Universität Bayreuth werden die Gesteinsmehle zunächst in einer Planetenmühle vom Typ Pulverisette 6 des Herstellers Fritsch gemischt und anschließend gesiebt. Anschließend wird Paraffinwachs als Bindemittel zugegeben und der Verbundstoff erneut gesiebt. Im nächsten Schritt werden die Rohlinge mit einer Kraft von 100 kN auf einer Presse vom Typ PWV 200 ES des Herstellers Weber zu Blöcken gepresst. Die entsprechende Form wird zuvor mit Silikonöl behandelt, um das Reibungsverhalten zwischen dem gepressten Verbundstoff und der Form zu optimieren. Während des Pressvorgangs kommt es zu einem geringen Verlust von etwa 1 % des verwendeten Verbundstoffes, das nicht vollständig verpresst werden kann. Dieser Rest ist durch den Kontakt mit dem Silikonöl verunreinigt und kann daher nicht in den Prozess zurückgeführt werden. Die Rohlinge werden anschließend in einem Muffelofen vom Typ N41/H des Herstellers Nabertherm bei 130 °C getrocknet und bei 600 °C entbindert. Das anschließende Sintern in einem Ofen vom Typ HT 08/18 des Herstellers Nabertherm unter Luft bei bis zu 1.300 °C dauert sechs Stunden. Bei diesem Prozess verbrennt das Paraffin und entweicht als Wasserdampf (H_2O) und Kohlenstoffdioxid (CO_2). Auch aus dem Kaolin wird Wasserdampf (H_2O) freigesetzt. Die Mühlen, Siebe, Öfen und die Presse werden mit Strom betrieben, was zu einem Energieverbrauch von 9,69 kWh über die gesamte Prozesskette in der Laborumgebung der Universität Bayreuth zur Herstellung eines Gesteinsrohlings führt.

8.2.2 Herstellung des Fräswerkzeugs

Bevor die Werkzeuggeometrie des jeweiligen Fräswerkzeugs geschliffen werden kann, müssen die Rohlinge zunächst nachbearbeitet werden. Dazu werden die Rohlinge zu einem Zylinder mit einem Durchmesser von 16 mm mit einer Toleranz von h6 nach der Norm ISO 286 [DIN19b] geschliffen. Das Schleifen der Hartmetallrohlinge erfolgt auf einer Spitzenlosschleifmaschine vom Typ 400 proLine des Herstellers Tschudin. Dabei werden durchschnittlich 0,15 mm Werkstoff abgetragen, was zu einem durchschnittlichen Energieverbrauch von 6,76 kWh pro Rohling führt. Der Rohling aus dem Gesteinsverbundwerkstoff muss zunächst von einer quaderförmigen in eine zylindrische Form überführt werden. Hierzu wird eine Universalschleifmaschine vom Typ S11 des Herstellers Deckel eingesetzt, wodurch ein Energieaufwand von 0,11 kWh entsteht. Das Schleifen auf den geforderten Durchmesser von 16h6 nach ISO 286 [DIN19b] erfolgt auf einer Linearschleifmaschine vom Typ MX7 des Herstellers ANCA. Für den Nachbearbeitungsprozess wurde werkzeugherstellerseitig ein Energieeinsatz von 2,43 kWh ermittelt.

Im zweiten Schritt werden die jeweiligen Werkzeuggeometrien in die Rohlinge geschliffen. Der bedeutendste Input in diesem Prozess ist ebenfalls die benötigte Energie zum Betreiben der verwendeten CNC-Schleifmaschine. Die im ersten Schritt beschriebene Linearschleifmaschine vom Typ MX7 des Herstellers ANCA wird zur Herstellung beider Fräswerkzeuge verwendet und der Energieeinsatz wurde vom Werkzeughersteller analog ermittelt. Die Prozessdauer von 35 Minuten entspricht einem Energieaufwand von 5,02 kWh für den Hartmetallfräser. Für das Gesteinsfräswerkzeug ergibt sich ein Energiebedarf von 1,70 kWh, welcher in einer kürzeren Bearbeitungszeit von ca. 23 Minuten und einem geringeren Energiebedarf aufgrund der geringeren Härte[41] des zu bearbeitenden Werkstoffs [KAL23, S. 824 f.] begründet liegt.

Bei der Durchführung beider Prozessschritte fällt Abfall in Form von Spänen an, die dem Volumen der aus dem Rohling herausgeschliffenen Geometrie entsprechen. Hinzu kommt ein Transportprozess, welcher der Entfernung zwischen den Unternehmen entspricht, die die Herstellung der Rohlinge und das Schleifen der Werkzeuggeometrie durchführen. Weiterhin sind für beide in diesem Unterabschnitt beschriebenen Prozessschritte der Einsatz von Kühlmittel, Filter zur Reinigung des Kühlmittels und der Verschleiß der Schleifscheiben zu nennen. Aufgrund der Wiederverwendung des Kühlmittels und des vernachlässigbaren Einflusses des Filter- und des Schleifscheibenverschleißes in Bezug auf ein einzelnes Werkzeug, können diese jedoch in der Sachbilanz vernachlässigt werden [MUR12, S. 1610]. Die in diesem Unterabschnitt beschriebenen Informationen zu den verwendeten Maschinen und Prozessdaten wurden von einem deutschen Hartmetallhersteller sowie einem deutschen Werkzeughersteller eingeholt.

8.2.3 Nutzungsphase

Die Modellierung der Nutzungsphase erfolgt auf Basis der in Unterabschnitt 7.2.3 beschriebenen Abzeiloperationen. Die Zerspanung von 216 cm^3 POM-C entspricht der Lebensdauer eines Gesteinsfräswerkzeugs und bildet damit die funktionelle Einheit. Den Input der Nutzungsphase stellt der Energieeinsatz des verwendeten 5-Achs-CNC-Bearbeitungszentrums vom Typ 50 eVolution des Herstellers DMG dar. Die Messung der elektrischen Leistung P_{el} erfolgte mit Leistungsmessgeräten vom Typ C.A 8335 QualiSTAR+ und Stromzangen vom Typ MN 93 A 100 A des Herstellers Chauvin Arnoux. Für die verwendeten Prozessparameter und Schnittwerte, vgl. Tabelle 15, beträgt die Prozesszeit zur Zerspanung von 216 cm^3 POM-C exakt 60 Minuten. Die dafür benötigte elektrische Leistung P_{el} betrug für das VHM-Fräswerkzeug 3,185 kWh und für das Gesteinsfräswerkzeug 3,183 kWh. Die geringfügige Differenz ist insbesondere auf die unterschiedlichen Werkzeuggeometrien zurückzuführen[42]. Analog zu den Schleifprozessen, sind der Einsatz von Kühlmittel und Verschleißteilen am CNC-Bearbeitungszentrum vernachlässigbar. Als Output fallen 0,307 kg Späne aus POM-C an, welche dem Spanungsvolumen entsprechen. Zur Modellierung eines Transportprozesses wird die durchschnittliche Strecke eines

[41] Ausgehend von der den im Vergleich zu Hartmetall [DEN11, S. 169] geringeren Härtewerten der Verbundwerkstoffkomponenten Kaolin [RAM17, S. 5], Quarz [BLA97, S. 3111] und Feldspat [FUE22, S. 316].

[42] Da die Prozesslast im Vergleich zur Grundlast signifikant geringer ausfällt, kommen die geringeren Prozesskräfte, die beim Einsatz des Gesteinsfräswerkzeugs entstehen, vgl. die Unterabschnitte 7.2.2 und 7.2.4, nur geringfügig zur Geltung.

mittelständischen deutschen Werkzeugherstellers zu seinen Kunden zu Grunde gelegt. Diese Information wurde erneut von einem deutschen Werkzeughersteller zur Verfügung gestellt.

8.2.4 End-of-Life-Phase

Hartmetalle zählen zu den Metallen mit den weltweit höchsten Recyclingraten [ZEI18, S. 5]. Mit einer globalen Recyclingquote von ca. 55 % hebt sich die Schneidwerkzeugindustrie hierbei nochmals deutlich von anderen Anwendungsbereichen ab und nimmt eine führende Rolle im internationalen Recyclingkontext ein [ZEI21, S. 3]. Für das Recycling von Hartmetallen haben sich insbesondere die Methoden des chemischen Recyclings und des Zink-Recyclings etabliert. Das als direktes Recyclingverfahren[43] einzuordnende Zinkverfahren gilt dabei als energieeffizienter, umweltfreundlicher und kostengünstiger [ZEI21, S. 11], weshalb dieses zur Modellierung der End-of-Life-Phase betrachtet wird. Im Recycling-Prozess wird das Hartmetall mit geschmolzenem Zink behandelt, welches eine Legierung mit der Kobaltphase bildet. Dadurch wird die Bindung des Kobalts mit dem Wolframkarbid aufgelöst und die poröse Reststruktur kann mechanisch zu wiederverwertbarem Pulver zerkleinert werden [FRE15, S. 99]. Wird die Recyclingquote von 55 % zu Grunde gelegt, so werden pro VHM-Fräswerkzeug im Durchschnitt 113,96 g Hartmetall und 36,21 g Hartmetallspäne, die in der Herstellungsphase entstanden sind, dem Zink-Recyclingprozess zugeführt. Pro Kilogramm zu recycelndem Hartmetall werden als Input weiterhin 1,3 kg Zink benötigt [UPA98] und es besteht ein Energiebedarf von 4,0 kWh [ACH96, S. 196]. Neben dem so gewonnenen Wolframcarbid- und Kobaltpulver gehen 0,5 % des eingesetzten Zinks in der Atmosphäre verloren [JIM00, S. 154] und 3 % des eingesetzten Hartmetalls fallen als Ausschuss und somit Abfall an [UPA98]. Der nicht recycelte Anteil des Hartmetalls fällt ebenfalls als Abfall an.

Für Gesteinsfräswerkzeuge existiert kein etablierter Recyclingprozess, weshalb diese nach der Nutzungsphase als Abfall entsorgt werden.

8.3 Wirkungsabschätzung und Ergebnisinterpretation

Zur Ermittlung und Bewertung der potentiellen Umweltauswirkungen, die sich aus der Sachbilanz ergeben, werden den erfassten Inputs und Outputs Wirkungskategorien zugeordnet. Die Bewertung erfolgte nach der ReCiPe hierarchist midpoint 2016 Methode[44]. Die ReCiPe Methode liefert im allgemeinen Charakterisierungsfaktoren[45], die für den globalen Maßstab repräsentativ sind [HUI17, S. 145]. Die hierarchische Perspektive ist die am weitesten verbreitete Option

[43] Beim direkten Recycling wird das Hartmetall in Pulverform zurückgewonnen, wobei die ursprüngliche Zusammensetzung des Materials weitgehend erhalten bleibt. Hierzu ist eine hohe Reinheit des Eingangsmaterials nötig, sowohl bezüglich Verunreinigungen als auch hinsichtlich Sortierung nach Werkstoffzusammensetzung und Korngröße [ZEI21, S. 12 f.].

[44] Eine detaillierte Beschreibung der Methode ist bspw. [PRÉ22, S. 31–37] zu entnehmen.

[45] Faktoren, der zur Umrechnung eines Sachbilanzergebnisses in die gemeinsame Einheit eines Wirkungsindikators angewendet werden [DIN21a, S. 14].

für die Erstellung von Ökobilanzen und arbeitet mit den etablierten Grundsätzen hinsichtlich der Geltungsbereiche und Wirkungskategorien [PRÉ22, S. 32]. Die Midpoint-Variante wurde gewählt, um die 18 verfügbaren Wirkungskategorien problemorientiert analysierbar und darstellbar zu machen. Die Aggregation zu nur drei aggregierten Kategorien in der Endpoint-Variante erschwert die Analyse der direkten Auswirkungen der betrachteten Fräswerkzeuge auf die einzelnen Wirkungskategorien. Die nachfolgende Tabelle 20 listet die ermittelten Kennwerte für die 18 verfügbaren Wirkungskategorien auf.

Tabelle 20 Wirkbilanz nach der ReCiPe hierarchist midpoint 2016 Methode

Wirkungskategorie	Einheit	VHM-Fräswerkzeug	Gesteinsfräswerkzeug	Änderung in %
Klimawandel	kg CO_2-eq	4,281	11,781	+151,32%
Ozonschichtabbau	kg CFC11-eq	$2{,}75 \times 10^{-6}$	$7{,}68 \times 10^{-6}$	+157,10%
Ionisierende Strahlung	kBq Co-60-eq	0,579	1,920	+223,80%
Ozonbildung (Gesundheitseffekt)	kg NO_x-eq	0,009	0,019	+57,03%
Feinstaubbildung	kg $PM_{2,5}$-eq	0,007	0,010	+23,17%
Ozonbildung (Schaden an Ökosystemen)	kg NOx-eq	0,010	0,019	+54,28%
Terrestrische Versauerung	kg SO_2-eq	0,016	0,020	+6,31%
Süßwassereutrophierung	kg P-eq	0,006	0,015	+157,66%
Meereseutrophierung	kg N-eq	0,001	0,001	+20,35%
Ökotoxizität, terrestrisch	kg 1,4-DCB	14,737	19,789	-13,57%
Ökotoxizität, Süßwasser	kg 1,4-DCB	0,922	0,658	-36,84%
Ökotoxizität, marin	kg 1,4-DCB	1,181	0,881	-34,15%
Humantoxizität (krebserregend)	kg 1,4-DCB	0,420	0,971	+112,76%
Humantoxizität (nicht krebserregend)	kg 1,4-DCB	36,382	19,384	-51,77%
Landnutzung	m^2a crop-eq	0,149	0,351	+105,50%
Ressourcennutzung (Metalle und Minerale)	kg Cu-eq	0,184	0,018	-92,34%
Ressourcennutzung (fossil)	kg oil-eq	0,848	2,846	+195,73%
Wassernutzung	m^3	0,052	0,113	+110,35%

Insgesamt schneidet das Gesteinsfräswerkzeug in fünf der 18 betrachteten Wirkungskategorien besser ab als das VHM-Fräswerkzeug. Die besten Ergebnisse werden dabei in den Wirkungskategorien *Ressourcennutzung (Metalle und Minerale)* mit einer Verbesserung von 92,34 % und *Humantoxizität (nicht krebserregend)* mit einer Verbesserung von 51,77 % erzielt. In der Wirkungskategorie *Ressourcennutzung (fossil)* weist das Gesteinsfräswerkzeug hingegen mit einer Änderung von 195,73 % die zweitschlechtesten Werte im Vergleich zum VHM-

Fräswerkzeug auf. Die genannten Wirkungskategorien, die in Ökobilanzen mit Bezug zu Metallen empfohlene Wirkungskategorie *Klimawandel* [SAN16, S. 1551] sowie eine Übersicht zum Einfluss der einzelnen Lebenszyklusphasen auf alle Wirkungskategorien sind in der nachfolgenden Abbildung 80 grafisch dargestellt.

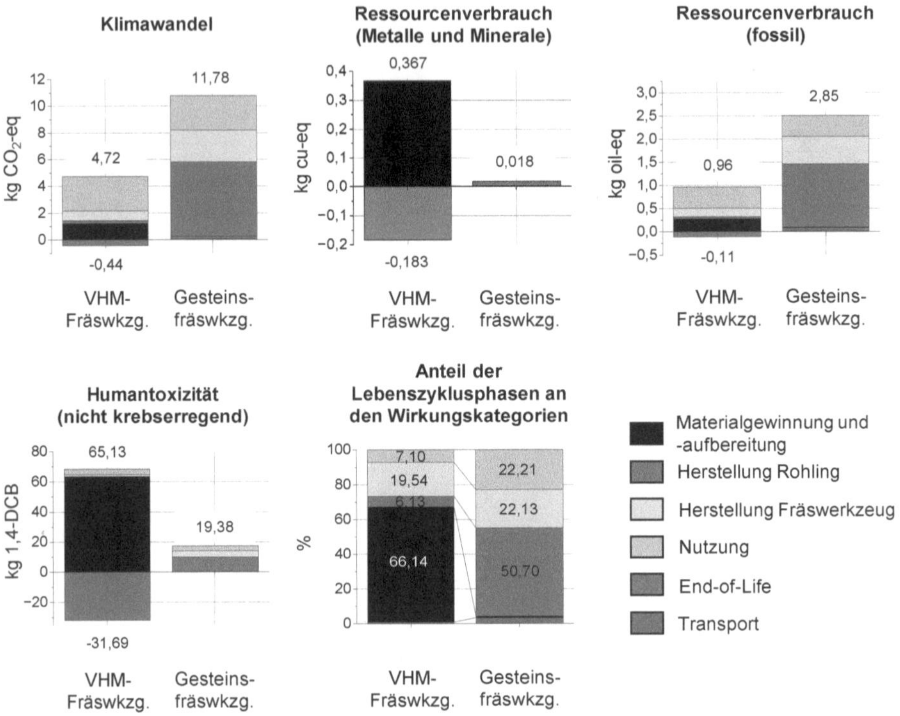

Abbildung 80 Ausgewählte Größen im Rahmen der Wirkbilanz

Die Wirkungskategorien, in denen das Gesteinsfräswerkzeug höhere Umweltauswirkungen aufweist, zeigen ein vergleichbares Muster. Den überwiegenden Anteil der jeweiligen Wirkungskategorien ist durch die Lebenszyklusphasen *Herstellung des Rohlings* und *Herstellung des Fräswerkzeugs* bedingt. Dies ist insbesondere auf zwei Faktoren zurückzuführen. Zum einen muss der Herstellungsprozess im Vergleich zum VHM-Fräswerkzeug aufgrund des geringeren Standwegs mehrfach durchgeführt werden, um ein vergleichbares Volumen an POM-C zu zerspanen. Da in der Lebenszyklusphase *Herstellung des Fräswerkzeugs* grundsätzlich ähnliche Werkzeugmaschinen zum Einsatz kommen, die bereits unabhängig des zu bearbeitenden Werkstoffs einen Grundlastbedarf an Energie benötigen, ist der Schleifprozess schon bei der Herstellung eines einzelnen Werkzeugs für das Gesteinsfräswerkzeug nur geringfügig effizienter. Zum anderen erfolgt die Herstellung des Rohlings für das Gesteinsfräswerkzeug nicht im industriellen, sondern im Labormaßstab. Aufgrund der deutlich geringeren Stückzahlen, kommen dabei aus energetischer Sicht ineffizientere Anlagen zum Pulvermischen, Sieben, Pressen, Entbindern und Sintern zum Einsatz. Dieser Prozess weist somit bereits ohne den Faktor für die standwegbedingte multiple Durchführung erhöhte Umweltauswirkungen auf.

Insgesamt ist festzustellen, dass sich die in der *Nutzungsphase* verursachten Umweltauswirkungen für beide Fräswerkzeuge nur geringfügig unterscheiden. Während die Lebenszyklusphasen *Materialgewinnung und -aufbereitung* sowie *End-of-Life* für die Umweltauswirkungen des Gesteinsfräswerkzeugs keinen signifikanten Einfluss aufweisen, haben diese einen großen Einfluss für das VHM-Fräswerkzeug. Für die Wirkungskategorien *Ressourcenverbrauch (Metalle und Minerale)* und *Humantoxizität (nicht krebserregend)*, in denen das Gesteinsfräswerkzeug geringere Umweltauswirkungen aufweist, werden die Umweltauswirkungen des VHM-Fräswerkzeugs fast ausschließlich durch die Lebenszyklusphase *Materialgewinnung und -aufbereitung*, also den Abbau und die Weiterverarbeitung von Wolfram und Kobalt, bestimmt. Beim VHM-Fräswerkzeug wirkt sich das Recycling in der *End-of-Life-Phase* positiv auf das Gesamtergebnis aus. Trotz des benötigten Energieeinsatzes für die Durchführung des Recyclingprozesses, werden Teile der Umweltauswirkungen aus der *Materialgewinnung und -aufbereitungsphase* in der Bilanz wieder gutgeschrieben. Jedoch bleiben auch bei Berücksichtigung des Recyclingeffektes aufgrund des eingesetzten Wolframs und Kobalts hohe Umweltauswirkungen auf Seiten des VHM-Fräswerkzeugs bestehen. Durchschnittlich tragen diese mit 66,14 % ca. zwei Drittel zu den einzelnen Wirkungskategorien bei.

Insgesamt kann festgehalten werden, dass die Herstellung eines einzelnen Gesteinsfräswerkzeugs signifikant geringere Umweltauswirkungen verursacht als die Herstellung eines einzelnen VHM-Fräswerkzeugs. Unter Berücksichtigung des geringeren Standwegs geht ein Teil dieses Umweltvorteils verloren und es verbleiben fünf Wirkungskategorien, in denen das Gesteinsfräswerkzeug bessere Ergebnisse erzielt. Die beiden größten Hebel zur Erhöhung des Umweltvorteils des Gesteinsfräswerkzeugs sind die Erhöhung des Standwegs sowie eine Industrialisierung der Herstellung des Rohlings. Ersteres reduziert die Anzahl der herzustellenden Gesteinsfräswerkzeuge, um das gleiche Spanungsvolumen wie ein VHM-Fräswerkzeug zu bearbeiten – und den damit einhergehenden Energie- und Ressourceneinsatz. Eine Industrialisierung des Herstellungsprozesses des Rohlings, der im Rahmen dieser Arbeit im Labormaßstab für geringe Stückzahlen durchgeführt wurde, könnte durch größere und effizientere Anlagen Skaleneffekte ermöglichen, wodurch der Energie- und Ressourceneinsatz pro Fräswerkzeug signifikant gesenkt werden würde.

9 Zusammenfassung und Ausblick

Die Verfügbarkeit strategischer Rohstoffe und ein verantwortungsvoller Umgang mit Ressourcen zählen zu den zentralen Herausforderungen moderner Industriegesellschaften. Spanende Fertigungsprozesse nehmen dabei eine Schlüsselrolle ein, da sie energie- und ressourcenintensiv sind und in nahezu allen produzierenden Unternehmen Anwendung finden. Werkzeuge aus Hartmetall sind aufgrund ihrer hohen Verschleißfestigkeit und thermischen Belastbarkeit unverzichtbar für moderne Zerspanprozesse, jedoch geht der Einsatz ihrer Hauptbestandteile, Wolfram und Kobalt, mit erheblichen Problemen einher. Beide werden aufgrund ihrer hohen Länderkonzentration und des damit verbundenen Länderrisikos von der EU als kritische Rohstoffe eingestuft. Zudem unterliegen die hohen Preise beider Rohstoffe erheblichen Schwankungen, was die wirtschaftliche Planung deutlich erschwert. Die energieintensive Herstellung von Hartmetall trägt darüber hinaus zu negativen Umweltauswirkungen bei.

Vor diesem Hintergrund rücken Gesteine als potentielle Alternative zu Hartmetallen in den Fokus. Sie zeichnen sich u. a. durch hohe Härte, geringe Dichte, chemische Beständigkeit und breite Verfügbarkeit aus und sind damit grundsätzlich für die Anwendung als Schneidstoff interessant. Vor diesem Hintergrund setzte sich die vorliegende Arbeit zum Ziel, einen Vollmaterialschaftfräser aus einem Gesteinsverbundwerkstoff zu entwickeln, für den Anwendungsfall der Zerspanung von Kunststoffbauteilen und -halbzeugen zu erproben und Bearbeitungsoperationen zu identifizieren, für welche vergleichbare Ergebnisse zu konventionellen Hartmetallfräswerkzeugen erzielt bzw. sogar funktionelle Vorteile identifiziert werden können.

Als Basis dieser Entwicklung diente eine systematische Analyse der Einsatzbedingungen von Vollmaterialschaftfräsern bei der Zerspanung von Kunststoffbauteilen und -halbzeugen. Diese erfolgte in Form einer Marktforschungsstudie, im Rahmen dieser Hersteller- und Anwenderunternehmen befragt wurden, die im betrachteten Anwendungsgebiet tätig sind. Dabei zeigte sich u. a. das für die spanende Bearbeitung von Kunststoffbauteilen und -halbzeugen überwiegend Fräswerkzeuge aus Hartmetall zum Einsatz kommen (74 %). Weiterhin gaben Werkzeuganwender den Wunsch nach vielfältigeren Werkzeugen für spezifische Anwendungsfälle sowie nach Innovationen für dynamisch optimierte Werkzeuge an. Ergänzend wurden Fräsbauteile aus der industriellen Praxis untersucht und aus der Zusammensetzung derer geometrischen Formelemente eine Referenzbearbeitungsaufgabe für die Erprobung von Fräswerkzeugen für die spanende Bearbeitung von Kunststoffbauteilen und -halbzeugen abgeleitet, welche im weiteren Verlauf der vorliegenden Arbeit zum Einsatz kam.

Zur simulativen Entwicklung einer Werkzeuggeometrie, die an die Eigenschaften des neuartigen Gesteinsverbundwerkstoffs angepasst ist, wurde zunächst ein entsprechendes FE-Simulationsmodell aufgebaut. Als Input wurde hier insbesondere der Gesteinsverbundwerkstoff hinsichtlich der für die Simulation benötigten Werkstoffkennwerte wie bspw. Elastizitätsmodul oder Dämpfungsmaß charakterisiert. Hierzu kamen Ultraschallmessung, das

Archimedes-Verfahren und Laser-Doppler-Vibrometrie zum Einsatz. Anschließend wurde der Einfluss der Geometrieelemente am Schneidteil des Werkzeuges unter Einsatz statistischer Versuchsplanung ermittelt. Dies erfolgte zum einen anhand von statisch-strukturmechanischen Simulationen zur Ermittlung der Stabilität verschiedener Werkzeuggeometrien. Zum anderen wurde anhand von simulativen Modal- und Frequenzganganalysen der Einfluss auf das dynamische Verhalten der untersuchten Geometrieelemente ermittelt. Die aus den gewonnenen Erkenntnissen abgeleiteten Werkzeuggeometrien weisen jeweils vergleichsweise große Keilwinkel, große Werkzeugkerndurchmesser sowie große Stirnschnitttiefen auf. Durch unterschiedliche Kombination der restlichen Faktoren, wie bspw. Drallwinkel und Ungleichteilung, ergeben sich drei mögliche Geometrievarianten für den Vollmaterialschaftfräser aus Gesteinsverbundwerkstoff.

Diese Geometrievarianten wurden anschließend als Demonstratorwerkzeuge für die experimentellen Untersuchungen hergestellt. Hierzu waren diese zunächst als virtuelle Werkzeugmodelle im Rahmen einer Schleifsimulation zu modellieren. Dabei wurde sichergestellt, dass sich die Werkzeuge mit konventionellen Schleifscheiben herstellen lassen, um ein separates Abrichten von Schleifscheiben zu vermeiden. Die Fertigung eines Rohlings aus dem Gesteinsverbundwerkstoff, welcher sich aus den Hauptkomponenten Kaolin, Quarz und Feldspat zusammensetzt, erfolgte mittels Pressen und anschließender thermischer Behandlung. Nach anschließender schleifender Nachbearbeitung des Rohlings und Schleifen der Werkzeuggeometrie konnte nachgewiesen werden, dass die fertigungstechnische Herstellung von Vollmaterialschaftfräsern aus Gesteinsverbundwerkstoff grundsätzlich möglich ist.

Diese wurden daraufhin im Rahmen der experimentellen Erprobung im Laborumfeld untersucht. Hierzu kamen neben der Bearbeitung der zuvor definierten Referenzbearbeitungsaufgabe auch gestufte Versuchsplatten, Abzeiloperationen und eine experimentelle Modalanalyse zum Einsatz. Bei letzterer wurde für die Vollmaterialschaftfräser aus Gesteinsverbundwerkstoff zwar ein im Vergleich zu Hartmetallfräswerkzeugen nachteilhaftes Dämpfungsverhalten, jedoch aber eine positive Verschiebung der Eigenfrequenzen in einen unkritischen höheren Bereich, nachgewiesen. Die Oberflächenrauheiten hingen stark von der jeweiligen Bearbeitungsoperation ab. Während Features, deren gemessene Oberfläche mit den Umfangschneiden erzeugt wurden für die Vollmaterialschaftfräser aus Gesteinsverbundwerkstoff schlechtere Werte als für Vollhartmetallfräswerkzeuge aufwiesen, konnte die Güte stirnseitig hergestellter Oberflächen featureabhängig um bis zu 44 % gesteigert werden. Die anschließende Erprobung im industriellen Einsatzumfeld bestätigte diese Erkenntnisse. Um das Potential des Vollmaterialschaftfräsers aus Gesteinsverbundwerkstoff für weitere Anwendungsfelder zu evaluieren, wurde im industriellen Einsatzumfeld auch die spanende Bearbeitung von Aluminiumbauteilen und -halbzeugen untersucht. Trotz des deutlich verkürzten Werkzeugstandwegs konnten auch hierbei für stirnseitig erzeugte Oberflächen im Vergleich zu Vollhartmetallfräswerkzeugen vergleichbare Oberflächenrauheiten erzielt werden.

Abschließend wurden die Umweltauswirkungen von Hartmetallfräswerkzeugen und Vollmaterialschaftfräsern aus Gesteinsverbundwerkstoff im Rahmen einer vergleichenden Ökobilanz gegenübergestellt. Hierzu wurden sämtliche umweltrelevante In- und Outputströme für beide Werkzeuge erfasst und bilanziert. Es wurde gezeigt, dass sich die Herstellung eines einzelnen Vollmaterialschaftfräsers aus Gesteinsverbundwerkstoff im Vergleich zu einem einzelnen Hartmetallfräswerkzeug als ökologisch vorteilhaft erweist. Unter Berücksichtigung der kürzeren Werkzeugstandzeit reduziert sich dieser Vorteil jedoch nur noch auf ausgewählte Wirkungskategorien, da der Energie- und Ressourceneinsatz zur Herstellung mehrerer Werkzeuge erbracht werden muss. Insbesondere hinsichtlich der metallischen und mineralischen Ressourcennutzung konnte jedoch nach wie vor ein ökologischer Vorteil von 92 % erzielt werden.

Die gewonnenen Erkenntnisse haben gezeigt, dass der Einsatz von Gestein als Substitut für Hartmetall für die spanende Bearbeitung von Kunststoffbauteilen und -halbzeugen für bestimmte Bearbeitungsoperationen einen Nutzenvorteil generieren kann. Zur weiteren Optimierung, insbesondere hinsichtlich des Werkzeugstandwegs und damit auch der unmittelbar verbundenen Umweltauswirkungen, besteht Bedarf an weiterer Forschungsarbeit. Mögliche Ansätze sind bspw. die Weiterentwicklung des Gesteinsverbundwerkstoffs oder des Herstellungsprozesses für die Rohlinge. Auch der Werkzeugschleifprozess, insbesondere die Präparation der Mikrostruktur der Schneidkante bietet weiteres Potential zur Forschung. Weiterhin stellt das Aufbringen einer Beschichtung eine Möglichkeit dar, den Standweg des Vollmaterialschaftfräsers aus Gesteinsverbundwerkstoff signifikant zu verlängern. Hierzu ist insbesondere eine geeignete Haftbrücke zu entwickeln, die eine verlässliche Verbindung zwischen dem Werkstoffsubstrat und der Beschichtung herstellt. Die Übertragung auf weitere Anwendungsfälle stellt einen weiteren Ansatz für fortführende Forschungsarbeit dar. Wie im Rahmen der vorliegenden Arbeit bereits angedeutet, ist bspw. die Übertragung auf die spanende Bearbeitung von Leichtmetallen grundsätzlich möglich. Ebenso ist die Übertragung auf weitere spanende Fertigungsverfahren mit geometrisch bestimmter Schneide, wie bspw. Drehen oder Bohren, denkbar. Bei entsprechender Optimierung des Gesteinsverbundwerkstoffs und der Herstellungsprozesse entsteht hierdurch ein weiterer großer Anwendungsbereich und somit eine signifikante Menge Hartmetall, das durch die Substitution mit hochverfügbarem und nachhaltigem Gestein eingespart werden kann.

10 Summary and Outlook

The availability of strategic raw materials and the responsible use of resources are among the key challenges facing modern industrial societies. Machining processes play a key role in this context, as they are energy- and resource-intensive and are used in almost all manufacturing companies. Carbide milling tools are indispensable for modern machining processes due to their high wear resistance and thermal resilience, but the use of their main components, tungsten and cobalt, is associated with considerable problems. Both are classified as critical raw materials by the EU due to their high country concentration and the associated country risk. In addition, the high prices of both raw materials are subject to considerable fluctuations, which makes economic planning significantly more difficult. The energy-intensive production of carbide also contributes to negative environmental impacts.

Against this backdrop, rocks are coming into focus as a potential alternative to carbides. They are characterized by high hardness, low density, chemical resistance, and wide availability, among other things, and are therefore fundamentally interesting for use as cutting materials. Against this backdrop, the aim of this work was to develop a solid carbide end mill made of a stone-based composite material, to test it for the machining of plastic components and semi-finished products, and to identify machining operations for which comparable results to conventional carbide milling tools can be achieved or even functional advantages identified.

This development was based on a systematic analysis of the operating conditions of solid carbide end mills used in the machining of plastic components and semi-finished products. This was carried out in the form of a market research study, in which manufacturers and user companies operating in the relevant field of application were surveyed. Among other things, the study showed that carbide milling tools are predominantly used for the machining of plastic components and semi-finished products (74%). Furthermore, tool users expressed a desire for more versatile tools for specific applications and for innovations in dynamically optimized tools. In addition, milling components from industrial practice were examined and a reference machining task for testing milling tools for the machining of plastic components and semi-finished products was derived from the composition of their geometric shape elements, which was used in the further course of this work.

To simulate the development of a tool geometry adapted to the properties of the new stone-based composite material, a corresponding FE simulation model was first constructed. The stone-based composite material was characterized in particular with regard to the material properties required for the simulation, such as the modulus of elasticity or damping coefficient. Ultrasonic measurement, the Archimedes method, and laser Doppler vibrometry were used for this purpose. Subsequently, the influence of the geometric elements on the cutting part of the tool was determined using statistical test planning. This was done on the one hand using static structural mechanical simulations to determine the stability of different tool geometries. On the other hand, the influence on the dynamic behavior of the investigated geometric elements was determined using simulative modal and frequency response analyses. The tool geometries derived from the findings obtained each have comparatively large wedge angles, large tool core diameters, and large face cutting depths. Different combinations of the remaining factors, such as twist angle and uneven pitch, result in three possible geometry variants for the stone-based milling tool.

These geometric variants were then manufactured as demonstrator tools for the experimental investigations. To this end, they first had to be modeled as virtual tool models within the framework of a grinding simulation. It was ensured that the milling tools could be manufactured with conventional grinding wheels in order to avoid separate dressing of the grinding wheels. A blank was produced from the stone-based composite material, which consists of the main components kaolin, quartz, and feldspar, by means of pressing and subsequent thermal treatment. After subsequent grinding of the blank and grinding of the tool geometry, it was proven that the production of stone-based milling tools is fundamentally possible.

These were then investigated in experimental testing in a laboratory environment. In addition to processing the previously defined reference machining task, stepped test plates, stripping operations, and experimental modal analysis were also used. In the latter case, the stone-based milling tools were found to have disadvantageous damping behavior compared to carbide milling tools, but a positive shift of the natural frequencies to a non-critical higher range. The surface roughnesses depended heavily on the respective machining operation. While features whose measured surface was produced with the peripheral cutting edges showed poorer values for carbide milling tools than for solid carbide milling tools, the quality of surfaces produced on the front side could be increased by up to 44% depending on the feature. Subsequent testing in an industrial environment confirmed these findings. In order to evaluate the potential of stone-based milling tools for other fields of application, the machining of aluminum components and semi-finished products was also investigated in an industrial environment. Despite the significantly reduced tool life, comparable surface roughnesses were achieved for end-face surfaces compared to carbide milling tools.

Finally, the environmental impact of carbide milling tools and stone-based milling tools was compared in a comparative life cycle assessment. For this purpose, all environmentally relevant input and output flows for both milling tools were recorded and balanced. It was shown that the production of a single stone-based milling tool is ecologically advantageous compared to a single carbide milling tool. However, taking into account the shorter tool life, this advantage is reduced to selected impact categories, as the energy and resources required to manufacture several tools must be provided. Nevertheless, an ecological advantage of 92% was still achieved, particularly with regard to the use of metallic and mineral resources.

The findings have shown that the use of stone as a substitute for carbide in the machining of plastic components and semi-finished products can generate a benefit for certain machining operations. Further research is needed to optimize this process, particularly with regard to tool life and the associated environmental impact. Possible approaches include further development of the stone-based composite material or the manufacturing process for the blanks. The tool grinding process, in particular the preparation of the microstructure of the cutting edge, also offers further potential for research. Furthermore, the application of a coating is one way of significantly extending the service life of the stone-based milling tool. In particular, a suitable bonding bridge needs to be developed to create a reliable connection between the material substrate and the coating. The transfer to other applications represents a further approach for ongoing research work. As already indicated in this thesis, transfer to the machining of light metals, for example, is fundamentally possible. Transfer to other machining processes with geometrically defined cutting edges, such as turning or drilling, is also conceivable. With appropriate optimization of the stone-based composite material and the manufacturing processes, this opens up another large area of application and thus a significant amount of carbide that can be saved by substituting it with highly available and sustainable stone.

11 Abkürzungsverzeichnis

Abkürzung	**Begriff**
3D	Dreidimensional
ABS	Acrylnitril-Butadien-Styrol-Copolymere
APOS	Allocation at the point of substitution
ASTM	ASTM International (ursprünglich: American Society for Testing and Materials)
CAD	Computer Aided Design
cBN	Kubisches Bornitrid (engl. cubic bornitrid)
CCD	Central Composite Design
CFK	Carbonfaserverstärkter Kunststoff
DMG	Deckel Maho Gildemeister
DoE	Design of Experiments
EU	Europäische Union
DIN	Deutsches Institut für Normung
FE	Finite-Elemente
FEA	Finite-Elemente-Analyse
FEM	Finite-Elemente-Methode
FFT	Schnelle Fourier-Transformation (engl. Fast Fourier Transform)
GLR	Gewichtetes Länderrisiko
HHI	Herfindahl-Hirschman-Index
HS	Hauptschneide
HSC	Hochgeschwindigkeitsfräsen (engl. High Speed Cutting)
HSS	Schnellarbeitsstahl (engl. High Speed Steel)
ISBE	Itterheim Softwaretechnik – Beratung und Entwicklung
ISO	International Organisation for Standardization
ISRM	International Society for Rock Mechanics and Rock Engineering
JMTBA	Japan Machine Tool Builders´ Association
KMU	Kleine und mittlere Unternehmen
LCA	Lebenszyklusanalyse (engl. Life Cycle Assessment)
MA	Mitarbeitende

MKD	Monokristalliner Diamant
NS	Nebenschneide
PA	Polyamide
PBT	Polybutylenterephthalat
PC	Polycarbonate
PE	Polyethylen
PET	Polyethylenterephthalat
PKD	Polykristalliner Diamant
POM-C	Polyoxymethylen (Copolymer)
PP	Polypropylen
PU	Polyurethane
RCD	Rotierendes Zerspankraft-Dynamometer (engl. Rotating Cutting Force Dynamometer
RJ45	Registered Jack 45
SE	Schneidenecke
USB	Universal Serial Bus
VDI	Verein Deutscher Ingenieure
VHM	Vollhartmetall
WC	Wolframkarbid
ZP	Zentralpunkt

12 Symbolverzeichnis

Symbol	Einheit	Beschreibung
A	mm^2	Spanungsquerschnitt
A	-	Koeffizient
A_{lki}	-	Verstärkungsfaktor
A_T	mm	Abstandsmaß Fräserdurchmesser zu Werkstücksanfang
a_e	mm	Schnittbreite
a_p	mm	Schnitttiefe
$a_{p,grenz}$	mm	Grenzschnitttiefe
$a(t)$	-	Beschleunigungssignal
B	mm	Werkstückbreite
b	mm	Werkstoffprobenbreite
C	-	Koeffizient
c	N/m	Federsteifigkeit
D	-	Lehrsches Dämpfungsmaß
D	mm	Werkzeugdurchmesser
d	-	Dämpfungskonstante
d_i	-	Dämpfungselement
d_S	mm	Schneidendurchmesser
d_0	mm	Referenzwert Werkzeugdurchmesser
$d50$	µm	50 % der Partikel kleiner oder gleich
$d90$	µm	90 % der Partikel kleiner oder gleich
E	Pa	Elastizitätsmodul
E_1	mm	Abstandsmaß Werkstückende zu Fräserdurchmesser
$E(j\omega)$	-	Komplexes Energiespektrum
$E_a(j\omega)$	-	Ausgangssignal
$E_f(j\omega)$	-	Eingangssignal
F	N	Zerspankraft
F_a	N	Aktivkraft
F_c	N	Schnittkraft
F_D	N	Drangkraft

F_f	N	Vorschubkraft
F_p	N	Passivkraft
f	mm	Vorschub pro Umdrehung
f_{b1}	Hz	Erste Biegefrequenz
f_D	Hz	Frequenzverschiebung
f_d	Hz	Drehfrequenz
f_f	-	Formfaktor
f_f	Hz	Grundresonanzfrequenz Biegeschwingung
f_h	-	Spanungsdickenfaktor
f_l	Hz	Frequenz unterhalb von f_p
f_n	Hz	Eigenfrequenz
f_p	Hz	Frequenz mit höchster Amplitude
f_s	-	Schneidstofffaktor
f_{st}	-	Stumpfungsfaktor
f_t	-	Grundresonanzfrequenz Torsionsschwingung
$f(t)$	-	Kraftanregung
$f_a(t)$	-	Abklingfunktion
f_u	Hz	Frequenz oberhalb von f_p
f_v	-	Geschwindigkeitsfaktor
f_z	mm	Vorschub pro Zahn
f_z	Hz	Zahneingriffsfrequenz
f_γ	-	Spanwinkelfaktor
f_λ	-	Neigungswinkelfaktor
G	Pa	Schubmodul
$G(j\omega)$	-	Nachgiebigkeitsfrequenzgang
H	-	Korrekturfaktor
h	mm	Spanungsdicke
h_m	mm	Mittlere Spanungsdicke
h_0	Mm	Referenzwert Spanungsdicke
J	-	Korrekturfaktor
K	-	Kolkverhältnis
$[K]$	-	Steifigkeitsmatrix

KM	mm	Kolkmittenabstand
KT	mm	Kolktiefe
k	-	Anzahl Faktoren
k_c	N/mm^2	Spezifische Schnittkraft
$k_{c1.1}$	N/mm^2	Grundwert der spezifischen Schnittkraft
k_i	-	Federelement
L	mm	Werkstoffprobenlänge
l	mm	Werkzeuglänge
L_f	m	Standweg
l_1	mm	Gesamtlänge Werkzeug
l_2	mm	Schneidenlänge
l/D	-	Verhältnis Werkzeuglänge zu Werkzeugdurchmesser
$[M]$	-	Massenmatrix
M_T	Nm	Torsionsmoment
m	-	Anzahl Faktorstufen
m	kg	Masse
m_1	kg	Masse trockene Werkstoffprobe
m_2	kg	Scheinbare Masse eingetauchte Werkstoffprobe
m_3	kg	Masse imprägnierte Werkstoffprobe
m_γ	$grad^{-1}$	Anstiegswert Spanwinkelfaktor
m_λ	$grad^{-1}$	Anstiegswert Neigungswinkelfaktor
N	m/N	Dynamische Nachgiebigkeit
N	mm^3	Standmenge
n	1/min	Drehzahl
P_c	W	Schnittleistung
P_{cm}	W	Mittlere Schnittleistung
P_{el}	W	Wirkleistung
P_f	W	Vorschubleistung
P_{fe}	-	Arbeitsebene
P_S	-	Scheinbare Porosität
P_s	-	Schneidenpunkt
Q	cm^3/min	Zeitspanvolumen

R_a	µm	Arithmetischer Mittenrauwert
R_z	µm	Gemittelte Rautiefe
R^2	-	Bestimmungsmaß (Modellgüte)
R^2_{prog}	-	Prognostiziertes R^2 (Modellprognosefähigkeit)
$S(j\omega)$	-	Komplexes Leistungsspektrum
S_a	µm	Arithmetischer Mittenrauwert (Flächenhaft)
T	min	Standzeit
T_I	min	Integrationsdauer
T_S	mm	Stirnschnitttiefe
T_U	°	Ungleichteilung
$T1$	-	Korrekturfaktor Biegemode
t	mm	Werkstoffprobendicke
t_h	s	Schneideneingriffszeit
$\{x_n\}$	-	Eigenvektor
V	cm³	Volumen
V_S	cm³	Spanungsvolumen
VB	mm	Verschleißmarkenbreite
VB_0	mm	Referenzwert Verschleißmarkenbreite
V_b	cm³	Rohvolumen
V_T	mm³	Standvolumen
v_c	m/min	Schnittgeschwindigkeit
v_{c0}	m/min	Referenzwert Schnittgeschwindigkeit
v_e	m/min	Wirkgeschwindigkeit
v_f	mm/min	Vorschubgeschwindigkeit
z	-	Neigungswert
α	°	Primärfreiwinkel Hauptschneide
α_0	°	Sekundärfreiwinkel Hauptschneide
α_1	°	Primärfreiwinkel Nebenschneide
β	°	Keilwinkel
γ	°	Spanwinkel
γ_0	°	Referenzwert Spanwinkel
δ	-	Abklingkoeffizient

ε	°	Phasenwinkel
ζ	-	Dämpfungsmaß
η	°	Vorschubrichtungswinkel
κ	°	Einstellwinkel
κ_N	°	Einstellwinkel der Nebenschneide
Λ	-	Logarithmisches Dekrement
λ	m	Wellenlänge
λ_c	m	Grenzwellenlänge
λ_n	rad^2/s^2	Eigenwert
λ_s	°	Drallwinkel
λ_0	°	Referenzwert Drallwinkel
ρ	kg/m^3	Dichte
ρ_b	kg/m^3	Rohdichte
ρ_1	kg/m^3	Dichte der Immersionaflüssigkeit bei Prüftemperatur
ν	-	Querkontraktionszahl
φ	°	Vorschubrichtungswinkel
φ_c	°	Eingriffswinkel
ω	rad/s	Winkelgeschwindigkeit
ω_a	rad/s	Anregungs-Kreisfrequenz
ω_n	Hz	Eigenkreisfrequenz

13 Abbildungsverzeichnis

14 Tabellenverzeichnis

15 Literaturverzeichnis

[ACH96] Acharyulu, S.; Rama Rao, P. An integrated approach to the optimum utilization of national tungsten resources: Technology gaps. In: Bull. Mater. Sci., Jg. 19(2), S. 179-199, 1996. doi:10.1007/BF02744665.

[ADO21] Adolf Würth GmbH & Co. KG: CNC-TEC, 2021. Verfügbar unter: https://eshop.wuerth.de/Produktkategorien//14017503070640.cyid/1401.cgid/de/DE/EUR/?CampaignName=SR005, Zugriff: 17.06.2025.

[ÅKE07] Åkesson, H.: Active control of vibration and analysis of dynamic properties concerning machine tools. Dissertation. Department of Signal Processing, Blekinge Institute of Technology, 2007.

[ALR03] Al-Regib, E.; Ni, J.; Lee, S.-H. Programming spindle speed variation for machine tool chatter suppression. In: International Journal of Machine Tools and Manufacture, Jg. 43(12), S. 1229-1240, 2003. doi:10.1016/S0890-6955(03)00126-3.

[ALT00] Altintas, Y.: Manufacturing automation: Metal cutting mechanics, machine tool vibrations, and CNC design. Cambridge Univ. Press, Cambridge, 2000. ISBN 0521650291.

[AMC25] AMCO Metall-Service GmbH: Technisches Datenblatt: EN AW-5083 (AlMg4,5Mn) Guss, 2025. Verfügbar unter: https://amco-metall.de/fileadmin/downloads/Datenblaetter/Datenblatt_AMCO_5083_ _Guss_.pdf, Zugriff: 17.06.2025.

[AST22] American Society for Testing and Materials (ASTM) ASTM E 1876:2022 (2022): Standard Test Method for Dynamic Young's Modulus, Shear Modulus, and Poisson's Ratio by Impulse Excitation of Vibration, 2022. Verfügbar unter: https://forlab.pt/wp-content/uploads/2015/08/E1876_mvuj8965.pdf.

[ARU20] Aruna, M. Optimization of Cutting Parameters in Machining Polyoxymethylene Using RSM. In: IOP Conference Series: Materials Science and Engineering, Jg. 893(1), S. 12005, 2020. doi:10.1088/1757-899X/893/1/012005.

[ASH21] Ashby, M.: Material Property Definitions - a summary. 5th edition. ANSYS, Inc., Canonsburg, PA, USA, 2021.

[AWI20] Awiszus, Birgit; Jürgen Bast; Thomas Hänel; Mario Kusch (Hrsg.): Grundlagen der Fertigungstechnik. 7., vollständig überarbeitete und erweiterte Auflage. Hanser Verlag, München, 2020. ISBN 978-3-446-45033-2.

[BAL17] Balzert, H.; Schröder, M.; Schäfer, C.: Wissenschaftliches Arbeiten: Ethik, Inhalt & Form wiss. Arbeiten, Handwerkszeug, Quellen, Projektmanagement, Präsentation. 2. Auflage. Springer Campus, Berlin, 2017. Soft skills. ISBN 9783961490066.

[BAR23] Barazi, S.; Bastian, D.; Damm, S.; Fritz, A.; Kern, M.; Liedtke, M.; Schmidt, M.: DERA-Rohstoffliste. Datenstand: Mai 2023. Deutsche Rohstoffagentur (DERA) in der Bundesanstalt für Geowissenschaften und Rohstoffe (BGR), Berlin, 2023. DERA Rohstoffinformationen, Bd. 56. ISBN 978-3-948532-76-5.

[BAR22] Bargel, Hans-Jürgen (Hrsg.): Werkstoffkunde: Strukturen - grundlegende Eigenschaften. 13. Aufl. 2022. Springer-Lehrbuch. Springer Berlin Heidelberg, Berlin, Heidelberg, 2022. ISBN 978-3-662-63960-3.

[BAU19] Baur, E.; Harsch, G.; Moneke, M.: Werkstoff-Führer Kunststoffe: Eigenschaften - Prüfungen - Kennwerte. 11., aktualisierte Auflage. Hanser, München, 2019. Hanser eLibrary. ISBN 978-3-446-46067-6.

[BAU14] Baur, M.: Aktives Dämpfungssystem zur Ratterunterdrückung an spanenden Werkzeugmaschinen. Institut für Werkzeugmaschinen und Betriebswissenschaften, Technische Universität München, 2014.

[BED09] Bediaga, I.; Muñoa, J.; Hernández, J.; López de Lacalle, L. An automatic spindle speed selection strategy to obtain stability in high-speed milling. In: International Journal of Machine Tools and Manufacture, Jg. 49(5), S. 384-394, 2009. doi:10.1016/j.ijmachtools.2008.12.003.

[BEH12] Behrendt, T.; Zein, A.; Min, S. Development of an energy consumption monitoring procedure for machine tools. In: CIRP Annals, Jg. 61(1), S. 43-46, 2012. ISSN 00078506. doi:10.1016/j.cirp.2012.03.103.

[BEI17] Beitelschmidt, M.; Dresig, H.: Maschinendynamik - Aufgaben und Beispiele. 2., überarbeitete Auflage. Springer Vieweg, Berlin, 2017. ISBN 978-3-662-53435-9.

[BEI24] Beitelschmidt, M.; Dresig, H.: Maschinendynamik. 13. Auflage. Springer, Berlin, 2024. ISBN 978-3-662-60313-0.

[BLA97] Blank, V.; Popov, M.; Lvova, N.; Gogolinsky, K.; Reshetov, V. Nano-sclerometry measurements of superhard materials and diamond hardness using scanning force microscope with the ultrahard fullerite C 60 tip. In: Journal of Materials Research, Jg. 12(11), S. 3109-3114, 1997. doi:10.1557/JMR.1997.0406.

[BLE13] Bleicher, F.; Wagner, F.; Lauwers, B.: Economical & Ecological Cutting - Final Report, ecoplus. The Business Agency of Lower Austria, St. Pölten, 2013.

[BLE00] Blenkinsop, T.: Deformation microstructures and mechanisms in minerals and rocks. Kluwer Academic Publishers, Dordrecht, 2000. ISBN 041273480X.

[BÖG21] Böge, W.; Barfels, L.: Zerspantechnik. In: (Hrsg.) Böge, Alfred; Böge, Wolfgang; Arndt, Klaus-Dieter; Bahmann, Werner, et al.: Handbuch Maschinenbau. Grundlagen und Anwendungen der Maschinenbau-Technik. 24., überarbeitete und erweiterte Auflage, Wiesbaden, Springer Vieweg, 2021. ISBN 978-3-658-30273-3.

[BRE23] Breidenstein, B.; Denkena, B.; Bergmann, B.; Picker, T.; Wolters, P. Tool wear when using natural rocks as cutting material for the turning of aluminum alloys and plastics. In: Production Engineering, Jg. 17(3-4), S. 425-435, 2023. ISSN 0944-6524. doi:10.1007/s11740-022-01159-2.

[BRE22] Breidenstein, B.; Denkena, B.; Bergmann, B.; Wolters, P.; Picker, T. Turning Copper and Aluminum Alloys with Natural Rocks as Cutting Tools. In: Materials (Basel, Switzerland), Jg. 15(6), 2022. ISSN 1996-1944. doi:10.3390/ma15062187.

[BMW20] Bundesministerium für Wirtschaft und Energie: Rohstoffstrategie der Bundesregierung: Sicherung einer nachahltigen Rohstoffstrategie Deutschlands mit nichtenergetischen mineralischen Rohstoffen, 2020. Verfügbar unter: https://www.bmwk.de/Redaktion/DE/Publikationen/Industrie/rohstoffstrategie-der-bundesregierung.pdf?__blob=publicationFile&v=1, Zugriff: 05.06.2025.

[CAR12] CARL JÄGER Tonindustriebedarf GmbH: Sicherheitsdatenblatt Feldspat Na LF 90 (Albit), 2012. Verfügbar unter: https://www.carl-jaeger.de/PDF/SD/Rohstoff/Feldspat%20LF90.pdf, Zugriff: 17.06.2025.

[CAS16] Casiano, M.: Extracting Damping Ratio From Dynamic Data and Numerical Solutions, Huntsville, 2016.

[CER24] CERATIZIT S.A.: Spanende Bearbeitung von Hartmetall, 2024. Verfügbar unter: https://www.ceratizit.com/int/de/company/passion-for-cemented-carbide-/machining.html, Zugriff: 25.07.2024.

[CHE07] Chen, M.; Knospe, C. Control Approaches to the Suppression of Machining Chatter Using Active Magnetic Bearings. In: IEEE Transactions on Control Systems Technology, Jg. 15(2), S. 220-232, 2007. doi:10.1109/TCST.2006.886419.

[CZI14] Czichos, H.; Skrotzki, B.; Simon, F.-G.: Das Ingenieurwissen: Werkstoffe. Springer Berlin Heidelberg, Berlin, Heidelberg, 2014. ISBN 978-3-642-41125-0.

[DAI20] Daikeler, J.; Bošnjak, M.; Lozar Manfreda, K. Web Versus Other Survey Modes: An Updated and Extended Meta-Analysis Comparing Response Rates. In: Journal of Survey Statistics and Methodology, Jg. 8(3), S. 513-539, 2020. doi:10.1093/jssam/smz008.

[DAV07] Davis, J.: Aluminum and aluminum alloys. 6. print. ASM International, Materials Park, Ohio, 2007. ASM specialty handbook. ISBN 9780871704962.

[DEG19] Degner, W.; Lutze, H.; Smejkal, E.; Heisel, U.; Rothmund, J.: Spanende Formung: Theorie, Berechnung, Richtwerte. 18., neu bearbeitete und erweiterte Auflage. Hanser Verlag, München, 2019. Hanser eLibrary. ISBN 978-3-446-45032-5.

[DEN11] Denkena, B.: Spanen: Grundlagen. 3rd ed. Springer Verlag, Berlin, Heidelberg, 2011. VDI-Buch Ser. ISBN 978-3-642-19771-0.

[DEN20] Denkena, B.; Breidenstein, B.; Krödel, A.; Wolters, P. Wiederaufbereitung von Wendeschneidplatten aus Gestein. In: Zeitschrift für wirtschaftlichen Fabrikbetrieb, Jg. 115(7-8), S. 476-479, 2020. doi:10.3139/104.112376.

[DEN22] Denkena, B.; Breidenstein, B.; Krödel, A.; Bergmann, B.; Picker, T.; Wolters, P. Suitability of natural rocks as materials for cutting tools. In: SN Applied Sciences, Jg. 4(1), S. 1126, 2022. doi:10.1007/s42452-021-04883-z.

[DIA12] Diaz, N.; Ninomiya, K.; Noble, J.; Dornfeld, D. Environmental Impact Characterization of Milling and Implications for Potential Energy Savings in Industry. In: Procedia CIRP, Jg. 1(1), S. 518-523, 2012. ISSN 22128271. doi:10.1016/j.procir.2012.04.092.

[DIE20] Dietrich, J.; Richter, A.: Praxis der Zerspantechnik: Verfahren, Prozesse, Werkzeuge. 13., überarbeitete und ergänzte Auflage. Springer Vieweg, Wiesbaden, 2020. Springer eBook Collection. ISBN 978-3-658-30966-4.

[DIN81] DIN Deutsches Institut für Normung e.V. (09/1981): DIN 6583: Begriffe der Zerspantechnik: Standbegriffe. Beuth Verlag, Berlin, 1981.

[DIN82] DIN Deutsches Institut für Normung e.V. (10/1982): DIN 6584: Begriffe der Zerspantechnik; Kräfte, Energie, Arbeit, Leistungen. Beuth Verlag, Berlin, 1982.

[DIN85a] DIN Deutsches Institut für Normung e.V. (10/1985): DIN 6580: Begriffe der Zerspantechnik: Bewegungen und Geometrie des Zerspanvorganges. Beuth Verlag, Berlin, 1985.

[DIN85b] DIN Deutsches Institut für Normung e.V. (10/1985): DIN 6581: Begriffe der Zerspantechnik: Bezugssysteme und Winkel am Schneidteil des Werkzeuges. Beuth Verlag, Berlin, 1985.

[DIN88] DIN Deutsches Institut für Normung e.V. (02/1988): DIN 6582: Begriffe der Zerspantechnik; Ergänzende Begriffe am Werkzeug, am Schneidkeil und an der Schneide. Beuth Verlag, Berlin, 1988.

[DIN89a] DIN Deutsches Institut für Normung e.V. (04/1989): DIN 1833-1: Winkelfräser mit Zylinderschaft; Maße. Beuth Verlag, Berlin, 1989.

[DIN89b] DIN Deutsches Institut für Normung e.V. (04/1989): DIN 327-1: Langlochfräser mit Zylinderschaft; Maße. Beuth Verlag, Berlin, 1989.

[DIN90a] DIN Deutsches Institut für Normung e.V. (04/1990): DIN 1833-2: Winkelfräser mit Zylinderschaft; Technische Lieferbedingungen. Beuth Verlag, Berlin, 1990.

[DIN90b] DIN Deutsches Institut für Normung e.V. (04/1990): DIN 327-2: Langlochfräser mit Zylinderschaft; Technische Lieferbedingungen. Beuth Verlag, Berlin, 1990.

[DIN02] DIN Deutsches Institut für Normung e.V. (01/2002): DIN 6527: Vollhartmetall-Schaftfräser mit abgesetztem Zylinderschaft - Maße. Beuth Verlag, Berlin, 2002.

[DIN03a] DIN Deutsches Institut für Normung e.V. (09/2003): DIN 8589-0: Fertigungsverfahren Spanen: Teil 0: Allgemeines, Einordnung, Unterteilung, Begriffe. Beuth Verlag, Berlin, 2003.

[DIN03b] DIN Deutsches Institut für Normung e.V. (09/2003): DIN8589-3: Fertigungsverfahren Spanen: Teil 3: Fräsen - Einordnung, Unterteilung, Begriffe. Beuth Verlag, Berlin, 2003.

[DIN12] DIN Deutsches Institut für Normung e.V. (11/2012): DIN EN ISO 25178-3: Geometrische Produktspezifikation (GPS) - Oberflächenbeschaffenheit: Flächenhaft - Teil 3: Spezifikationsoperatoren (ISO 25178-3:2012); Deutsche Fassung EN ISO 25178-3:2012. Beuth Verlag, Berlin, 2012.

[DIN13] DIN Deutsches Institut für Normung e.V. (06/2013): DIN EN ISO 16610-21: Geometrische Produktspezifikation (GPS) - Filterung - Teil 21: Lineare Profilfilter: Gauß-Filter (ISO 16610-21:2011). Beuth Verlag, Berlin, 2013.

[DIN18a] DIN Deutsches Institut für Normung e.V. (10/2018): DIN 6529: Vollhartmetall-Schaftfräser mit Zylinderschaft - Technische Lieferbedingungen. Beuth Verlag, Berlin, 2018.

[DIN18b] DIN Deutsches Institut für Normung e.V. (05/2018): DIN EN ISO 14689: Geotechnische Erkundung und Untersuchung - Benennung, Beschreibung und Klassifizierung von Fels (ISO 14689:2017). Beuth Verlag, Berlin, 2018.

[DIN19a] DIN Deutsches Institut für Normung e.V. (03/2019): DIN66137-1: Bestimmung der Dichte fester Stoffe. Beuth Verlag, Berlin, 2019.

[DIN19b] DIN Deutsches Institut für Normung e.V. (09/2019): DIN EN ISO 286-1. Beuth Verlag, Berlin, 2019.

[DIN20] DIN Deutsches Institut für Normung e.V. (01/2020): DIN 8580: Fertigungsverfahren: Begriffe, Einteilung. Beuth Verlag, Berlin, 2020.

[DIN21a] DIN Deutsches Institut für Normung e.V. (02/2021): DIN EN ISO 14040: Umweltmanagement - Ökobilanz - Grundsätze und Rahmenbedingungen. Beuth Verlag, Berlin, 2021.

[DIN21b] DIN Deutsches Institut für Normung e.V. (02/2021): DIN EN ISO 14044: Umweltmanagement - Ökobilanz - Anforderungen und Anleitungen. Beuth Verlag, Berlin, 2021.

[DIN22a] DIN Deutsches Institut für Normung e.V. (06/2022): DIN EN ISO 18754: Hochleistungskeramik - Bestimmung der Dichte und der scheinbaren Porosität (ISO 18754:2020); Deutsche Fassung EN ISO 18754:2022. Beuth Verlag, Berlin, 2022.

[DIN22b] DIN Deutsches Institut für Normung e.V. (12/2022): DIN EN ISO 21920-2: Geometrische Produktspezifikation (GPS) - Oberflächenbeschaffenheit: Profile - Teil 2: Begriffe und Kenngrößen für die Oberflächenbeschaffenheit. Beuth Verlag, Berlin, 2022.

[DIN23a] DIN Deutsches Institut für Normung e.V. (05/2023): DIN 844-1: Schaftfräser mit Zylinderschaft; Maße. Beuth Verlag, Berlin, 2023.

[DIN23b] DIN Deutsches Institut für Normung e.V. (09/2023): DIN EN ISO 25178-2: Geometrische Produktspezifikation (GPS) - Oberflächenbeschaffenheit: Flächenhaft - Teil 2: Begriffe und Kenngrößen für die Oberflächenbeschaffenheit. Beuth Verlag, Berlin, 2023.

[DOH04] Dohner, J.; Lauffer, J.; Hinnerichs, T.; Shankar, N.; Regelbrugge, M.; Kwan, C.-M.; Xu, R.; Winterbauer, B.; Bridger, K. Mitigation of chatter instabilities in milling by active structural control. In: Journal of Sound and Vibration, Jg. 269(1-2), S. 197-211, 2004. doi:10.1016/S0022-460X(03)00069-5.

[DOR19] Dormishi, A.; Ataei, M.; Mikaeil, R.; Khalokakaei, R.; Haghshenas, S. Evaluation of gang saws' performance in the carbonate rock cutting process using feasibility of intelligent approaches. In: Engineering Science and Technology, an International Journal, Jg. 22(3), S. 990-1000, 2019. doi:10.1016/j.jestch.2019.01.007.

[EIF19] Eifler, M.: Tendenzen und Herausforderungen in der geometrischen Produktspezifikation am Beispiel der Rauheitsmesstechnik. Habilitation. Lehrstuhl für Messtechnik und Sensorik, Technische Universität Kaiserslautern, 2019.

[EIS96] Eisbacher, G.: Einführung in die Tektonik. 2., neu bearb. u. erw. Aufl. Enke, Stuttgart, 1996. ISBN 3432992521.

[EMA00] Ema, S.; Marui, E. Suppression of chatter vibration of boring tools using impact dampers. In: International Journal of Machine Tools and Manufacture, Jg. 40(8), S. 1141-1156, 2000. doi:10.1016/S0890-6955(99)00119-4.

[ESS06] Essel, K.; Fleck, R.; Klocke, F.; Fritsch, R.; Lung, D.; Siebel, H.: Teil 2: Forschungsschwerpunkte am WZL: Zerspanforschung (ab 1906). In: (Hrsg.) Eversheim, W.; Pfeifer, T.; Weck, M.; Eversheim, Walter, et al.: 100 Jahre Produktionstechnik. Werkzeugmaschinenlabor WZL der RWTH Aachen von 1906 bis 2006, S. 183-211, Berlin, Heidelberg, Springer-Verlag Berlin Heidelberg, 2006. ISBN 978-3-540-33315-9.

[EUU24] Europäische Union: Verordnung (EU) 2024/1252 des Europäischen Parlaments und des Rates, 2024.

[EYR09] Eyrisch, T.: Optimierung der Herstellung von Vollhartmetallwerkzeugen: Strategie zur Vermeidung von Oberflächenbeschädigungen. Dissertation, Technische Universität Kaiserslautern, 2009.

[FAN14] Fang, Z.; Koopman, Mark, C.; Wang, H.: Cemented Tungsten Carbide Hardmetal - An Introduction. In: (Hrsg.) Nebel, Christoph; Mari, Danielle; LLanes, Luis; Sarin, V.: Comprehensive hard materials. Volume 1-3: Hardmetals, ceramics, super hard materials, S. 123-137, Amsterdam, Elsevier, 2014. ISBN 978-0-08-096528-4.

[FLO16] Flore, J.: optimierung der Genauigkeit fünfachsiger Werkzeugmaschinen. Dissertation. Lehrstuhl für Werkzeugmaschinen, RWTH Aachen, 2016.

[FÖL22] Föllinger, O.; Konigorski, U.; Lohmann, B.; Roppenecker, G.; Trächtler, A.: Regelungstechnik: Einführung in die Methoden und ihre Anwendung. 13., überarbeitete Auflage. VDE Verlag GmbH, Berlin, 2022. ISBN 9783800755189.

[FOR85] Forberger, R. Vom künstlerisch gestalteten Hartporzellan Böttgers zum technischen Porzellan im 19. Jahrhundert. In: Sitzungsberichte der Sächsischen Akademie der Wissenschaften zu Leipzig, Jg. 125(4), 1985. doi:10.1515/9783112712993.

[FÖR18] Förster, R.; Förster, A.: Einführung in die Fertigungstechnik. Springer Verlag, Berlin, Heidelberg, 2018. ISBN 978-3-662-54701-4.

[FRE15] Freemantle, C.; Sacks, N. The impact of zinc recycling on the slurry rheology of WC–6 wt.% Co cemented carbides. In: International Journal of Refractory Metals and Hard Materials, Jg. 49, S. 99-109, 2015. doi:10.1016/j.ijrmhm.2014.08.015.

[FRI20] Frischknecht, R.: Lehrbuch der Ökobilanzierung. Springer Spektrum, Berlin, 2020. ISBN 978-3-662-54763-2.

[FRI22] Fritz, Alfred; Jörg Schmütz (Hrsg.): Fertigungstechnik. 13. Aufl. 2022. Springer Verlag, Berlin, Heidelberg, 2022. ISBN 978-3-662-64874-2.

[FUE22] Fuertes, V.; Reinosa, J.; Fernández, J.; Enríquez, E. Engineered feldspar-based ceramics: A review of their potential in ceramic industry. In: Journal of the European Ceramic Society, Jg. 42(2), S. 307-326, 2022. doi:10.1016/j.jeurceramsoc.2021.10.017.

[FUR19] Furberg, A.; Arvidsson, R.; Molander, S. Environmental life cycle assessment of cemented carbide (WC-Co) production. In: Journal of Cleaner Production, Jg. 209, S. 1126-1138, 2019. doi:10.1016/j.jclepro.2018.10.272.

[FUR20] Furberg, A.; Fransson, K.; Zackrisson, M.; Larsson, M.; Arvidsson, R. Environmental and resource aspects of substituting cemented carbide with polycrystalline diamond: The case of machining tools. In: Journal of Cleaner Production, Jg. 277, S. 123577, 2020. doi:10.1016/j.jclepro.2020.123577.

[GEB18] Gebhardt, C.: Praxisbuch FEM mit ANSYS Workbench: Einführung in die lineare und nichtlineare Mechanik. 3., aktualisierte Auflage. Hanser, München, 2018. ISBN 978-3-446-45740-9.

[GER14] German, R.: Consolidation techniques. In: (Hrsg.) Sarin, V.; Mari, D.; Llanes, L.; Nebel, C.: Comprehensive Hard Materials. Volume 1: Hardmetals, S. 237-263, Amsterdam, Elsevier, 2014. ISBN 978-0-444-63385-9.

[GLO23] Globisch, S.; Friedrich, M.; Döpper, F. Development of a micro reference part for the evaluation of the stability in micro milling operations. In: Procedia CIRP, Jg. 118, S. 443-447, 2023. ISSN 22128271. doi:10.1016/j.procir.2023.06.076.

[GLÜ20] Glühmann, J.; Hänel, T.; Letsch, H.; Pilz, R.; Schneeweis, M.: Trennen. In: (Hrsg.) Awiszus, Birgit; Bast, Jürgen; Hänel, Thomas; Kusch, Mario: Grundlagen der Fertigungstechnik. 7., vollständig überarbeitete und erweiterte Auflage, S. 137-244, München, Hanser Verlag, 2020. ISBN 978-3-446-45033-2.

[GÖT17] Götze, J.; Göbbels, M.: Einführung in die Angewandte Mineralogie. Springer Spektrum, Berlin, 2017. ISBN 978-3-662-50265-5.

[GRI94] Grimes, R.; Lewis, J.; Simon, H. A Shifted Block Lanczos Algorithm for Solving Sparse Symmetric Generalized Eigenproblems. In: SIAM Journal on Matrix Analysis and Applications, Jg. 15(1), S. 228-272, 1994. doi:10.1137/S0895479888151111.

[GRO01a] Grode, H.-P.: Toleranzen und Passungen. In: (Hrsg.) DIN Deutsches Institut für Normung e.V.: Klein - Einführung in die DIN-Normen, S. 275-299, Stuttgart, Leipzig, Wiesbaden, B. G. Teubner, 2001. ISBN 3-519-26301-7.

[GRO01b] Grode, H.-P.: Qualitätsmanagement, Statistik und Messtechnik. In: (Hrsg.) DIN Deutsches Institut für Normung e.V.: Klein - Einführung in die DIN-Normen, S. 315-337, Stuttgart, Leipzig, Wiesbaden, B. G. Teubner, 2001. ISBN 3-519-26301-7.

[GRO17] Gross, D.; Hauger, W.; Schröder, J.; Wall, W.: Elastostatik. 13., aktualisierte Auflage. Springer Vieweg, Berlin, 2017. Bd. 2. ISBN 978-3-662-53679-7.

[GRO21] Gross, D.; Hauger, W.; Schröder, J.; Wall, W.: Technische Mechanik 3: Kinetik. 15. Aufl. 2021. Springer Verlag, Berlin, Heidelberg, 2021. ISBN 978-3-662-63064-8.

[HAA13] Haag, H.: Eine Methodik zur modellbasierten Planung und Bewertung der Energieeffizienz in der Produktion. Dissertation. Fakultät für Konstruktions-, Produktions- und Fahrzeugtechnik, Universität Stuttgart, 2013.

[HAA05] Haase, F.: The Investigation and Design of a Piezoelectric Active Vibration Control System for Vertical Machining Centers. Dissertation, 2005.

[HAV16] Haverkamp, A.: SPIKE® - Serienprozessoptimierung bei Automobilkonzernen. In: Werkzeug Technik, Jg. 152, S. 102, 2016.

[HEC10] Heckmann, L.: Systematische Analyse der Schneidkantenarchitektur mit Hilfe der Finite-Elemente-Methode. Dissertation. Maschinenbau, Universität Kassel, 2010.

[HEI12] Heider, M.: Schwingungsverhalten von Zahnradgetrieben: Beurteilung und Optimierung des Schwingungsverhaltens von Stirnrad- und Planetengetrieben. Dissertation, Technische Universität München, 2012.

[HEL25] Helios Quartz Group SA: Quartz, 2025. Verfügbar unter: https://www.heliosquartz.com/wp-content/uploads/2016/04/Helios-Quartz_QUARTZ-GLASS_deu.pdf, Zugriff: 17.06.2025.

[HER20] Hermawan, Y.; Soenoko, R.; Irawan, Y.; Setyabudi, S. Cutting Forces, Chips Formation and Surface Roughness in Rock Cutting Using Negative Rake Angle. In: Manufacturing Technology, Jg. 20(1), S. 27-35, 2020. ISSN 12132489. doi:10.21062/mft.2020.009.

[HHT20] HHT - Hartmetall GmbH & Co. KG: Produktinformation K-40UF, 2020.

[HIR16] Hirsch, Andreas (Hrsg.): Werkzeugmaschinen: Anforderungen, Auslegung, Ausführungsbeispiele. 3. Aufl. 2016. SpringerLink Bücher. Springer Vieweg, Wiesbaden, 2016. ISBN 978-3-658-14248-3.

[HOF23] Hoffmann Group: Zerspanung und Spanntechnik 1 – Katalog 54, 2023.

[HOM20] Homburg, C.: Marketingmanagement: Strategie - Instrumente - Umsetzung - Unternehmensführung. 7., überarbeitete und erweiterte Auflage. Springer Gabler, Wiesbaden, 2020. ISBN 978-3-658-29636-0.

[HOP21] Hopmann, C.; Greif, H.; Wolters, L.: Technologie der Kunststoffe: Lern- und Arbeitsbuch für die Aus- und Weiterbildung. 5., neu bearbeitete und erweiterte Auflage. Hanser, München, 2021. ISBN 978-3-446-46960-0.

[HOP17] Hopmann, C.; Michaeli, W.: Einführung in die Kunststoffverarbeitung. 8., aktualisierte Auflage. Hanser, München, 2017. Hanser eLibrary. ISBN 978-3-446-45356-2.

[HOS12] Hoseinie, S.; Ataei, M.; Mikaiel, R. Comparison of Some Rock Hardness Scales Applied in Drillability Studies. In: Arabian Journal for Science and Engineering, Jg. 37(5), S. 1451-1458, 2012. doi:10.1007/s13369-012-0247-9.

[LIJ14] Hu, L.; Tang, R.; Cai, W.; Feng, Y.; Ma, X. Optimisation of cutting parameters for improving energy efficiency in machining process. In: Robotics and Computer-Integrated Manufacturing, Jg. 59, S. 406-416, 2019. ISSN 07365845. doi:10.1016/j.rcim.2019.04.015.

[HUI17] Huijbregts, M.; Steinmann, Z.; Elshout, P.; Stam, G.; Verones, F.; Vieira, M.; Zijp, M.; Hollander, A.; van Zelm, R. ReCiPe2016: a harmonised life cycle impact assessment method at midpoint and endpoint level. In: International Journal of Life Cycle Assessment, Jg. 22(2), S. 138-147, 2017. doi:10.1007/s11367-016-1246-y.

[ISO93] International Organization for Standardization (ISO) (11/1993): ISO 3685: Lebensdauerprüfung von Drehmeißeln. Beuth Verlag, Berlin, 1993.

[ISO04a] International Organization for Standardization (ISO) (12/2004): ISO 14649-10: Automationssysteme und Integration - Steuerungen - Datenmodell für CNC - Teil 10: Allgemeine Prozessdaten. Beuth Verlag, Berlin, 2004.

[ISO04b] International Organization for Standardization (ISO) (12/2004): ISO 14649-11: Industrial automation systems and integration – Physical device control – Data model for computerized numerical controllers - Part 11: Process data for milling. Beuth Verlag, Berlin, 2004.

[ISO13] International Organization for Standardization (ISO) (04/2013): ISO 3534-3: Statistik - Begriffe und Formelzeichen - Teil 3: Versuchsplanung. DIN Media, Berlin, 2013.

[ISM02] Ismail, F.; Ziaei, R. Chatter suppression in five-axis machining of flexible parts. In: International Journal of Machine Tools and Manufacture, Jg. 42(1), S. 115-122, 2002. doi:10.1016/S0890-6955(01)00088-8.

[JAP10] Japanese Industrial Standards Commitee (JIS) (03/2010): JIS 0024-1: Japanese Industrial Standard TS B 0024-1 2010: Machine Tools - Test methods for electric power consumption: Part 1: Machining centers, Tokyo, 2010.

[JIA07] Jiang, X.; Scott, P.; Whitehouse, D.; Blunt, L. Paradigm shifts in surface metrology. Part II. The current shift. In: Proceedings of the Royal Society A: Mathematical, Physical and Engineering Sciences, Jg. 463(2085), S. 2071-2099, 2007. doi:10.1098/rspa.2007.1873.

[JIM00] Jiménez-González, C.; Kim, S.; Overcash, M. Methodology for developing gate-to-gate Life cycle inventory information. In: The International Journal of Life Cycle Assessment, Jg. 5(3), S. 153-159, 2000. doi:10.1007/BF02978615.

[JIV08] Jivishov, V.: Mikrogeometrische Einflüsse beim Weich- und Hartspanen. Dissertation. Produktionstechnisches Zentrum, Universität Hannover, 2008.

[JOH11] Johansson, E.: Technological properties of rock aggregates. Dissertation. Department of Civil, Environmental and Natural Resources Engineering, Luleå University of Technology, 2011.

[JON11] Jones, B.; Nachtsheim, C. A Class of Three-Level Designs for Definitive Screening in the Presence of Second-Order Effects. In: Journal of Quality Technology, Jg. 43(1), S. 1-15, 2011. doi:10.1080/00224065.2011.11917841.

[KAL23] Kalpakjian, S.; Schmid, S.: Manufacturing engineering and technology, EBook, SI Units. Eighth edition in SI units. Pearson Education Limited, Harlow, 2023. ISBN 9781292422299.

[KAL05] Kalveram, M.: Analyse und Vorhersage der Prozessdynamik und Prozessstabilität beim Hochgeschwindigkeitsfräsen. Dissertation. Institut für spanende Fertigung, Technische Universität Dortmund, 2005.

[KAM14] Kammermeier, D.: Werkzeuge. In: (Hrsg.) Heisel, Uwe: Handbuch Spanen, S. 416-434, München, Hanser Verlag, 2014. ISBN 978-3-446-42826-3.

[KAR11] Karpuschewski, B.; Kalhöfer, E.; Joswig, D.; Rief, M. Energiebedarf für die Hartmetallherstellung. In: Zeitschrift für wirtschaftlichen Fabrikbetrieb, Jg. 106(7-8), S. 496-501, 2011. doi:10.3139/104.110599.

[KEF18] Keferstein, C.; Marxer, M.; Bach, C.: Fertigungsmesstechnik: Alles zu Messunsicherheit, konventioneller Messtechnik und Multisensorik. 9., überarbeitete und erweiterte Auflage. Springer Vieweg, Wiesbaden, 2018. ISBN 978-3-658-17755-3.

[KEI07] Keiser, R.: Kompensation von statischen und dynamischen Verlagerungen im Fräsprozess. Dissertation, RWTH Aachen, 2007.

[KEL07] Kellenberger, D.; Althaus, H.-J.; Künniger, T.; Lehmann, M.; Jungbluth, N.; Thalmann, P.: Life Cycle Inventories of Building Products. Swiss Centre for Life Cycle Inventories, Dübendorf, 2007.

[KIE52] Kienzle, O.: Bestimmung von Kräften an Werkzeugmaschinen. In: VDI-Z, Jg. (94), S. 299-305, 1952.

[KIE57] Kienzle, O.; Victor, H.: Spezifische Schnittkräfte bei der Metallbearbeitung. In: Werkstofftechnik und Maschinenbau, Jg. (47 (5)), S. 224-225, 1957.

[KIS24] Kistler Gruppe: Wireless 4-Komponenten Dynamometer (RCD), 2024. Verfügbar unter: https://kistler.cdn.celum.cloud/SAPCommerce_Download_original/003-608d.pdf, Zugriff: 17.06.2025.

[KLE13] Klein, H.: Das Fräsen: Verfahren, Betriebsmittel, wirtschaftlicher Einsatz. Dritte, überarbeitete Auflage. Springer, Berlin, 2013. Werkstattbücher, Für Betriebsangestellte, Konstrukteure und Facharbeiter, Bd. 88. ISBN 978-3-642-86050-8.

[KLE20] Kleppmann, W.: Versuchsplanung: Produkte und Prozesse optimieren. 10., überarbeitete Auflage. Hanser, München, 2020. Praxisreihe Qualität. ISBN 9783446461468.

[KLO14a] Klocke, F.; Auerbach, T.: Prozessgestaltung auf Fräsmaschinen. In: (Hrsg.) Heisel, Uwe: Handbuch Spanen, S. 440-452, München, Hanser Verlag, 2014. ISBN 978-3-446-42826-3.

[KLO14b] Klocke, F.; Arft, M.: Werkzeuggeometrie, Kinematik und Spanbildung. In: (Hrsg.) Heisel, Uwe: Handbuch Spanen, S. 73-81, München, Hanser Verlag, 2014. ISBN 978-3-446-42826-3.

[KLO14c] Klocke, F.; Arft, M.: Mechanische und thermische Beanspruchung des Schneidteils. In: (Hrsg.) Heisel, Uwe: Handbuch Spanen, S. 81-96, München, Hanser Verlag, 2014. ISBN 978-3-446-42826-3.

[KLO18a] Klocke, F.: Fertigungsverfahren 1: Zerspanung mit geometrisch bestimmter Schneide. 9. Aufl. 2018. Springer Verlag, Berlin, Heidelberg, 2018. VDI-Buch. ISBN 978-3-662-54206-4.

[KLO18b] Klocke, F.: Fertigungsverfahren 5: Gießen und Pulvermetallurgie. 5. Auflage 2018. Springer Vieweg, Berlin, 2018. VDI-Buch. ISBN 978-3-662-54727-4.

[KOL92] Kolaska, H.: Pulvermetallurgie der Hartmetalle: Beschichten und Verbinden in Pulvermetallurgie und Keramik. Fachverband Pulvermetallurgie, Hagen, 1992, Bd. 8.

[EUR03] Kommission der Europäischen Union: Commission recommendation of 6 May 2003 concerning the definition of micro, small and medium-sized enterprises, 2003, Bd. 46.

[KÖN73] König, W.; Essel, K.: Spezifische Schnittkraftwerte für die Zerspanung metallischer Werkstoffe. Verlag Stahleisen, Düsseldorf, 1973. ISBN 3514001294.

[KOP20] Kopp, G.; Burkardt, N.; Majic, N.: Leichtbaustrategien und Bauweisen. In: (Hrsg.) Henning, Frank; Moeller, Elvira: Handbuch Leichtbau. Methoden, Werkstoffe, Fertigung. 2., überarbeitete und erweiterte Auflage, S. 53-72, München, Hanser, 2020. ISBN 978-3-446-45984-7.

[KRE24] Kreis, H.; Wildner, R.; Kuß, A.: Marktforschung: Datenerhebung und Datenanalyse. 8., überarbeitete Auflage 2024. Springer Fachmedien Wiesbaden GmbH; Springer Gabler, Wiesbaden, 2024. ISBN 978-3-658-44456-3.

[KRE04] Krell, M.: Auslegung und Einsatz einer dämpfend wirkenden Werkzeugaufnahme für lang auskragende Werkzeuge. Dissertation, 2004.

[KÜH22] Kühn, K.: Trennen. In: (Hrsg.) Fritz, Alfred; Schmütz, Jörg: Fertigungstechnik. 13. Aufl. 2022, S. 225-378, Berlin, Heidelberg, Springer Verlag, 2022. ISBN 978-3-662-64874-2.

[KÜM16] Kümmel, J.: Detaillierte Analyse der Aufbauschneidenbildung bei der Trockenzerspanung von Stahl C45E mit Berücksichtigung des Werkzeugverschleißes, Karlsruher Institut für Technologie, 2016.

[KUS93] Kuster, F.: Bohrstangendynamik: Faserverstärkte Materialien und Beschichtungen im Vergleich zu Hilfsmassensystemen. Dissertation, Eidgenössische Hochschule Zürich, 1993.

[LAN50] Lanczos, C. An iteration method for the solution of the eigenvalue problem of linear differential and integral operators. In: Journal of Research of the National Bureau of Standards, Jg. 45(4), S. 255, 1950. doi:10.6028/jres.045.026.

[LAN08] Lang, J.; Hansmaier, H.; Brindsau, P.: Polymerbeton sorgt für Ruhe – Reduzierung der Vibrationsneigung lang auskragender Bohrstangen. In: Werkstatt + Betrieb, Jg. 11, 2008.

[LAS99] Lassner, E.; Schubert, W.-D.: Tungsten: Properties, chemistry, technology of the element, alloys, and chemical compounds. Kluwer Academic, New York, 1999. ISBN 0306450534.

[LEA13] Leach, R.: Introduction to Surface Topography. In: (Hrsg.) Leach, Richard: Characterisation of areal surface texture, S. 1-14, Berlin, Springer, 2013. ISBN 9783642364570.

[LI14] Li, A.; Zhao, J.; Pei, Z.; Zhu, N. Simulation-based solid carbide end mill design and geometry optimization. In: The international Journal of Advanced Manufacturing Technology, Jg. 71(9-12), S. 1889-1900, 2014. doi:10.1007/s00170-014-5638-5.

[LIA21] Lian, M.-M.; Seo, Y.; Lee, D. An Experimental Investigation on the Cutting Quality of Three Different Rock Specimens Using High Power Multimode Fiber Laser. In: Materials (Basel, Switzerland), Jg. 14(11), 2021. ISSN 1996-1944. doi:10.3390/ma14112972.

[LOR12] Lorenzen, L.: Entwicklung einer Methode zur intelligenten Arbeitsplanung. Dissertation. IFW - Institut für Fertigungstechnik und Werkzeugmaschinen, Leibniz Universität Hannover, 2012.

[MA17] Ma, X.; Qi, C.; Ye, L.; Yang, D.; Hong, J. Life cycle assessment of tungsten carbide powder production: A case study in China. In: Journal of Cleaner Production, Jg. 149, S. 936-944, 2017. doi:10.1016/j.jclepro.2017.02.184.

[MAG16] Magerhans, A.: Marktforschung: Eine praxisorientierte Einführung. Springer Gabler, Wiesbaden, 2016. ISBN 978-3-658-00891-8.

[MAI18] Maier Präzisionswerkzeuge GmbH: Head-Master Precision Tools – Hauptkatalog 2018, 2018. Verfügbar unter: https://maier-tools.de/WebRoot/SageSMB/Shops/Maiertools-Shop/MediaGallery/maier-tools/Gesamtkatalog_2018_16.06.2020.pdf, Zugriff: 28.09.2023.

[MAR15] Marks, M.; Markl, G.: Minerale und Gesteine: Mineralogie – Petrologie – Geochemie. 3. Aufl. 2015. Springer Berlin Heidelberg, Berlin, Heidelberg, 2015. ISBN 978-3-662-44628-7.

[MAR21] Marxer, M.; Bach, C.; Keferstein, C.: Fertigungsmesstechnik: Alles zu Messunsicherheit, konventioneller Messtechnik und Multisensorik. 10., vollständig überarbeitete und erweiterte Auflage. Springer Vieweg, Wiesbaden, 2021. Springer eBook Collection. ISBN 9783658341688.

[MEH14] Mehrota, P.: Powder Processing and Green Shaping. In: (Hrsg.) Sarin, V.; Mari, D.; Llanes, L.; Nebel, C.: Comprehensive Hard Materials. Volume 1: Hardmetals, S. 213-235, Amsterdam, Elsevier, 2014. ISBN 978-0-444-63385-9.

[MEI09] Mei, D.; Kong, T.; Shih, A.; Chen, Z. Magnetorheological fluid-controlled boring bar for chatter suppression. In: Journal of Materials Processing Technology, Jg. 209(4), S. 1861-1870, 2009. doi:10.1016/j.jmatprotec.2008.04.037.

[MEI10] Meirovitch, L.: Fundamentals of vibrations. Internat. ed., [Nachdr.]. Waveland Press, Long Grove, Illinois, 2010. Mechanical engineering series. ISBN 1577666917.

[MEN21] Meng, F.; Wong, L.; Zhou, H. Rock brittleness indices and their applications to different fields of rock engineering: A review. In: Journal of Rock Mechanics and Geotechnical Engineering, Jg. 13(1), S. 221-247, 2021. doi:10.1016/j.jrmge.2020.06.008.

[MER45a] Merchant, M. Mechanics of the Metal Cutting Process. I. Orthogonal Cutting and a Type 2 Chip. In: Journal of Applied Physics, Jg. 16(5), S. 267-275, 1945. doi:10.1063/1.1707586.

[MER45b] Merchant, M.: Mechanics of the Metall Cutting Process. II. Plasticity Conditions in Orthogonal Cutting. In: Journal of Applied Physics, Jg. 16(6), S. 318-324, 1945.

[MES95] Meschke, J.: Verbesserung des dynamischen Verhaltens von Werkzeugmaschinen durch Erhöhung der Systemdämpfung. Dissertation, Technische Universität Braunschweig, 1995.

[MES21] Messari-Becker, L.: Nachhaltiges Bauen als Routine: Aufgaben für Praxis, Forschung, Lehre und Politik. In: (Hrsg.) Hauke, Bernhard: Nachhaltigkeit, Ressourceneffizienz und Klimaschutz. Konstruktive Lösungen für das Planen und Bauen: aktueller Stand der Technik, S. 11-17, Berlin, Wilhelm Ernst & Sohn, 2021. ISBN 343303334X.

[MEY01] Meyers, A.; Slattery, T.: Basic machining reference handbook. 2nd ed. Industrial Press, New York, 2001. ISBN 0831131209.

[MIL95] Milberg, J.: Werkzeugmaschinen - Grundlagen: Zerspantechnik, Dynamik, Baugruppen und Steuerungen. 2. Aufl. Springer Verlag, Berlin, 1995. Springer-Lehrbuch. ISBN 3540588256.

[MOO18] Mooi, E.; Sarstedt, M.; Mooi-Reci, I.: Market research: The process, data, and methods using Stata. Springer, Singapore, 2018. Springer texts in business and economics. ISBN 978-981-10-5218-7.

[MÖS20] Möser, M.; Sarradj, E.: Modalanalyse. Springer Vieweg, Berlin, 2020. Fachwissen Technische Akustik. ISBN 978-3-662-60928-6.

[MÜC22] Mücke, K.: Smarte Werkzeughalter für die digitalisierte Fertigung, 2022. Verfügbar unter: https://www.maschinenmarkt.ch/smarte-werkzeughalter-fuer-die-digitalisierte-fertigung-a-b84e51f0d2b2834d1cbee170a3e3b6f2/, Zugriff: 17.06.2025.

[MUR12] Murray, V.; Zhao, F.; Sutherland, J. Life cycle analysis of grinding: a case study of non-cylindrical computer numerical control grinding via a unit-process life cycle inventory approach. In: Proceedings of the Institution of Mechanical Engineers, Part B: Journal of Engineering Manufacture, Jg. 226(10), S. 1604-1611, 2012. doi:10.1177/0954405412454102.

[NIE22] Nie, W.; Zheng, M.; Yu, H.; Xu, S.; Liu, Y. Analysis of vibration reduction mechanism for variable pitch end mills. In: The international Journal of Advanced Manufacturing Technology, Jg. 119(11-12), S. 7787-7797, 2022. doi:10.1007/s00170-022-08713-3.

[ÖCH23] Öchsner, A.: Computational Statics and Dynamics: An Introduction Based on the Finite Element Method. 3rd ed. 2023. Springer International Publishing; Imprint Springer, Cham, 2023. ISBN 9783031096730.

[OKR22] Okrusch, M.; Frimmel, H.: Mineralogie: Eine Einführung in die spezielle Mineralogie, Petrologie und Lagerstättenkunde. 10. Auflage. Springer Spektrum, Berlin, 2022. Lehrbuch. ISBN 978-3-662-64064-7.

[OWO13] Owodunni, O.; Zhang, T.; Gao, J. Energy consideration in machining operations - towards explanatory models for optimisation results. In: Proceedings of the 11th Global Conference on Sustainable Manufacturing, S. 153-158, 2013. doi:10.14279/depositonce-4663.

[ÖZK21] Özkan, E.; Öz, O. The effect of characterization of carbide end milled limestones on optimal parameters. In: Arabian Journal of Geosciences, Jg. 14(12), 2021. doi:10.1007/s12517-021-07538-w.

[PAL07] Palanisamy, P.; Rajendran, I.; Shanmugasundaram, S. Optimization of machining parameters using genetic algorithm and experimental validation for end-milling operations. In: The international Journal of Advanced Manufacturing Technology, Jg. 32(7-8), S. 644-655, 2007. doi:10.1007/s00170-005-0384-3.

[PAN22] Panagiotopoulou, V.; Stavropoulos, P.; Chryssolouris, G. A critical review on the environmental impact of manufacturing: a holistic perspective. In: The international Journal of Advanced Manufacturing Technology, Jg. 118(1-2), S. 603-625, 2022. doi:10.1007/s00170-021-07980-w.

[PAP11] Pappas, M.; Kechagias, J.; Iakovakis, V.; Maropoulos, S.: Surface Roughness Modelling and Optimization in CNC End Milling using Taguchi Design and Neural Networks. In: (Hrsg.) Filipe, J.; Fred, A.; Filipe, Joaquim: Proceedings of the 3rd International Conference on Agents and Artificial Intelligence. Rome, Italy, January 28 - 30, 2011, S. 595-598, Setúbal, INSTICC, 2011. ISBN 9898425407.

[PAS05] Passchier, C.; Trouw, R.: Microtectonics. 2., revised and enlarged ed. Springer, Berlin, 2005. ISBN 978-3-540-64003-5.

[PAU08] Paucksch, E.: Zerspantechnik: Prozesse, Werkzeuge, Technologien. 12., vollständig überarbeitete und erweiterte Auflage. Vieweg+Teubner, Wiesbaden, 2008. Springer eBook Collection Computer Science & Engineering. ISBN 978-3-8348-0279-8.

[PEH11] Pehnelt, S.; Osten, W.; Seewig, J. Vergleichende Untersuchung optischer Oberflächenmessgeräte mit einem Chirp-Kalibriernormal. In: Technisches Messen, Jg. 78(10), S. 457-462, 2011. doi:10.1524/teme.2011.0146.

[PER00] Perović, B.: Spanende und abtragende Fertigungsverfahren: Grundlagen und Berechnung; mit 105 Tabellen. expert-Verl., Renningen-Malmsheim, 2000. ISBN 3816919111.

[PFE10] Pfeifer, T.; Schmitt, R.: Fertigungsmesstechnik. 3., überarb. und erw. Aufl. Oldenbourg, München, 2010. ISBN 978-3-486-59202-3.

[PLO20] Plodzien, M.; Burek, J.; Zylka, L.; Sulkowicz, P. The influence of end mill helix angle on high performance milling process. In: Journal of Mechanical Science and Technology, Jg. 34(2), S. 817-827, 2020. doi:10.1007/s12206-020-0131-6.

[POL04] Polini, W.; Turchetta, S. Force and specific energy in stone cutting by diamond mill. In: International Journal of Machine Tools and Manufacture, Jg. 44(11), S. 1189-1196, 2004. doi:10.1016/j.ijmachtools.2004.04.001.

[POL24] Polytec GmbH: Laser-Doppler Vibrometrie, 2024. Verfügbar unter: https://www.polytec.com/de/vibrometrie/technologie/laser-doppler-vibrometrie, Zugriff: 18.10.2024.

[PRÉ22] PRé Sustainability B. V.: SimaPro database manual: Methods libary, Amersfoort, 2022.

[PRE17] Press, F.; Grotzinger, J.; Siever, R.; Jordan, T.: Press/Siever Allgemeine Geologie. 7. Auflage. Springer Spektrum, Berlin, 2017. Springer eBook Collection. ISBN 9783662483428.

[QUE67] Quervain, F. de: Technische Gesteinskunde. 2nd ed. Springer Basel AG, Basel, 1967. Lehrbücher und Monographien Aus Dem Gebiete der Exakten Wissenschaften Ser, v.1. ISBN 9783034868815.

[QUI11] Quintana, G.; Ciurana, J. Chatter in machining processes: A review. In: International Journal of Machine Tools and Manufacture, Jg. 51(5), S. 363-376, 2011. doi:10.1016/j.ijmachtools.2011.01.001.

[RAM17] Ramasamy, S.; Abdullah, M.; Huang, Y.; Hussin, K.; Wang, J.; Shahedan, N. Correlation between hardness and water absorption properties of Saudi kaolin and white clay geopolymer coating. In: Proceedings of the 3rd Electronic and Green Materials International Conference, S. 20224, 2017. doi:10.1063/1.5002418.

[RAS06] Rashid, A.; Mihai Nicolescu, C. Active vibration control in palletised workholding system for milling. In: International Journal of Machine Tools and Manufacture, Jg. 46(12-13), S. 1626-1636, 2006. doi:10.1016/j.ijmachtools.2005.08.020.

[RIE17] Riehle, L.: Werkzeughalter initiiert Werkzeugwechsel, 2017. Verfügbar unter: https://www.maschinenmarkt.vogel.de/werkzeughalter-initiiert-werkzeugwechsel-a-637042/, Zugriff: 17.06.2025.

[SAL07] Salmang, H.; Scholze, H.: Keramik. 7., vollständig neubearbeitete und erweiterte Auflage. Springer Berlin Heidelberg, Berlin, Heidelberg, 2007. SpringerLink Bücher. ISBN 978-3-540-49469-0.

[SAN16] Santero, N.; Hendry, J. Harmonization of LCA methodologies for the metal and mining industry. In: The International Journal of Life Cycle Assessment, Jg. 21(11), S. 1543-1553, 2016. doi:10.1007/s11367-015-1022-4.

[SAR21] Sarıışık, G. Investigation on cutting parameter models and processability index in 3D marble products with milled tools. In: Arabian Journal of Geosciences, Jg. 14(18), 2021. doi:10.1007/s12517-021-08256-z.

[SAR18] Sarıışık, G.; Özkan, E.: Effects of natural rock properties on cutting forces, specific energy and specific cutting energy by four-axis machine. In: Arabian Journal of Geosciences, Jg. 11, 2018.

[SCH07] Schatt, W.; Wieters, K.; Kieback, B.: Pulvermetallurgie: Technologien und Werkstoffe. 2., bearb. und erw. Aufl. 2007. Springer Berlin Heidelberg, Berlin, Heidelberg, 2007. VDI-Buch. ISBN 978-3-540-23652-8.

[SCH82] Schubert, H.: Kapillarität in porösen Feststoffsystemen. Springer, Berlin, 1982. ISBN 3540118357.

[SCH88] Schedler, W.: Hartmetall für den Praktiker: Aufbau, Herstellung, Eigenschaften und industrielle Anwendung einer modernen Werkstoffgruppe. VDI-Verl., Düsseldorf, 1988. ISBN 3184008037.

[SCH02] Schönherr, H.: Spanende Fertigung. Reprint 2018. Oldenbourg Verlag, München, 2002. Oldenbourg Lehrbücher für Ingenieure. ISBN 9783486799842.

[SCH09a] Schmitz, T.; Smith, K.: Machining dynamics: Frequency response to improved productivity. Springer; MyiLibrary, New York, NY, 2009. MyiLibrary. ISBN 9780387096445.

[SCH09b] Schwarz, O.: Kunststoffverarbeitung. 11th ed. Vogel Buchverlag, Würzburg, 2009. ISBN 9783834360687.

[SCH10] Schwarz, F.: Simulation der Wechselwirkungen zwischen Prozess und Struktur bei der Drehbearbeitung. Dissertation. Institut für Werkzeugmaschinen und Betriebswissenschaften, Technische Universität München, 2010.

[SCH21a] Schütte, P.: Kobalt: Informationen zur Nachhaltigkeit, 2021. Verfügbar unter: https://www.deutsche-rohstoffagentur.de/DE/Gemeinsames/Produkte/Downloads/Informationen_Nachhaltigkeit/kobalt.pdf?__blob=publicationFile&v=3, Zugriff: 17.06.2025.

[SCH21b] Schmidt, J.; Thorenz, B.; Schreiner, F.; Döpper, F. Comparison of areal and profile surface measurement methods for evaluating surface properties of machined components. In: Procedia CIRP, Jg. 102, S. 459-464, 2021. ISSN 22128271. doi:10.1016/j.procir.2021.09.078.

[SCH25] Schmidt, J. Thorenz, B.; Döpper, F.: Trends and Resource-Efficient Application of Solid End Mills in Plastics Machining: A Comparative Market Study. In: (Hrsg.) Kohl, Holger; Seliger, Günther; Dietrich, Franz; Mur, Sebastián: Sustainable Manufacturing as a Driver for Growth. Proceedings of the 19th Global Conference on Sustainable Manufacturing, December 4–6, 2023, Buenos Aires, Argentina, S. 676-683, Cham, Springer Nature Switzerland; Imprint Springer, 2025. ISBN 978-3-031-77428-7.

[SEB22] Sebastian, U.: Gesteinskunde: Ein Leitfaden für Einsteiger und Anwender. 5. Auflage. Springer Spektrum, Berlin, 2022. Lehrbuch. ISBN 978-3-662-64850-6.

[SIE17] Siebertz, K.; van Bebber, D.; Hochkirchen, T.: Statistische Versuchsplanung: Design of Experiments (DoE). 2. Aufl. 2017. Springer Berlin Heidelberg, Berlin, Heidelberg, 2017. VDI-Buch. ISBN 9783662557433.

[SIE20] Siegel, M.: Methoden zur Modellierung von Dämpfung in flexiblen Strukturen: Theorie und Anwendung von Dämpfungsmodellen. Dissertation. Institut für Mechanik, Universität der Bundeswehr München, 2020.

[SIM09] Simnofske, M.: Adaptronische Versteifung von Werkzeugmaschinen durch strukturintegrierte aktive Module. Dissertation. Institut für Werkzeugmaschinen und Fertigungstechnik, Technische Universität Braunschweig, 2009.

[SÖH03] Söhner, J.: Beitrag zur Simulation zerspanungstechnologischer Vorgänge mit Hilfe der Finite-Element-Methode. Institut für Werkzeugmaschinen und Betriebstechnik, Universität Karlsruhe, 2003.

[SON11] Song, Q.; Ai, X.; Zhao, J. Design for variable pitch end mills with high milling stability. In: The international Journal of Advanced Manufacturing Technology, Jg. 55(9-12), S. 891-903, 2011. doi:10.1007/s00170-010-3147-8.

[SRE14] Sreejesh, S.; Mohapatra, S.; Anusree, M.: Business research methods: An applied orientation. Springer, Cham, 2014. ISBN 978-3-319-00539-3.

[STO18] Stoxreiter, T.; Martin, A.; Teza, D.; Galler, R. Hard rock cutting with high pressure jets in various ambient pressure regimes. In: International Journal of Rock Mechanics and Mining Sciences, Jg. 108, S. 179-188, 2018. doi:10.1016/j.ijrmms.2018.06.007.

[STR03] Strohmeyer, D.: Gefügeabhängigkeit technischer Gesteinseigenschaften. Dissertation, Georg-August-Universität zu Göttingen, 2003.

[TAN09] Tang, A.; Liu, Z. Effect of Helix Angle and Normal Rake Angle on Stability in End Milling. In: Advanced Materials Research, Jg. 69-70, S. 394-398, 2009. doi:10.4028/www.scientific.net/AMR.69-70.394.

[TAY49] Taylor, E. Correlation of the Mohs's scale of hardness with the Vickers's hardness numbers. In: Mineralogical Magazine and Journal of the Mineralogical Society, Jg. 28(206), S. 718-721, 1949. doi:10.1180/minmag.1949.28.206.08.

[THO73] Thomas, M.; Knight, W.; Sadek M. M.: The Impact Damper Boring Bar and ITS Performance When Cutting. In: (Hrsg.) S. A. Tobias et al.: Proceedings of the Thirteenth International Machine Tool Design and Research Conference, S. 47-48, 1973.

[THO19] Thorenz, B.; Friedrich, M.; Westermann, H.-H.; Döpper, F. Evaluation of the influence of different inner cores on the dynamic behavior of boring bars. In: Procedia CIRP, Jg. 81, S. 1171-1176, 2019. ISSN 22128271. doi:10.1016/j.procir.2019.03.287.

[THO21] Thorenz, B.: Entwicklung eines Schafteckfräsers mit Leichtbau-Innenkern zur schwingungsreduzierten Fräsbearbeitung. Dissertation, Universität Bayreuth, 2021.

[THU96] Thuro, K.: Bohrbarkeit beim konventionellen Sprengvortrieb: Geologisch-felsmeschanische Untersuchungen anhand sieben ausgewählter Tunnelprojekte. In: Münchner Geologische Hefte: Angewandte Geologie, Jg. Reihe B(1), 1996.

[THY17] Thyssenkrupp Materials Services GmbH: Werkstoffdatenblatt: Aluminiumlegierung: EN AW-5083 [EN AW-Al Mg4,5Mn0,7], 2017. Verfügbar unter: https://datenblaetter.thyssenkrupp.ch/en_aw_5083_0717.pdf, Zugriff: 24.04.2025.

[TRA12] Tran, N.: Featurebasierte Entscheidungsmethodik zur Bewertung alternativer technologischer Prozessketten in der Teilefertigung. Disseration, Technische Universität Chemnitz, 2012.

[TUR19] Turchetta, S.; Sorrentino, L. Forces and wear in high-speed machining of granite by circular sawing. In: Diamond and Related Materials, Jg. 100, S. 107579, 2019. doi:10.1016/j.diamond.2019.107579.

[USG24] U.S. Geological survey: Mineral commodity summaries 2024, 2024. Verfügbar unter: https://pubs.usgs.gov/periodicals/mcs2024/mcs2024.pdf, Zugriff: 23.05.2025.

[USG25] U.S. Geological survey: Mineral Commodity Summaries 2025, 2025. Verfügbar unter: https://pubs.usgs.gov/periodicals/mcs2025/mcs2025.pdf, Zugriff: 17.06.2025.

[ULU14] Ulusay, R.: The ISRM Suggested Methods for Rock Characterization, Testing and Monitoring. Springer, Dordrecht, 2014. ISBN 978-3319077123.

[UPA98] Upadhyaya, G.: Cemented tungsten carbides: Production, properties, and testing. Noyes Publications, Westwood, N.J, 1998. Materials science and process technology series. Ceramic and other materials--processing and technology. ISBN 0815514174.

[VDI03] VDI Verein Deutscher Ingenieure e.V. (03/2003): VDI-Richtlinie 2218: Informationsbearbeitung in der Produktentwicklung - Feature-Technologie, 2003.

[VDI13a] VDI Verein Deutscher Ingenieure e.V. (08/2013): VDI-Richtlinie VDI/NCG 5211 Blatt 1 (Entwurf): Prüfrichtlinien und Prüfwerkstücke für hochdynamische Bearbeitungen (HSC), 2013.

[VDI13b] VDI Verein Deutscher Ingenieure e.V. (09/2013): VDI-Richtlinie VDI/NCG 5211 Blatt 3 (Entwurf): Prüfwerkstücke für Werkzeugmaschinen - Fräsen - Mikrobearbeitung, 2013.

[VDW24] Verein Deutscher Werkzeugmaschinenfabriken e. V.: Marktbericht 2023: Die deutsche Werkzeugmaschinenindustrie und ihre Stellung im Weltmarkt, 2024, Zugriff: 17.06.2025.

[WAG22] Wagner, M.: Lineare und nichtlineare FEM: Eine Einführung mit Anwendungen in der Umformsimulation mit LS-DYNA®. 3., überarbeitete und erweiterete Auflage. Springer Vieweg, Wiesbaden, 2022. ISBN 9783658365226.

[WAI12] Waibel, M.: Aktive Zusatzsysteme zur Schwingungsreduktion an Werkzeugmaschinen. Dissertation. Institut für Werkzeugmaschinen und Betriebswissenschaften, Technische Universität München, 2012.

[WAN04] Wang, E.; Nelson, T.; Rauch, R.: Back to elements-tetrahedra vs. hexahedra. In: (Hrsg.) ANSYS Inc.: Proceedings of the 2004 International ANSYS Conference, 2004.

[WAN99] Wang, M.; Fei, R. Chatter suppression based on nonlinear vibration characteristic of electrorheological fluids. In: International Journal of Machine Tools and Manufacture, Jg. 39(12), S. 1925-1934, 1999. doi:10.1016/S0890-6955(99)00039-5.

[WAN01] Wang, M.; Fei, R. On-line chatter detection and control in boring based on an electrorheological fluid. In: Mechatronics, Jg. 11(7), S. 779-792, 2001. doi:10.1016/S0957-4158(00)00044-1.

[WAN10] Wang, M.; Zan, T.; Yang, Y.; Fei, R. Design and implementation of nonlinear TMD for chatter suppression: An application in turning processes. In: International Journal of Machine Tools and Manufacture, Jg. 50(5), S. 474-479, 2010. doi:10.1016/j.ijmachtools.2010.01.004.

[WEC06] Weck, M.; Brecher, C.: Werkzeugmaschinen 5: Messtechnische Untersuchung und Beurteilung, dynamische Stabilität. 7., neu bearbeitete Auflage. Springer Berlin Heidelberg, Berlin, Heidelberg, 2006. SpringerLink Bücher. ISBN 9783540329510.

[WEC17] Weck, M.; Brecher, C.: Werkzeugmaschinen Fertigungssysteme 2: Konstruktion, Berechnung und messtechnische Beurteilung. 9. Aufl. 2017. Springer Berlin Heidelberg, Berlin, Heidelberg, 2017. VDI-Buch. ISBN 978-3-662-46567-7.

[WEC19] Weck, M.; Brecher, C.: Werkzeugmaschinen Fertigungssysteme 1: Maschinenarten und Anwendungsbereiche. 9. Aufl. 2019. Springer Berlin Heidelberg, Berlin, Heidelberg, 2019. VDI-Buch. ISBN 978-3-662-46565-3.

[WEI57] Weilenmann, R.: Beitrag zur Berechnung des Leistungsbedarfes beim Fräsen. In: Werkstatt + Betrieb, Jg. 90(5), S. 396-429, 1957.

[WES15] Westermann, H.-H.; Kafara, M.; Steinhilper, R.: Development of a Reference Part for the Evaluation of Energy Efficiency in Milling Operations. In: (Hrsg.) Seliger, Günther; Yusof, Noordin: Proceedings of the Twelfth Global Conference on Sustainable Manufacturing, S. 521-526, 2015.

[WES11] Westkämper, E.; Warnecke, H.-J.: Einführung in die Fertigungstechnik. 8., aktualisierte und erw. Aufl., korrigierter Nachdr. Vieweg + Teubner, Wiesbaden, 2011. Fertigung. ISBN 9783834808356.

[WES16] Westermann, H.-H.: Entwicklung einer energieverbrauchsoptimierten Schneidengeometrie für Vollhartmetall-Schaftfräser. Dissertation, Universität Bayreuth, 2021.

[WES17] Westermann, H.-H.; Süchting, M.; Eisinger, E.; Steinhilper, R.: Ergebnisse der Studie "Zerspanung 2020 - Zukunftstrends und Entwicklungen in der Zerspanung. Universität Bayreuth; Fraunhofer Projektgruppe Regenerative Produktion, Bayreuth, 2017.

[WIS18] Wisniewska, M.; Pudlowski, M. Influence of Unequal Flute Spacing on the Nature of the Mill´s Work and Technological Effects of the Process. In: Engineering and Technology Journal, Jg. 3(8), S. 464-469, 2018. doi:10.31142/etj/v3i8.01.

[WOL22] Wolters, P.; Picker, T.; Breidenstein, B.; Krödel, A.; Denkena, B.: Application of Natural Rocks in Cutting Aluminum. In: (Hrsg.) Behrens, Bernd-Arno: Production at the Leading Edge of Technology. Proceedings of the 11th Congress of the German Academic Association for Production Technology (WGP), Dresden, September 2021, S. 230-238, Cham, Springer International Publishing AG, 2022. ISBN 978-3-030-78424-9.

[WOL23] Wolters, P.; Breidenstein, B.; Denkena, B.; Bergmann, B. Design of tool grinding processes for indexable inserts made of rocks. In: The international Journal of Advanced Manufacturing Technology, Jg. 124(3-4), S. 887-905, 2023. doi:10.1007/s00170-022-10557-w.

[WOL24] Wolters, P.: Zerspanwerkzeuge aus Gestein. Dissertation, Gottfried Wilhelm Leibniz Universität Hannover; TEWISS - Technik und Wissen GmbH.

[YUC93] Yucesan, G.; Xie, Q.; Bayoumi, A. Determination of process parameters through a mechanistic force model of milling operations. In: International Journal of Machine Tools and Manufacture, Jg. 33(4), S. 627-641, 1993. doi:10.1016/0890-6955(93)90097-E.

[YUS11] Yusoff, A.; Sims, N. Optimisation of variable helix tool geometry for regenerative chatter mitigation. In: International Journal of Machine Tools and Manufacture, Jg. 51(2), S. 133-141, 2011. doi:10.1016/j.ijmachtools.2010.10.004.

[ZÄH95] Zäh, M.: Dynamsiches Prozessmodell Kreissägen. Dissertation. Institut für Werkzeugmaschinen und Betriebswissenschaften, Technische Universität München, 1995.

[ZEI18] Zeiler, B.: Recycling of Tungsten: Current shre, economic limitations and future potential, 2018. Verfügbar unter: https://www.itia.info/wp-content/uploads/2024/06/ITIA_ROTP1_29052024.pdf?ut, Zugriff: 25.06.2025

[ZEI21] Zeiler, B.; Bartl, A.; Schubert, W.-D. Recycling of tungsten: Current share, economic limitations, technologies and future potential. In: International Journal of Refractory Metals and Hard Materials, Jg. 98, S. 105546, 2021. doi:10.1016/j.ijrmhm.2021.105546.

[ZEL18] Zeller, P.: Messverfahren. In: (Hrsg.) Zeller, Peter: Handbuch Fahrzeugakustik. Grundlagen, Auslegung, Berechnung, Versuch. 3. Aufl. 2018, S. 477-497, Wiesbaden, Springer Vieweg, 2018. ISBN 978-3-658-18519-0.

16 Anhang

16.1 Berechnung der Korrekturfaktoren zur Bestimmung der spezifischen Schnittkraft

Durch den *Spanungsdickenfaktor* f_h wird der Umstand berücksichtigt, dass die spezifische Schnittkraft k_c bei zunehmender Spanungsdicke h abnimmt. Der Neigungswert z beschreibt dabei die Neigung der Gerade, die diesen linearen Zusammenhang darstellt. Er ist werkstoffabhängig und kann bestehenden Tabellenwerken entnommen werden. Die Berechnung des Spanungsdickenfaktors f_h erfolgt nach Gleichung A-1 [PAU08, S. 23]:

$$f_h = \left(\frac{h_0}{h}\right)^z \tag{A-1}$$

mit h = Spanungsdicke
h_0 = 1 mm
z = Neigungswert

Der Einfluss der Spangeometrie wird durch den *Spanwinkelfaktor* f_γ und den *Neigungswinkelfaktor* f_λ beschrieben. Es kann mit einer Zunahme der spezifischen Schnittkraft um 2,0 % je Grad verringertem Spanwinkel sowie einer Abnahme der spezifischen Schnittkraft um 1,5 % je Grad erhöhtem Spanwinkel um den Ausgangswert γ_0 gerechnet werden. Letzterer ist wiederum abhängig vom verwendeten Werkstoff. Die Berechnung das Spanwinkelfaktors f_γ erfolgt nach Gleichung A-2 [PAU08, S. 23 f.]:

$$f_\gamma = 1 - m_\gamma \cdot (\gamma - \gamma_0) \tag{A-2}$$

mit m_γ = 0,015 grad^{-1}
γ = Spanwinkel
γ_0 = 6° bei -5° < γ < 20° (gültig für Stahlwerkstoffe)

Die Berechnung des Neigungswinkelkorrekturfaktors f_λ erfolgt in ähnlicher Weise nach Gleichung A-3 [PAU08, S. 24]:

$$f_\lambda = 1 - m_\lambda \cdot (\lambda - \lambda_0) \tag{A-3}$$

mit m_λ = 0,015 grad^{-1}
λ = Neigungswinkel (Drallwinkel)
λ_0 = 4°

Der *Schneidstofffaktor* f_s stellt den Einfluss des verwendeten Schneidstoffs auf die spezifische Schnittkraft dar. Schneidstoffe mit kleinem Spanflächenreibwert führen dabei zu geringeren Schnittkräften [PAU08, S. 24]. Der Spanflächenreibwert beeinflusst ebenfalls den *Geschwindigkeitsfaktor* f_v. Höhere Schnittgeschwindigkeiten führen dabei zu geringeren Spanflächenreibwerten und somit auch zu geringeren spezifischen Schnittkräften. Beide Faktoren können aufgrund dieser Zusammenhänge zu einem Korrekturfaktor f_{sv} zusammengeführt werden, der nach Gleichung A-4 berechnet wird und nach unten auf $f_{sv} \geq 0{,}85$ begrenzt ist [PAU08, S. 25 f.]:

$$f_{sv} = f_s \cdot f_v (\geq 0{,}85) \tag{A-4}$$

Gleichung A-5 beschreibt den werkstoffunabhängigen Zusammenhang für den Korrekturfaktor f_{sv}, welcher experimentell für HSS, Hartmetall und Keramik als eingesetzte Schneidstoffe ermittelt wurde [PAU08, S. 25]:

$$f_{sv} = \left(\frac{v_{c0}}{v_c}\right)^{0{,}1} \tag{A-5}$$

mit v_c = Schnittgeschwindigkeit
v_{c0} = 100 m/min

Der *Formfaktor* f_f berücksichtigt die herzustellende Werkstückform. Dieser ist vom betrachteten Fertigungsverfahren abhängig. Für Fräsen, Bohren, Innendrehen, Senken und Reiben wird der Formfaktor f_f nach Gleichung A-6 berechnet [PAU08, S: 26 f.]:

$$f_f = 1{,}05 + \frac{d_0}{D} \tag{A-6}$$

mit D = Werkzeugdurchmesser
d_0 = 1 mm

Der Stumpfungsfaktor f_{st} berücksichtigt den Verschleißzustand des vorliegenden Werkzeugs, da die Grundwerte der spezifischen Schnittkraft jeweils für ideale Schneidkanten gelten. Durch Abrundung der zu Beginn scharfen Schneidkante und Aufrauung von Span- und Freifläche ist mit einer Zunahme der Schnittkraft von 30 – 50 % bis zum Standzeitende eines Werkzeugs zu rechnen. Eine Zunahme der Schnittkraft um 10 % je 0,1 mm Verschleißmarkenbreite wird durch die Berechnung des Stumpfungsfaktors f_{st} gemäß Gleichung A-7 ausgedrückt [PAU08, S. 27]:

$$f_{st} = 1 + \frac{VB}{VB_0} \tag{A-7}$$

mit VB = Verschleißmarkenbreite
VB_0 = 1 mm

16.2 Abmaße der Referenzbearbeitungsaufgabe

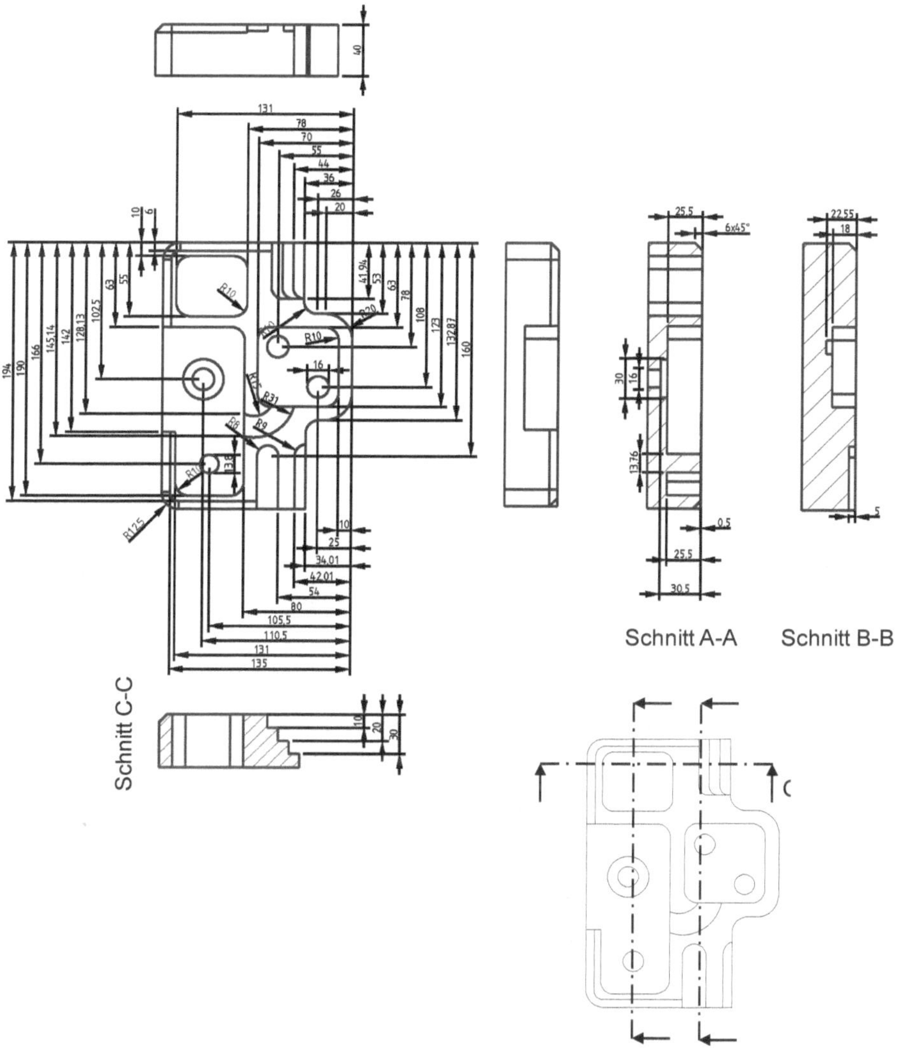

16.3 Bestimmung der Korrekturfaktoren im Rahmen der Ultraschallmessung

Die Berechnung des Elastizitätsmoduls E sowie des Schubmoduls G durch Ultraschallmessung stützt sich auf die Norm ASTM E 1876 [AST22]. Dies schließt auch die Berechnung der Korrekturfaktoren ein, die im Folgenden beschrieben werden.

Zur Berechnung des Elastizitätsmoduls E wird der Korrekturfaktor T_1 benötigt. Durch diesen Korrekturfaktor wird die endliche Dicke der zu vermessenden Werkstoffprobe für dessen erste Biegerundmode berücksichtigt. Er wird nach der Gleichung A-8 berechnet [AST22, S. 6 f.]:

$$T_1 = 1 + 6{,}585 \cdot (1 + 0{,}0752 \cdot \nu + 0{,}8109 \cdot \nu^2) \cdot \left(\frac{t}{L}\right)^2 - 0{,}868 \cdot \left(\frac{t}{L}\right)^4 - \left[\frac{8{,}340 \cdot (1 + 0{,}2023 \cdot \nu + 2{,}173 \cdot \nu^2) \cdot \frac{t^4}{L}}{1 + 6{,}338 \cdot (1 + 0{,}1408 \cdot \nu + 1{,}536 \cdot \nu^2) \cdot \left(\frac{t}{L}\right)^2}\right] \tag{A-8}$$

mit L = Länge der Werkstoffprobe
t = Dicke der Werkstoffprobe
ν = Querkontraktionszahl

Für Werkstoffproben mit einem Länge- zu Durchmesserverhältnis $L/t \geq 20$ kann der Korrekturfaktor T1 nach der vereinfachten Gleichung A-9 bestimmt werden [AST22, S. 7]:

$$T_1 = 1 + 6{,}585 \cdot \left(\frac{t}{L}\right)^2 \tag{A-9}$$

Zur Berechnung des Schubmoduls G werden die Korrekturfaktoren H und J benötigt. Diese beziehen eine Korrektur basierend auf dem Breite- zu Dickeverhältnis b/t der vermessenen Werkstoffprobe in die Berechnung ein und werden nach den Gleichungen A-10 und A-11 berechnet [AST22, S. 8]:

$$H = \frac{\left[0{,}5062 - 0{,}8776 \cdot \left(\frac{b}{t}\right) + 0{,}3504 \cdot \left(\frac{b}{t}\right)^2 - 0{,}0078 \cdot \left(\frac{b}{t}\right)^3\right]}{\left[12{,}03 \cdot \left(\frac{b}{t}\right) + 9{,}892 \cdot \left(\frac{b}{t}\right)^2\right]} \tag{A-10}$$

mit b = Breite der Werkstoffprobe

$$J = \frac{\frac{b}{t} + \frac{t}{b}}{4 \cdot \left(\frac{t}{b}\right) - 2{,}52 \cdot \left(\frac{t}{b}\right)^2 + 0{,}21 \cdot \left(\frac{t}{b}\right)^6} \tag{A-11}$$

16.4 Screening-Versuchsplan

Geometrienummer	Spanwinkel in °	Freiwinkel in °	Drallwinkel in °	Schneidenzahl	Ungleichteilung in °	Kerndurchmesser in %	Stirnschnitttiefe in mm
1	5	15	35	4	0	50	3
2	20	5	20	4	5	60	3
3	20	10	50	2	10	50	3
4	5	15	20	2	10	60	3
5	20	5	50	4	0	50	6
6	12,5	5	20	2	0	50	3
7	5	5	50	2	0	60	4,5
8	20	15	50	3	0	60	3
9	5	15	50	2	5	50	6
10	20	15	20	4	10	50	4,5
11	12,5	15	50	4	10	60	6
12	5	5	50	4	10	55	3
13	20	15	20	2	0	55	6
14	5	5	20	3	10	50	6
15	5	10	20	4	0	60	6
16	12,5	10	35	3	5	55	4,5
17	20	5	35	2	10	60	6

16.5 Zentral zusammengesetzter Versuchsplan (CCD-Versuchsplan)

Geometrienummer	Spanwinkel in °	Freiwinkel in °	Drallwinkel in °	Schneidenzahl	Ungleichteilung in °	Kerndurchmesser in %	Stirnschnittiefe in mm
1	5,00	10,00	50,00	3	5,00	60	6,00
2	5,00	7,03	50,00	3	7,97	60	3,61
ZP	5,00	10,00	50,00	3	5,00	60	4,50
3	5,00	7,03	50,00	3	7,97	60	5,39
4	5,00	10,00	50,00	3	5,00	60	3,00
5	5,00	12,97	50,00	3	2,03	60	3,61
6	5,00	12,97	50,00	3	7,97	60	3,61
7	5,00	7,03	50,00	3	2,03	60	3,61
8	5,00	12,97	50,00	3	2,03	60	5,39
9	5,00	15,00	50,00	3	5,00	60	4,50
ZP	5,00	10,00	50,00	3	5,00	60	4,50
ZP	5,00	10,00	50,00	3	5,00	60	4,50
10	5,00	7,03	50,00	3	2,03	60	5,39
11	5,00	12,97	50,00	3	7,97	60	5,39
ZP	5,00	10,00	50,00	3	5,00	60	4,50
12	5,00	10,00	50,00	3	0,00	60	4,50
13	5,00	5,00	50,00	3	5,00	60	4,50
ZP	5,00	10,00	50,00	3	5,00	60	4,50
ZP	5,00	10,00	50,00	3	5,00	60	4,50
14	5,00	10,00	50,00	3	10,00	60	4,50

ZP = Zentralpunkt

16.6 Messergebnisse im Rahmen der Erprobung anhand gestufter Versuchsplatten

Drehzahl n in 1/min	Vorschubgeschw. v_f in mm/min[46]	Schnitttiefe a_p in mm	Torsionsmoment M_T in Nm: VHM-Referenz-fräswerkzeug	Torsionsmoment M_T in Nm: Gesteinsfräser-geometrie 1	Torsionsmoment M_T in Nm: Gesteinsfräser-geometrie 2	Torsionsmoment M_T in Nm: Gesteinsfräser-geometrie 3	Kraft F_{xy} in N: VHM-Referenz-fräswerkzeug	Kraft F_{xy} in N: Gesteinsfräser geometrie 1	Kraft F_{xy} in N: Gesteinsfräser geometrie 2	Kraft F_{xy} in N: Gesteinsfräser geometrie 3
4.000	900/600	1	0,044	0,054	0,046	0,046	8,170	4,742	7,490	5,574
4.000	900/600	2	0,068	0,092	0,063	0,056	10,240	11,240	13,062	7,974
4.000	900/600	3	0,051	0,130	0,084	0,065	11,680	13,062	17,042	10,903
4.000	900/600	4	0,050	0,162	0,106	0,085	13,477	7,974	21,685	13,888
5.000	900/600	1	0,080	0,060	0,053	0,048	9,040	9,800	9,343	9,343
5.000	900/600	2	0,041	0,086	0,056	0,062	10,640	10,612	11,308	11,308
5.000	900/600	3	0,052	0,115	0,072	0,079	11,770	15,750	16,037	16,037
5.000	900/600	4	0,055	0,140	0,095	0,094	13,140	21,426	21,806	20,497
6.000	900/600	1	0,146	0,087	0,047	0,339	8,540	5,599	6,876	6,047
6.000	900/600	2	0,129	0,097	0,061	0,341	10,020	10,510	13,973	9,455
6.000	900/600	3	0,128	0,110	0,078	0,350	11,340	15,165	17,942	12,233
6.000	900/600	4	0,127	0,126	0,099	0,360	12,410	20,694	23,115	14,823
7.000	900/600	1	0,120	0,025	0,010	0,020	9,180	6,608	8,235	6,653
7.000	900/600	2	0,103	0,041	0,067	0,031	10,870	11,159	13,496	10,948
7.000	900/600	3	0,095	0,060	0,087	0,040	12,120	16,115	17,667	13,757
7.000	900/600	4	0,127	0,076	0,100	0,050	13,200	20,720	22,786	16,516
8.000	900/600	1	0,130	0,019	0,057	0,017	11,200	11,990	10,034	6,574
8.000	900/600	2	0,117	0,038	0,073	0,027	13,090	13,305	15,466	10,662
8.000	900/600	3	0,110	0,054	0,091	0,035	14,630	17,713	19,427	13,932
8.000	900/600	4	0,129	0,071	0,108	0,044	15,950	21,065	24,648	17,843

[46] Da Gesteinsgeometrie 3 ein zweischneidiges Fräswerkzeug darstellt, wird der Vorschub entsprechend reduziert, um ein einen vergleichbaren Vorschub pro Zahn f_z sicherzustellen.

Drehzahl n in 1/min	Vorschubgeschw. v_f in mm/min[47]	Schnitttiefe a_p in mm	Torsionsmoment M_T in Nm				Kraft F_{xy} in N			
			VHM-Referenz-fräswerkzeug	Gesteinsfräser-geometrie 1	Gesteinsfräser-geometrie 2	Gesteinsfräser-geometrie 3	VHM-Referenz-fräswerkzeug	Gesteinsfräser geometrie 1	Gesteinsfräser geometrie 2	Gesteinsfräser geometrie 3
6.000	600/400	1	0,151	0,094	0,051	0,265	8,370	5,260	8,066	6,132
6.000	600/400	2	0,094	0,100	0,066	0,270	9,485	8,504	12,546	7,977
6.000	600/400	3	0,051	0,107	0,084	0,281	10,447	12,174	16,822	9,991
6.000	600/400	4	0,265	0,116	0,103	0,293	11,622	15,483	21,689	12,016
6.000	750/500	1	0,199	0,101	0,057	0,289	9,040	5,599	10,420	6,025
6.000	750/500	2	0,154	0,106	0,073	0,292	9,974	9,345	15,704	8,313
6.000	750/500	3	0,155	0,114	0,092	0,299	10,729	13,179	20,099	11,267
6.000	750/500	4	0,158	0,125	0,110	0,307	11,790	16,847	24,865	14,194
6.000	900/600	1	0,161	0,102	0,051	0,317	9,000	6,014	7,939	6,532
6.000	900/600	2	0,156	0,110	0,065	0,322	10,178	9,950	12,489	9,601
6.000	900/600	3	0,156	0,120	0,082	0,354	11,380	14,002	16,550	13,202
6.000	900/600	4	0,161	0,132	0,101	0,363	12,580	18,179	21,238	16,220
6.000	1.050/700	1	0,197	0,112	0,073	0,347	8,829	6,559	15,712	6,988
6.000	1.050/700	2	0,172	0,120	0,086	0,345	10,551	10,932	19,297	10,331
6.000	1.050/700	3	0,173	0,132	0,102	0,346	11,890	15,420	23,408	13,977
6.000	1.050/700	4	0,177	0,144	0,117	0,351	13,160	19,954	27,363	17,414
6.000	1.200/800	1	0,226	0,134	0,047	0,395	10,299	7,335	12,035	7,631
6.000	1.200/800	2	0,189	0,149	0,062	0,389	12,474	11,827	16,499	11,328
6.000	1.200/800	3	0,196	0,166	0,078	0,393	14,106	16,157	20,632	15,057
6.000	1.200/800	4	0,161	0,182	0,093	0,394	14,214	20,874	14,176	18,518

47 Da Gesteinsgeometrie 3 ein zweischneidiges Fräswerkzeug darstellt, wird der Vorschub entsprechend reduziert, um ein einen vergleichbaren Vorschub pro Zahn f_z sicherzustellen.

Drehzahl n in 1/min	Vorschubgeschw. v_f in mm/min[48]	Schnitttiefe a_p in mm	Arithmetischer Mittenrauwert S_a in µm			
			VHM-Referenz-fräswerkzeug	Gesteinsfräser-geometrie 1	Gesteinsfräser-geometrie 2	Gesteinsfräser-geometrie 3
4.000	900/600	1	0,791	1,023	1,233	1,177
4.000	900/600	2	0,781	1,004	1,096	0,957
4.000	900/600	3	0,584	0,848	1,173	0,691
4.000	900/600	4	0,637	0,604	1,054	0,712
5.000	900/600	1	1,450	1,096	0,959	0,975
5.000	900/600	2	1,814	0,665	1,385	1,348
5.000	900/600	3	1,410	0,587	1,014	0,763
5.000	900/600	4	1,939	0,511	1,250	1,066
6.000	900/600	1	1,391	0,942	1,222	1,090
6.000	900/600	2	1,675	0,631	0,886	1,252
6.000	900/600	3	1,687	0,638	1,184	0,935
6.000	900/600	4	1,493	1,162	1,068	0,702
7.000	900/600	1	1,166	1,330	1,051	0,864
7.000	900/600	2	1,802	0,983	1,109	0,850
7.000	900/600	3	2,467	0,492	0,913	1,274
7.000	900/600	4	1,797	0,481	1,082	1,206
8.000	900/600	1	1,130	0,844	1,020	1,172
8.000	900/600	2	1,169	0,634	0,958	1,259
8.000	900/600	3	1,137	0,468	0,822	0,883
8.000	900/600	4	1,947	0,794	0,847	0,728

[48] Da Gesteinsgeometrie 3 ein zweischneidiges Fräswerkzeug darstellt, wird der Vorschub entsprechend reduziert, um ein einen vergleichbaren Vorschub pro Zahn f_z sicherzustellen.

Drehzahl n in 1/min	Vorschubgeschw. v_f in mm/min[49]	Schnitttiefe a_p in mm	Arithmetischer Mittenrauwert S_a in µm: VHM-Referenz-fräswerkzeug	Gesteinsfräser-geometrie 1	Gesteinsfräser-geometrie 2	Gesteinsfräser-geometrie 3
4.000	900/600	1	1,291	0,642	0,965	1,071
4.000	900/600	2	1,754	0,590	0,995	0,966
4.000	900/600	3	2,011	0,726	0,973	0,877
4.000	900/600	4	2,055	0,612	1,279	1,150
5.000	900/600	1	1,040	0,527	1,056	1,026
5.000	900/600	2	1,956	0,411	1,211	1,302
5.000	900/600	3	2,271	0,512	1,251	1,271
5.000	900/600	4	2,060	0,462	1,268	1,274
6.000	900/600	1	1,503	0,742	0,924	1,059
6.000	900/600	2	2,735	0,595	1,185	1,311
6.000	900/600	3	2,632	0,454	1,200	1,230
6.000	900/600	4	2,764	0,531	0,894	1,276
7.000	900/600	1	1,240	0,674	1,116	0,875
7.000	900/600	2	2,285	0,597	1,149	1,110
7.000	900/600	3	1,658	0,454	0,845	1,086
7.000	900/600	4	3,411	0,409	1,250	1,132
8.000	900/600	1	0,669	0,696	1,115	0,901
8.000	900/600	2	0,507	0,830	0,934	1,168
8.000	900/600	3	0,509	0,562	0,943	1,201
8.000	900/600	4	0,919	0,513	1,284	1,128

[49] Da Gesteinsgeometrie 3 ein zweischneidiges Fräswerkzeug darstellt, wird der Vorschub entsprechend reduziert, um ein einen vergleichbaren Vorschub pro Zahn f_z sicherzustellen.

16.7 Messergebnisse im Rahmen der Erprobung anhand von Abzeiloperationen

Standweg in m	VHM-Referenzfräswerkzeug			Gesteinsfräsergeometrie 1		
	Schneide 1	Schneide 2	Schneide 3	Schneide 1	Schneide 2	Schneide 3
0,00	0,041	0,080	0,050	0,026	0,020	0,020
0,18	0,041	0,080	0,050	0,233	0,035	0,025
0,90	0,041	0,111	0,071	0,233	0,111	0,035
1,80	0,042	0,111	0,071	0,233	0,155	0,050
4,50	0,060	0,120	0,072	0,233	0,174	0,081
9,00	0,060	0,120	0,072	0,233	0,177	0,081
18,00	0,082	0,120	0,072	0,225	0,218	0,248
27,00	0,082	0,122	0,099	0,251	0,241	0,248
36,00	0,082	0,124	0,101	0,270	0,272	0,248
45,00	0,083	0,124	0,101	0,281	0,275	0,248
54,00	0,083	0,124	0,101	0,401	0,408	0,423
90,00	0,083	0,124	0,102	-	-	-
135,00	0,084	0,144	0,102	-	-	-
180,00	0,111	0,144	0,103	-	-	-
225,00	0,111	0,144	0,103	-	-	-
270,00	0,112	0,145	0,103	-	-	-
315,00	0,125	0,156	0,104	-	-	-
405,00	0,126	0,158	0,111	-	-	-
495,00	0,172	0,320	0,143	-	-	-

Standweg in m	Gesteinsfräsergeometrie 2			Gesteinsfräsergeometrie 3		
	Schneide 1	Schneide 2	Schneide 3	Schneide 1	Schneide 2	-
0,00	0,117	0,085	0,119	0,100	0,062	-
0,18	0,126	0,230	0,119	0,121	0,085	-
0,90	0,126	0,231	0,135	0,126	0,125	-
1,80	0,126	0,231	0,135	0,128	0,126	-
4,50	0,150	0,231	0,135	0,141	0,129	-
9,00	0,242	0,231	0,153	0,141	0,170	-
18,00	0,242	0,231	0,166	0,141	0,170	-
27,00	0,245	0,231	0,403	0,280	0,295	-
36,00	-	-	-	0,316	0,300	-

16.8 Positionierung der Messfelder im Rahmen der Erprobung anhand der entwickelten Referenzbearbeitungsaufgabe

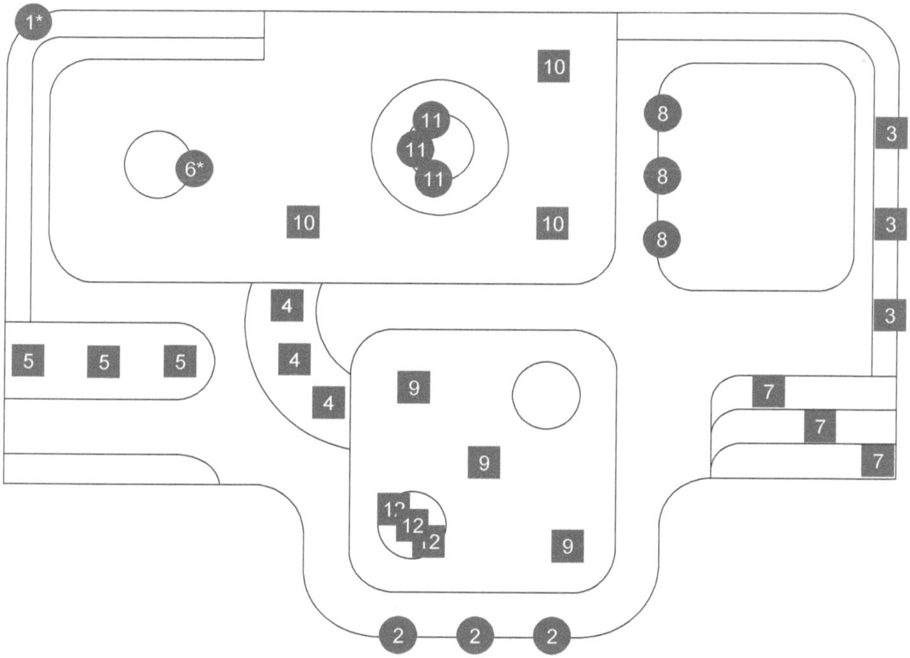

1 = Abgerundete Ecke
2 = Allgemeines Außenprofil
3 = Fase
4 = Nut – Ringnut
5 = Nut – vollradiales Ende
6 = Rundes geschlossenes Profil
7 = Stufe
8 = Tasche – durchgängiger Boden
9 = Tasche – geschlossen
10 = Tasche – offen
11 = Zylinderbohrung – Durchgangsloch
12 = Zylinderbohrung – flacher Grund

● = Seitliche Messung (Fläche nicht in dieser Ansicht sichtbar)

■ = Messung von oben (Draufsicht)

* = Drei Messungen übereinanderliegend

16.9 Sachbilanz im Rahmen der Ökobilanz

Nummerierung der Lebenszyklusphasen:

1) Materialgewinnung und -aufbereitung
2) Herstellung des Rohlings
3) Herstellung des Fräswerkzeugs
4) Nutzungsphase
5) End-of-Life-Phase

16.9.1 Sachbilanz Vollmaterialschaftfräser aus Gesteinsverbundwerkstoff

Phase	Bezeichnung	Menge Input	Menge Output	Einheit	Datensatz ecoinvent
1	Kaolin	0,054	-	kg	Kaolin {GLO}| market for kaolin | APOS, U
1	Quarz	0,027	-	kg	Silica sand {GLO}| market for silica sand | APOS, U
1	Feldspat	0,009	-	kg	Feldspar {GLO}| market for feldspar | APOS, U
1	Wasser	1,88E-05	-	m^3	Water, well, RoW
1	Diesel	0,340	-	kJ	Diesel, burned in building machine {GLO}| market for diesel, burned in building machine | APOS, U
1	Strom	2,60E-05	-	kWh	Electricity, high voltage {RoW}| electricity production, hydro, run-of-river | APOS, U
1	Strom	2,50E-05	-	kWh	Electricity, medium voltage {AU; Europe without Switzerland; NZ; RAF; RLA; RU; US}| market group for electricity, medium voltage | APOS, U
1	Wärme	0,141	-	kJ	Heat, central or small-scale, other than natural gas {Europe without Switzerland}| market for heat, central or small-scale, other than natural gas | APOS, U
1	Emission in die Luft	-	8,71E-08	kg	Particulates, < 2.5 um
1	Emission in die Luft	-	8,71E-07	kg	Particulates, > 10 um
1	Emission in die Luft	-	7,84E-07	kg	Particulates, > 2.5 um, and < 10um
1	Emission in die Luft	-	5,47E-06	m^3	Water/m3
1	Emission ins Wasser	-	1,32E-05	m^3	Water, RoW
2	Paraffinwachs	0,010	-	kg	Paraffin {GLO}| market for paraffin | APOS, U
2	Sauerstoff	0,033	-	kg	Oxygen
2	Silikonöl	0,001	-	kg	Silicone product {RER}| market for silicone product | APOS, U

2	Strom	9,692	-	kWh	Electricity, medium voltage {DE}| market for electricity, medium voltage | APOS, U
2	Transport	0,550	-	tkm	Transport, freight, light commercial vehicle {Europe without Switzerland}| transport, freight, light commercial vehicle | APOS, U
2	Emission in die Luft	-	0,031	kg	Carbon dioxide
2	Emission in die Luft	-	0,019	kg	Water
2	Abfall	-	0,001	kg	Inert waste, for final disposal {RoW}| treatment of inert waste, inert material landfill | APOS, U
2	Abfall	-	0,001	kg	Oil waste
3	Strom	4,24	-	kWh	Electricity, medium voltage {DE}| market for electricity, medium voltage | APOS, U
3	Transport	7,72E-03	-	tkm	Transport, freight, light commercial vehicle {Europe without Switzerland}| transport, freight, light commercial vehicle | APOS, U
3	Abfall	-	0,050	kg	Inert waste, for final disposal {RoW}| treatment of inert waste, inert material landfill | APOS, U
4	Strom	3,183	-	kWh	Electricity, medium voltage {DE}| market for electricity, medium voltage | APOS, U
4	Transport	0,051	-	tkm	Transport, freight, light commercial vehicle {Europe without Switzerland}| transport, freight, light commercial vehicle | APOS, U
4	Abfall	-	0,307	kg	Waste plastic, mixture {GLO}| treatment of waste plastic, mixture, open burning | APOS, U
5	Transport	0,051	-	tkm	Transport, freight, light commercial vehicle {Europe without Switzerland}| transport, freight, light commercial vehicle | APOS, U
5	Abfall	-	0,034	kg	Inert waste, for final disposal {RoW}| treatment of inert waste, inert material landfill | APOS, U

16.9.2 Sachbilanz VHM-Schaftfräser

Phase	Bezeichnung	Menge Input	Menge Output	Einheit	Datensatz coinvent
1	Wolframcarbid	31,176	-	g	Tungsten carbide powder {GLO}| market for tungsten carbide powder | APOS, U
1	Kobalt	3,464	-	g	Cobalt {GLO}| market for cobalt | APOS, U
2	Heptan	3,540	-	g	Heptane {GLO}| market for heptane | APOS, U
2	Hexan	3,540	-	g	Hexane {GLO}| market for hexane | APOS, U
2	Stickstoff	15,600	-	g	Nitrogen, liquid {RoW}| market for nitrogen, liquid | APOS, U
2	Paraffin	4,920	-	g	Paraffin {GLO}| market for paraffin | APOS, U

2	Strom	1,320	-	kWh	Electricity, medium voltage {DE}| market for electricity, medium voltage | APOS, U
2	Transport	9,83E-03	-	tkm	Transport, freight, light commercial vehicle {Europe without Switzerland}| transport, freight, light commercial vehicle | APOS, U
2	Emission in den Boden	-	1,620	g	Cobalt
2	Emission in den Boden	-	1,620	g	Tungsten
2	Emission in die Luft	-	3,540	g	Heptane
2	Emission in die Luft	-	3,540	g	Hexane
2	Emission in die Luft	-	15,600	g	Nitrogen, total
2	Emission in die Luft	-	4,920	g	Paraffins
3	Strom	1,406	-	kWh	Electricity, medium voltage {DE}| market for electricity, medium voltage | APOS, U
3	Transport	3,73E-03	-	tkm	Transport, freight, light commercial vehicle {Europe without Switzerland}| transport, freight, light commercial vehicle | APOS, U
4	Strom	3,185	-	kWh	Electricity, medium voltage {DE}| market for electricity, medium voltage | APOS, U
4	Transport	3,73E-03	-	tkm	Transport, freight, light commercial vehicle {Europe without Switzerland}| transport, freight, light commercial vehicle | APOS, U
4	Abfall	-	0,307	Kg	Waste plastic, mixture {GLO}| treatment of waste plastic, mixture, open burning | APOS, U
5	Zink	0,023	-	kg	Zinc {GLO}| market for zinc | APOS, U
5	Strom	0,072	-	kWh	Electricity, medium voltage {DE}| market for electricity, medium voltage | APOS, U
5	Transport	3,73E-03	-	tkm	Transport, freight, light commercial vehicle {Europe without Switzerland}| transport, freight, light commercial vehicle | APOS, U
5	Kobalt	-	1,748	g	Cobalt {GLO}| market for cobalt | APOS, U
5	Wolframkarbid	-	15,731	g	Tungsten carbide powder {GLO}| market for tungsten carbide powder | APOS, U
5	Zink	-	0,023	kg	Zinc {GLO}| market for zinc | APOS, U
5	Emission in die Luft	-	0,117	g	Zinc, fume or dust
5	Abfall	-	15,284	g	Inert waste, for final disposal {RoW}| treatment of inert waste, inert material landfill | APOS, U

FSC
www.fsc.org
MIX
Papier | Fördert gute Waldnutzung
FSC® C083411

Kolibri 360 GmbH
Ferdinand-Jühlke-Straße 7
99095 Erfurt, Deutschland
produktsicherheit@kolibri360.de